아동영양학

하애화 · 최경희 공저

KNOWLEDGE COMMUNITY 공동체

머리말

최근 사람들의 건강에 대한 관심은 어느 때보다 높아지고 있으며, 인간의 성장과 발달에서 건강한 삶을 유지하는 것은 매우 중요하며, 이것을 유지하기 위해서는 영양관리가 특히 중요하다. 특히 생애 초기인 영유아시기의 건강한 생활을 위한 영양관리는 급속한 성장과 발달의 핵심이 되며, 이 시기의 건강한 발달의 기초는 생애 전반에 영향을 미치게 된다.

좋은 식생활 행동을 형성하여 충분한 영양을 섭취한 아동은 지적 · 신체적인 측면에서 조화로운 발달을 기대할 수 있으며, 이러한 조화로운 신체발달과 건강유지는 결과적으로 좋은 성격을 형성할 수 있게 하며, 다른 이들과의 원만한 사회적 관계를 유지할 수 있게 된다.

특히 유아기는 모든 생활습관 및 가치관이 형성되는 시기임을 고려할 때, 이 시기에 건강을 유지하고 개선할 수 있는 생활습관과 태도를 형성하는 일은 무엇보다 중요하다. 더구나 최근에는 우리 사회 가족구조의 변화나 여성의 취업률 증가로 보육시설뿐 아니라 종일반 프로그램을 운영하는 유치원이 급격히 증가하고 있어 점차 하루시간의 대부분을 유아교육기관에서 보내게 되는 유아들이 많아지고 있다.

이에 본 교재에서는 아동의 보육 및 교육을 담당하는 기관의 교사들이 아동의 건강을 관리하고 아동의 건강한 생활습관을 형성할 수 있도록 지도하는 데 필요한 내용을 중심으로 구성하였다. 제1장에서는 영유아의 영양의 이해, 영양소와 식품, 영양지침, 영양평가로 구성하였고, 제2장은 발달단계에 따른 영양관리로 영아기, 유아기의 영양과 건강관리로 구성하였으며, 제

P R E F A C E

3장은 영유아 식품의 안전과 위생관리를 다루었으며, 제4장은 보육시설에서 급식, 간식 관리로 구성하였고, 제5장은 보육시설에서 영양 및 식생활 지도, 특수영양관리, 영유아의 식습관과 예절을 다루었고, 제6장은 영양교육의 내용과 유아요리활동의 계획 및 운영을 다루었다. 부족하나마 이 책이 영유아의 건강교육을 담당하고 있는 교사가 되고자 하는 학생들은 물론, 보육기관에서의 교사, 영유아의 건강과 영양을 담당하고 있는 부모님들에게도 도움이 되기를 바란다.

이 책을 구성하는 과정에서 많은 도움과 지원을 주신 분들께 감사드리며 이 책의 출판과정에서 정성을 다하여 주신 공동체 여러분께 진심으로 감사드린다.

2011년 8월
저자일동

차 례

CONTENTS

C O N T E N T S

CHAPTER 03

영유아의 식품안전과 위생관리

CHAPTER 04

영유아교육기관에서의 급식관리

CONTENTS

CONTENTS

CONTENTS

CHAPTER 01

영유아 영양의 이해

1. 아동의 영양 섭취상태와 건강

2. 영양소와 식품

3. 아동의 영양지침 : 영양섭취기준과 식사 구성안

4. 영양평가

CHAPTER 01

영유아 영양의 이해

1 아동의 영양 섭취상태와 건강

1) 한국 식생활의 변화

한국인의 식생활은 식생활의 서구화, 외식의 증가, 인스턴트 식품(즉석요리)의 증가, 수입식품의 증가로 많은 변화를 겪고 있다. 이러한 변화는 한국인의 영양 불균형뿐 아니라 암, 뇌혈관 질환, 심장병 등의 생활습관병의 발병율을 증가시키고 먹거리 안전성을 위협하고 있다.

(1) 식생활의 서구화(한국 전통음식의 섭취 감소)

전통음식이 전체 식사에서 차지하는 비율이 점차 감소하고 대신 비전통식이 우리의 식탁에서 중요한 역할을 담당하게 되었다. 전형적인 밥, 국, 김치 중심의 식탁에서 고기, 우유 등의 동물성 식품 위주의 식사가 증가하면서 곡류의 섭취는 감소하고 단백질 및 지방식품의 섭취는 크게 증가하였다. 특히 아침식사는 밥, 국에서 간편한 토스트, 빵, 시리얼 등의 식사로 점심은 간편한 식사의 선호로 햄버거나 피자 등의 섭취가 늘고 있다.

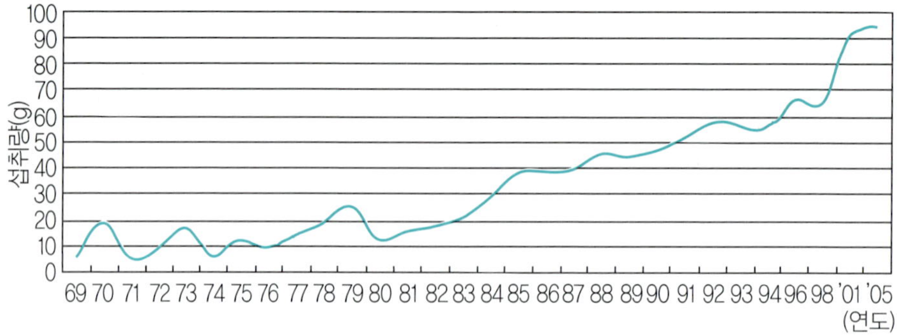

| 그림 1-1 | 육류 및 그 제품 섭취량의 연차적 추이(전국)

출처 : 국민건강영양조사. 보건복지부(2005).

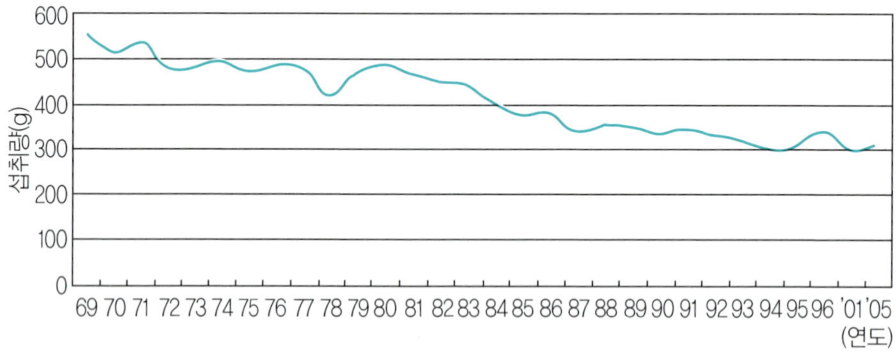

| 그림 1-2 | 곡류 및 그 제품 섭취량의 연차적 추이(전국)

출처 : 국민건강영양조사. 보건복지부(2005).

(2) 외식의 증가

여성들의 취업기회가 많아지고, 자녀의 수가 감소하며, 젊은 층의 외식선호와 소득이 증대됨에 따라 여가나 레저를 선호하는 경향으로 변화하면서 외식화가 두드러지게 증가하는 추세를 보이고 있다. 식료품비 중 외식비가 차지하는 비율은 1990년에는 20%에서 2000년에는 39%로 증가하였고 그 이후에도 계속적인 증가세를 보이며 2005년부터는 45%를 상회하는 수준으로 전체 식료품비의 절반정도가 외식비로 지출되고 있음을 알 수 있다. 이렇듯 외식의 증가는 직장 및 학교에서의 단체급식이 확대되는 계기가 되었으나 단체급식소에서 식중독 등 식품안전사고 증가요인이 되고 있다.

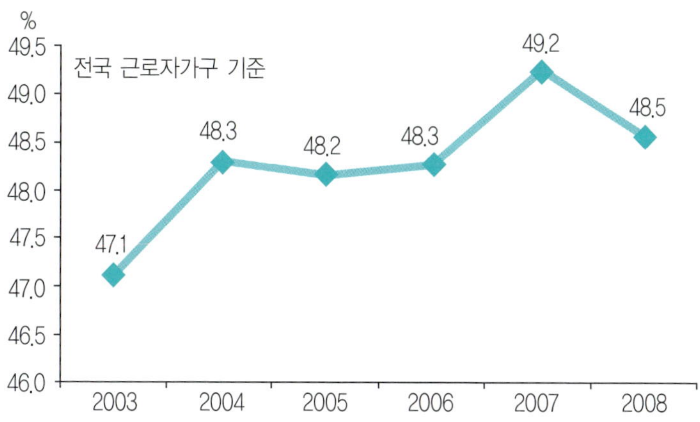

| 그림 1-3 | 외식비의 변화 추이(2003~2008)

출처 : 통계청(2008).

(3) 가공식품의 섭취 증가

맞벌이 세대의 증가는 김치나 반찬을 만들어 파는 새로운 직업을 만들어냈고, 또한 간편성을 추구하는 사회변화에 따라 다양한 종류의 인스턴트식품이나 시판조리식품과 즉석요리의 증가를 가져왔다. 가공식품은 식생활의 40%를 차지하고 있으며 앞으로 계속 증가할 것으로 보인다. 최근에는 밥 대신 즉석백반 등의 이용이 증가하고 있으며, 장류도 예전처럼 직접 담그지 않고 구입하는 가정이 증가하고 있다. 가공(인스턴트)식품은 고열량 · 고지방 · 고염식이고, 무기질이나 비타민 및 식이섬유가 낮아 이러한 식품의 과잉섭취는 비만의 요인이 되고 있다. 또한 식품의 생산과 소비과정에 시간적 · 공간적 거리가 확대되고 대량 가공 · 유통에 따라 식품에 첨가된 발색제, 방부제 등 식품첨가물의 유해성 여부, 포장재에서의 유해성분 용출 등 끊임없이 문제가 발생하여 자녀의 식품 안전성에 대한 부모들의 불안감이 커지고 있다.

2) 아동 식생활의 변화

(1) 소아의 다소비 식품

다소비 식품의 종류는 연령에 따라서도 차이가 나타났는데(표 1-1), 1~2세의 경우에는 우유와 백미, 두유 순으로 섭취량이 많았으며, 3~6세에서 역시 우유가 가장 높은 섭취량을 나타냈다. 한편 콜라와 과일탄산음료가 3~6세에서는 11위와 9위, 7~12세에서는 8위와 7위였으며, 청소년기인 13~19세에서는 6위와 12위에 올라와 있어, 어린이 및 청소년기의 탄산음료 섭취량이 높다는 것을 잘 보여주고 있다.

(2) 채소류의 섭취 감소

채소류의 섭취량은 1998년부터 2005년까지는 대부분의 나이에서 증가하는 추세였으나 2007년에는 2005년도 수준보다 감소하였다. 특히 유아(3~6세)의 경우, 2005년의 채소 섭취량이 2007년도에는 크게 줄었으며, 남아와 여아에게서 비슷한 경향을 보였다(남아 : 128g → 83.5g, 여아 : 129.2g → 80.9g). 7~12세 초등학생의 섭취량도 2005년도에 비해 2007년도에 현저하게 감소하였다(표 1-2).

〈표 1-1〉 연령별 다소비 식품 및 1인 1일 평균 섭취량

	1~2세		3~6세		7~12세		13~19세	
	식품명	섭취량(g)	식품명	섭취량(g)	식품명	섭취량(g)	식품명	섭취량(g)
1	우유	182.1	우유	161.1	백미	186.5	백미	199.7
2	백미	86.9	백미	134.6	우유	154.2	우유	100.7
3	두유	56.8	배추김치	30.8	배추김치	58.8	배추김치	77.8
4	요구르트(액상)	27.3	달걀	24.9	달걀	30	돼지고기	41.4
5	과일 탄산음료	17.9	요구르트(액상)	20	돼지고기	27.8	달걀	33.7
6	달걀	17.8	돼지고기	16.8	두부	19.1	콜라	32.5
7	바나나	15.7	두부	14.6	과일 탄산음료	18.9	양파	26.1
8	조제분유	13.5	오렌지주스	14.5	콜라	18.2	라면	26.1
9	오렌지주스	12.3	과일 탄산음료	13.5	양파	18.1	닭고기	23.2
10	우족국물	10.7	사과	13.4	오렌지	17.6	두부	20.2

출처 : 보건복지가족부. 국민건강영양조사(2007).

〈표 1-2〉 채소류의 섭취량 추이 : 성별, 연령별, '98~'07 (단위 : g)

년 / 연 령	남 자				여 자			
	1998년	2001년	2005년	2007년	1998년	2001년	2005년	2007년
전국	331.5	316.6	359.6	329.3	256.9	267.6	294.0	245.4
1~2세	57.7	41.2	51.0	43.4	42.8	44.3	63.5	40.7
3~6세	104.0	101.3	128.0	83.5	92.5	100.4	129.2	80.9
7~12세	196.2	178.9	213.4	164.6	169.2	166.0	211.2	152.7
13~19세	250.1	250.5	291.7	233.3	209.5	207.0	236.5	208.9
20~29세	343.5	335.3	383.8	335.3	265.1	265.6	286.5	234.4
30~49세	396.2	409.9	434.9	402.8	319.7	325.3	342.1	294.1
50~64세	369.4	386.8	415.1	397.8	301.0	330.3	356.4	277.6
65세 이상	300.1	340.7	346.2	328.6	256.6	273.5	285.6	235.5

출처 : 보건복지가족부. 국민건강영양조사(2007).

(3) 육가공식품 섭취 증가

육류 및 육가공제품의 연령별 섭취량을 살펴보면, 소시지, 햄, 베이컨, 런천미트와 같은 돼지고기 가공품의 섭취량은 3~6세와 7~12세의 초등학생, 13~19세의 청소년층에서 그 섭취량이 높게 나타났으며, 특히 유아(3~6세)의 경우 2001년 평균일일섭취량이 8g에서 2005년 10g으로 크게 증가하였다(그림 1-4).

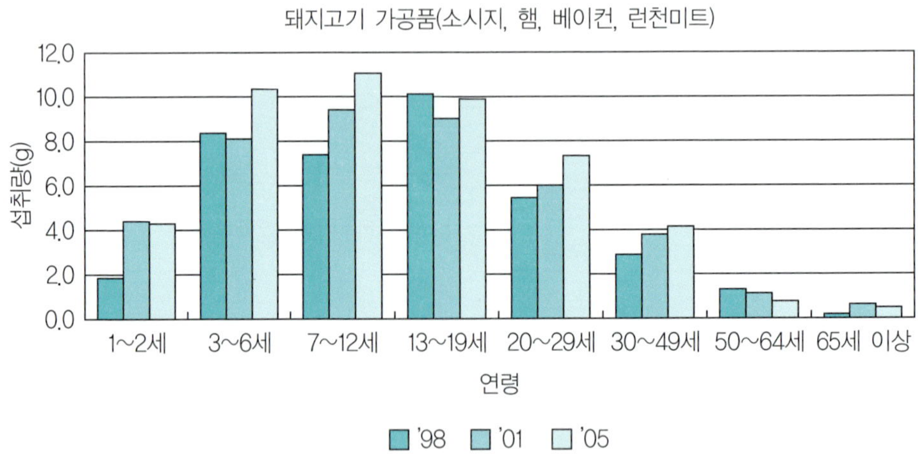

| 그림 1-4 | 돼지고기 가공품(소시지, 햄, 베이컨, 런천미트)의 연령층별 섭취량 추이

출처 : 보건복지부. 국민건강영양조사(2005).

(4) 탄산음료 섭취의 증가

콜라와 사이다, 과일탄산음료를 포함한 탄산음료의 섭취량 변화를 살펴보면 연도별 섭취량이 대부분의 연령층에서 높아진 것으로 나타났다(그림 1-5). 특히 1~2세의 경우 탄산음료 섭취량은 2001년도에 비해 2005년도에 2배 증가하여 전 연령대에서 가장 높은 상승폭을 나타냈다. 3~6세의 평균 탄산음료 섭취량은 약 35g, 7~12세의 경우 약 48g인데 매년 섭취량이 높아지는 추세를 보이고 있다.

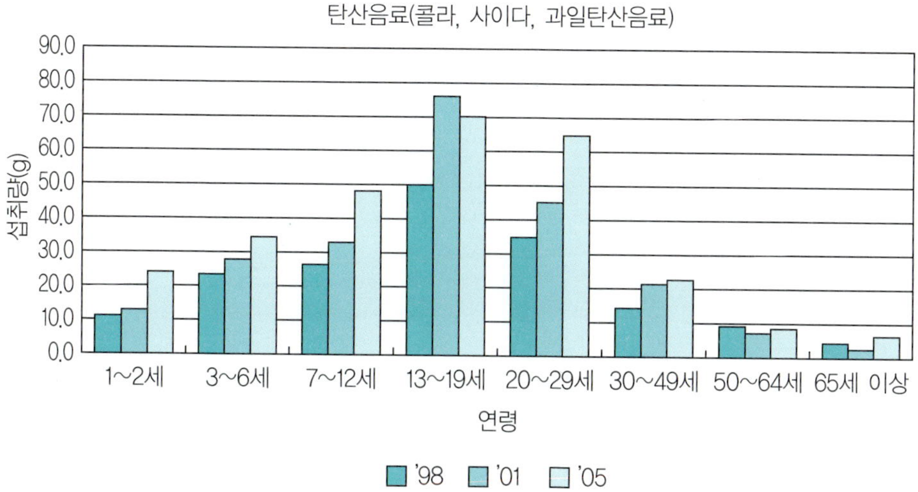

| 그림 1-5 | 탄산음료의 연령층별 섭취량 추이

출처 : 보건복지부. 국민건강영양조사(2005).

어린이가 가장 선호하는 음료의 카페인 함량은 약 12~52mg/캔(또는 병)이며 하루 평균 1캔 이상의 콜라 음료를 마신다고 응답한 초등학생이 약 80% 이상인 점을 감안하면 하루에 약 30~50mg/day 이상의 카페인을 섭취하는 것으로 추정된다(김성단 등, 한국식품영양과학회 2009). 탄산음료 과잉섭취 시에는 신경과민, 흥분, 불면 등을 일으킬 수 있는데, 특히 어린이의 경우 생체 내에서 독성에 대한 감수성이 어른에 비해 예민하므로 섭취량에 주의해야 한다.

(5) 우유 섭취량 감소

우유 및 낙농제품의 섭취량은 연령이 증가함에 따라 계속 감소하였으며, 특히 1~2세의 경우, 평균 우유 섭취량이 2001년도에는 220g, 2005년도 180g로 크게 감소한 것으로 나타나 성장속도가 가장 빠른 시기인 영유아기의 충분한 우유섭취에 특히 관심을 가져야 할 것으로 사료된다(그림 1-6).

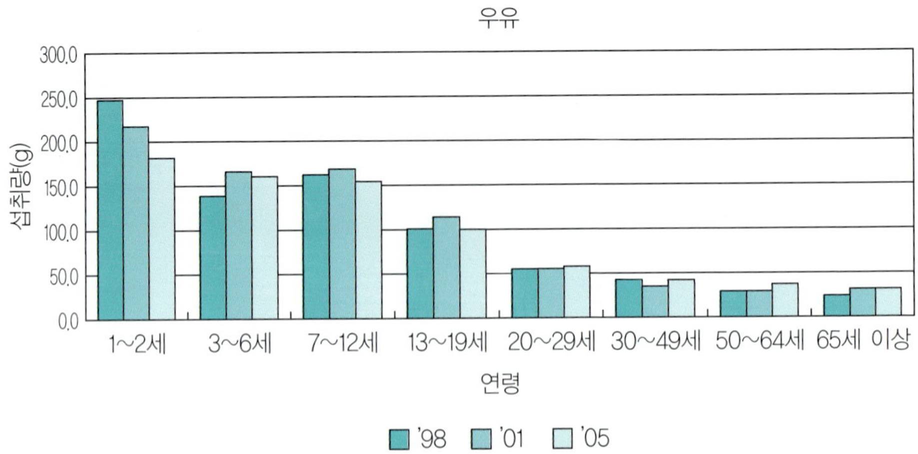

| 그림 1-6 | 우유의 연령층별 섭취량 추이

출처 : 보건복지부. 국민건강영양조사(2005).

(6) 아침식사 결식률

1~2세의 아침 결식률은 6.1%, 3~5세 8.2%, 6~11세 9.7%로 서서히 증가하다가 중학생이 되면서 26%로 급격히 증가하는 추세로 나타난다(그림 1-7). 아침식사는 밤 사이에 결핍되어 있는 열량을 두뇌에 공급해 주어 학업성취도를 높여준다고 한다(김숙희, 1999). 아동의 식습관은 3~5세 형성되어 그때의 식습관이 평생 유지된다고 하므로 중학생 이후의 높은 아침 결식률을 예방하기 위해서는 유치원 및 가정에서 아침식사 중요성에 대한 식생활 지도가 필요한 것으로 사료된다.

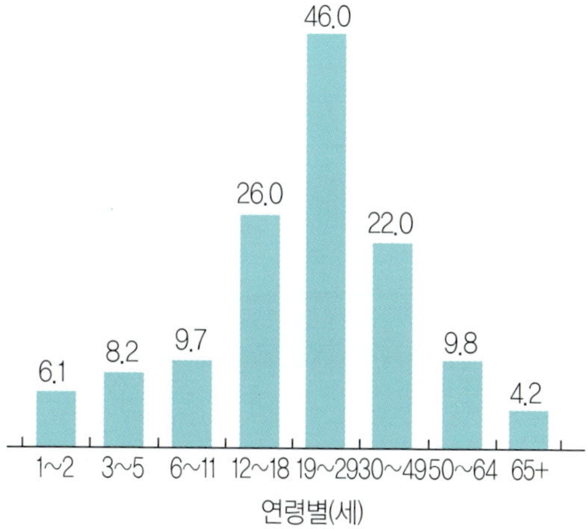

| 그림 1-7 | 아침식사 결식률

출처 : 보건복지부. 국민건강영양조사(2007).

3) 아동 식생활의 문제점

(1) 어린이의 식품 소비패턴이 서구식으로 변화하고 있다

- 전통적인 식생활보다는 서구적인 식생활의 선호로 어린이 계층의 쌀 소비가 줄고, 빵과 과자의 소비가 증가하였다.
- 야채류와 과일의 소비는 낮은 수준이며, 외식이 크게 증가하는 소비패턴의 변화가, 특히 어린이 연령계층에서 더욱 뚜렷하게 나타난다.
- 영양을 골고루 갖춘 음식보다는 햄버거, 라면, 피자 등 편리성과 서구화된 간편식과 패스트푸드를 선호하고, 또한 탄산음료와 가당음료 소비가 증가하면서 지방과 당분의 섭취가 높아져 영양의 불균형이 증가하고 있다.

(2) 과중한 학습부담으로 인해 아침식사 결식률이 증가하고 있다

- 학교수업 이외에 학원 등의 수업부담으로 아침 결식률 및 저녁식사도 가족과 함께하는 비율이 낮아지고 있다.
- 학교 주변에 불량식품 등을 취급하는 영세 문방구, 노점상 등이 밀집되어 어린이의 식품안전을 위협하고 있다.

(3) 단체급식을 이용하는 어린이 수는 크게 증가하였으나, 식재료의 위생과 영양적 품질수준이 여전히 미흡하고, 식중독 발생우려가 높다

- 학교급식이 확대되고 보육시설은 증가하고 있으나 어린이들을 돌보는 보육교사에 대한 식품 안전과 영양에 대한 교육의 기회가 충분히 제공되지 못하고 있다.
- 아동과 청소년들은 인터넷을 통해서 식품 및 영양 정보를 얻고 있는데 불확실한 출처의 인터넷 정보 범람으로 청소년들이 잘못된 식품 및 위생 지식을 습득할 위험이 증가하고 있다.

4) 식생활 변화와 아동의 건강

(1) 소아비만의 증가

2007년 국민건강영양조사에 따르면, 소아청소년의 비만 유병률은 2~5세에는 비만 6.2%였으나, 초등학생인 6~11세에는 비만 7.6%로 비만이 약간 증가하였으나, 청소년의 경우(12~18세) 비만이 15.5.%로 비만인구가 크게 증가하는 추세를 보인다(그림 1-8).

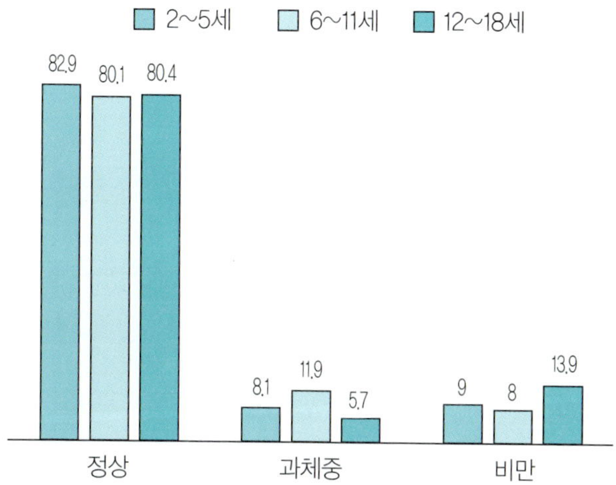

| 그림 1-8 | 소아비만의 증가

출처 : 보건복지부. 국민건강영양조사(2007).

소아 비만율의 증가는 다음 그림에서 보는 바와 같이(그림 1-9) 에너지 및 지방의 섭취비율은 계속 증가하는 반면, 에너지를 소모하기 위한 활동량은 큰 비율로 감소가 주 요인으로 간주된다. 소아비만은 고혈압, 당뇨병 등 만성 성인병의 위험 요인이 될 수 있으며, 소아비만은 성인비만으로 이어질 확률이 높다는 점에서 유아 비만 예방이 무엇보다 중요하다. 따라서 인스턴트식품, 가공식품, 패스트푸드, 고열량 간식 등의 섭취를 줄이고 일상생활에서의 활동량 및 유산소 운동량을 늘리는 것이 소아비만을 예방하는 지름길이라 할 수 있다.

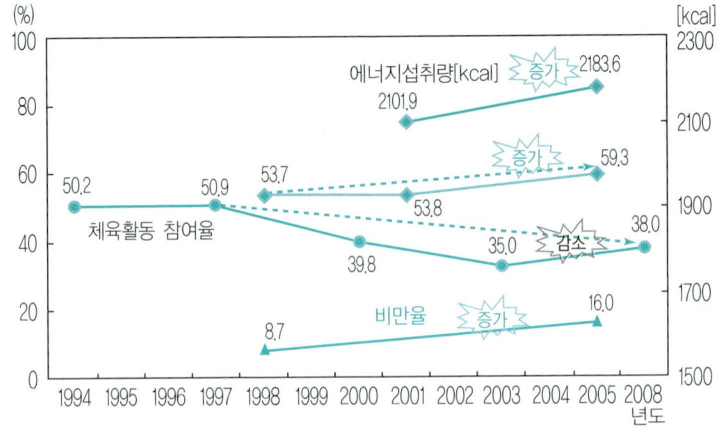

| 그림 1-9 | 비만증가 관련요인

출처 : 국민건강영양조사. 국민생활체육활동 참여 실태조사(2008).

(2) 면역성 질환의 급격한 증가

아토피나 비염으로 고생하는 어린이들은 점점 늘어나고 있으며, 이는 식생활의 서구화로 인해 단백질 및 가공식품 및 과자류의 과다한 섭취를 들 수 있다. 가공식품 및 과자류에 들어 있는 각종 첨가물은 인체 내에 들어갔을 때 체내에서 이들 첨가물을 이물질로 인식하여 면역체계 이상을 초래할 수 있으며, 완전 소화되지 않는 단백질 또한 신체에서 이상물질로 작용해 면역체계를 교란시켜 면역력을 저하시키는 것으로 알려져 있다.

(3) 미각의 둔화와 정서적 문제

감각 중에 가장 기본적인 미각이 둔해진 원인은 화학조미료와 단맛에 많이 노출되고, 정서적으로 불안하고 공격적이고 과잉행동을 보이는 어린이가 증가하고 있는데, 이는 어린이들이 선호하는 음식인 가공식품 및 과자류의 식품첨가물과 지나친 섭취가 정서적 불안정 및 과잉행동장애의 원인이다.

2 영양소와 식품

1) 세포 구성과 영양소

(1) 세포의 특징 및 구성분

사람의 몸은 6×10^{14}개의 세포로 이루어져 있다. 이러한 세포들은 육안으로는 볼 수 없고 현미경으로만 볼 수 있는 아주 작은 구형의 모습을 띠고 있다. 세포들이 모여서 조직을 형성하고 더 나아가 심장, 위, 신장과 같은 큰 체내기관을 형성한다. 세포가 제대로 성장하고 제 기능을 하기 위해서는 영양물질이 필요하다. 그러면 그 영양물질은 어디에서 얻는가? 바로 우리가 섭취하는 음식으로부터 각 세포가 영양분을 섭취하여 세포의 수가 증가하고 발달하게 되어 조직을 형성하고 더 나아가 기관, 기관계, 즉 인간으로 성장하는 것이다. 각 세포는 세포막으로 둘러싸여 있으며, 중심에 핵이 있고 핵과 세포막 사이는 세포질이라는 액체로 채워져 있다. 세포질에는 미토콘드리아, 리보솜, 골지체, 소포체, 리소솜 등이 들어 있다(그림 1-10).

(2) 세포의 구성분

① 세포막

이중막으로 되어 있으며 막의 주 성분은 인지방이며, 군데군데 단백질과 당질이 함유되어 있다. 세포막은 인지질 이중층으로 내부가 소수성을 띠기 때문에 특성 물질을 선택적으로 투과시키는 선택적 수송기능을 수행한다.

② 핵

핵 또한 이중막으로 둘러싸여 있으며 핵막 표면에는 핵공이 있어 이곳을 통해 물질을 선택적으로 받아들인다. 가운데는 염색체가 있고 이 염색체 안에 유전정보를 가지는 DNA가 주로 존재하나 RNA와 단백질도 존재한다.

③ 소포체

핵에 붙어 있으며 핵막의 바깥쪽과 연결되어 있고, 표면에 리보솜이 붙어 있어 거친 형태의 조면 소포체와 리보솜이 붙어 있지 않는 매끄러운 표면을 가지고 있는 활면소포체로 나누어진다. 단백질 합성에 관여하며 물질의 수송경로 및 물질의 저장고로서의 기능을 가진다.

④ 리보솜

단백질 합성을 담당하는 역할을 하는 조그만한 구형으로 핵막에 독자적으로 붙어 있거나 소포체의 표면에 붙어 있기도 한다.

⑤ 미토콘드리아

세포질에 존재하며 두 개의 막으로 둘러싸여 있어 긴 타원형의 형태를 가진다. 음식물이 산화하여 에너지(ATP)를 생산하는 과정이 미토콘드리아에서 일어나므로 발전소의 역할을 한다고 볼 수 있다.

⑥ 리소좀

리보솜 안에는 가수분해효소가 들어 있어 세포 내의 이물질을 소화시켜 제거하거나, 비상 시에 불필요한 물질을 소화시켜 영양소로 이용하기도 하는 곳이다.

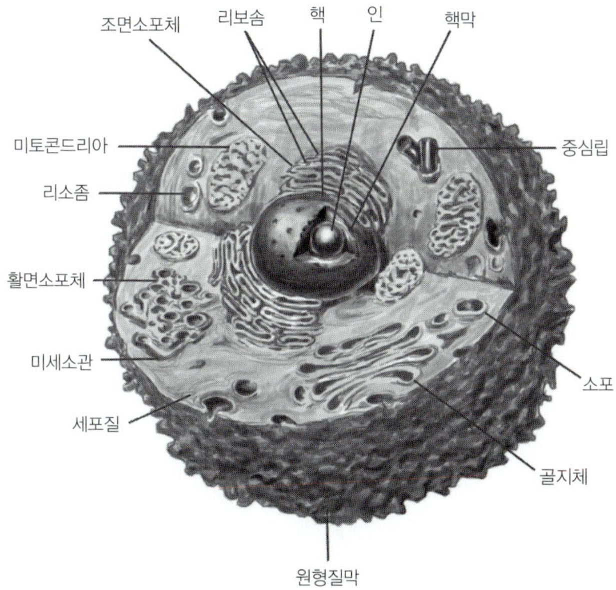

| 그림 1-10 | 세포의 구성기관

(3) 세포의 성장과 영양소

우리의 몸은 65%의 수분과 35%의 고형물로 이루어져 있다고 할 수 있다. 지구상에 존재하는 생명체가 살아가기 위해 필요한 화학원소의 65%가 산소이며, 체중의 18%가 탄소, 10%가 수소, 질소가 3%이며 나머지 23개의 원소들이 체중의 4%를 이루고 있다. 이들 주요 원소들은 체내에서 각각으로 존재하는 것이 아니라 결합하여서 분자형태인, 당질, 단백질, 지방, 비타민의 형태로 존재하며, 이러한 물질을 유기화합물이라 부른다. 고형물의 구성요소가 바로 분자형태인 당질, 단백질, 지방, 비타민, 무기질이며, 이것을 영양소라고 부른다. 영양과 영양소는 다른 의미를 가지고 있다. 영양(nutrition)이란 식품을 섭취하고 소화, 흡수, 대사 과정을 통해 만들어진 에너지를 가지고 생명체가 성장 및 발달하는 활동을 총칭하여 영양이라 한다. 반면에 영양소(nutrients)란 식품 속에 들어있는 성분으로 우리 몸의 성장, 유지, 재생을 하게 하는 화학성분을 말한다.

(4) 영양소의 종류와 식품

우리가 섭취하는 식품 속에는 그 종류에 따라 다양한 영양소가 존재한다. 영양소는 크게 열량영양소와 조절영양소로 나누어진다. 열량영양소는 우리에게 힘(에너지)을 주는 영양소로 당질, 단백질, 지방이 있으며 그 대표적인 식품으로는 우리가 매일 먹는 밥, 빵, 국수류 등의 당질식품과 육류, 가금류, 생선류, 계란류 등의 단백질 식품과 식용류, 튀김류, 견과류 등에 존재하는 지방식품 등이 있다. 조절영양소에는 비타민과 무기질, 물 등이 있으며 이러한 영양소는 주로 채소 및 과일 등에 많이 존재하며, 우리가 이러한 식품을 섭취했을 때, 우리에게 힘을 주지는 않지만, 열량영양소들이 체내에서 잘 대사되도록 조절하는 역할을 하는 영양소들이다. 또한 우리 몸의 뼈와 치아를 구성하는 영양소들이 무기질에 속하는 것이다.

- **열량영양소** : 식품으로 섭취하였을 때 힘(에너지)을 주는 영양소
  - ① 당질 → 1g당 4kcal. 탄수화물(쌀, 빵, 국수), 곡류, 당류, 초콜릿
  - ② 단백질 → 1g당 4kcal. 육류, 생선
  - ③ 지방 → 1g당 9kcal. 식용유, 마요네즈, 버터, 열량 함축
- **미량영양소** : 체내 소량 존재하여 에너지원으로 쓰이지는 않으나, 체내 주요 대사(metabolism) 과정에서 꼭 필요한 보조역할을 하는 영양소
  - ① 비타민
    - 수용성 비타민 → V_C, V_{B1}, V_{B2}, V_{B6}, V_{B12}
    - 지용성 비타민 → V_B, V_E, V_D, V_K, 과다하면 독성을 나타냄
  - ② 무기질(신경계에 영향, 수분의 조절, 골격기능)
    - Ca(칼슘) → 뼈
    - Fe(철) → 조혈작용, 혈색소
    - Zn(아연) → 신경, 면역

2) 탄수화물

(1) 탄수화물이란?

- 탄수화물은 탄소, 수소, 산소로 구성된 유기 화합물이다.
- 탄수화물은 신체에 필수적인 에너지를 공급한다(1g당 4Kcal 에너지를 생산).
- 값이 싸고 쉽게 구할 수 있는 경제적인 에너지원으로 한국인의 일일 필요에너지량의 60~70%를 차지한다.

(2) 탄수화물의 분류

탄수화물은 단순당과 복합당으로 나눈다. 단순당에는 단당류, 이당류가 있으며 복합당엔 올리고당, 다당류가 있다. 단순당은 설탕, 꿀, 과일의 당을 말하며 복합당은 우리가 섭취하는 당질의 90%에 해당하며, 주로 밥, 빵, 국수, 고구마, 감자 등에 들어 있는 당질의 형태이다.

① 단당류

자연에 존재하는 단당류는 육탄당(탄소가 6개인 당)이며, 포도당, 과당 갈락토오스가 대표적이다(그림 1-11).

- 포도당은 탄수화물이 소화작용을 통해 가수분해되면 포도당으로 바뀐다. 포도당은 특히 뇌의 주 에너지원이며, 또한 혈당을 구성하는 당성분이다.
- 과당은 꿀, 과일의 당성분으로 당류 중에서 감미도가 가장 높다.
- 갈락토오스는 우유에 있는 당성분인데, 유리형태로는 존재하지 않으며 포도당과 결합하여 유당의 형태로 존재한다.

② 이당류

이당류는 두 단당류가 축합반응으로 만들어지는 당으로 유당, 서당, 맥아당이 있다(그림 1-11).

- 유당은 포도당과 갈락토오스로 구성된 이당류이고, 우유와 유제품에 많이 들어있다. 유당 소화효소는 lactase(락타아제)인데 효소가 체내에서 생성되지 않거나 부족하면 유당 불내증을 유발하여 우유를 마시면 설사를 하게 된다.
- 서당은 포도당과 과당으로 구성된 이당류로 설탕이라고 부르며, 사탕수수와 사탕무에 다량 존재한다.
- 맥아당은 포도당 두 분자가 결합된 것으로 전분이 소화되는 과정에서 형성되므로 천연식품에서는 거의 발견되지 않는다.

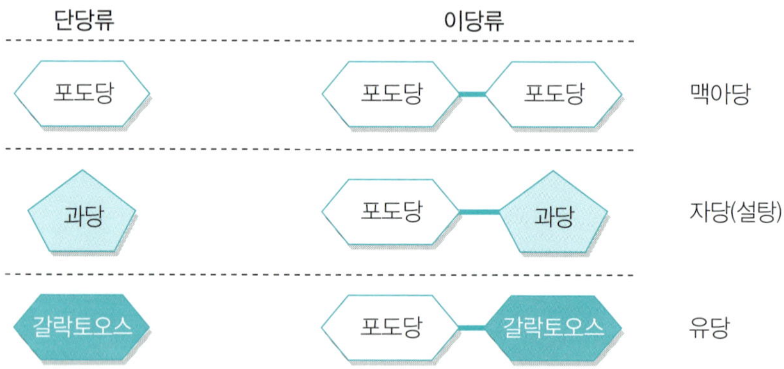

| 그림 1-11 | 단당류와 이당류

③ 올리고당

올리고당은 단당류가 3~10개로 구성된 당을 말하며 프락토올리고당은 장내 세균 중 유익한 균인 비피도박테리아를 선택적으로 활성화시켜 장의 건강을 유지시키는 기능성 올리고당으로, 유제품과 유아용 식품에 이용된다.

천연식품에 존재하는 올리고당 종류엔 라피노오스와 스타키오스가 대표적이다.

- 라피노오스는 단당류 3개(갈락토오스+포도당+과당)로 이루어져 있다.
- 스타키오스는 단당류 4개(갈락토오스+갈락토오스+포도당+과당)로 구성된다.

이러한 올리고당은 콩류에 많이 들어있으며, 인체에 이 탄수화물들은 잘 소화되지 않아 가스를 생성하거나 복부팽창 등의 소화장애를 유발하기도 한다.

④ 다당류

다당류엔 전분과 글리코겐, 식이섬유가 해당이 된다.

- 전분 : 우리가 주식으로 섭취하는 당질의 90%가 전분으로 쌀, 밀가루, 감자, 고구마 등에 저장되어 있는 포도당의 다당류이다.
- 글리코겐 : 동물 체내에는 과잉 포도당이 간이나 근육에 글리코겐 형태로 저장된다. 간의 글리코겐은 혈당유지에도 이용되나 근육의 글리코겐은 근육 자체의 에너지원으로만 사용된다. 전분과 비슷한 구조를 가지고 있으나 같은 중량당 전분보다 더 많은 포도당이 저장된다.
- 식이섬유 : 포도당의 다당류로 식물조직에 50% 이상 존재하나 사람에게는 소화효소가 없어 에너지원으로 사용되지 않는다.
- 식이섬유 종류엔 수용성 식이섬유와 불용성 식이섬유가 있으며 건강을 위해서는 매일 적정량(약 30g 정도)의 식이섬유를 섭취하는 것이 중요하다.

수용성 식이섬유의 특징 : 과일, 곡류(귀리, 보리, 율무)에 들어 있으며 혈당 저하, 콜레스테롤 농도를 낮추는 효과가 있다고 한다.

불용성 식이섬유의 특징 : 채소, 곡류(호밀, 밀겨)에 있으며 대장암, 직장암 유발물질 배설을 도와주고, 또한 배변을 촉진시켜 다이어트에 효과적인 것으로 알려져 있다.

(3) 당질의 급원식품

■ 식품당 당질함량(%)

가. 곡류 70~80%
(고구마 30%, 감자 15%, 식빵 50%)

나. 채소 3~7%

다. 과일 10~30%

라. 꿀, 설탕, 녹말 85~99%

(4) 당질의 기능

- 열량을 공급한다.
- 단백질 절약작용을 한다.
- 식품의 단맛과 향미를 제공한다.
  - 감미도 : 과당 170 > 서당 100 > 포도당 70 > 유당 35 > 갈락토즈 30
- 혈당이 일정하게 유지되도록 한다.

3) 지방(Lipids)

(1) 지방이란

지방은 주로 탄소와 수소와 산소로 구성되어 있으며 공통적으로 물에 거의 녹지 않고, 유기용매에는 녹는 성질이 있다. 상온에서 액체인 지질은 기름이라 하며, 상온에서 고체인 지질은 지방이라고 한다. 지방은 크게 눈에 보이는 가시지방과 식품 안에 숨어 있어 눈에 보이지 않는 비가시 지방으로 나눌 수 있다.

- 가시지방 : 식용유, 마가린(버터), 육류 지방
- 비가시 지방 : 과자, 케익류, 라면, 마요네즈, 도넛

(2) 지방의 분류

① 중성지방

우리가 음식을 통해 섭취하는 지방의 90% 이상이 중성지방(triglyceride)으로 다음과 같은 종류가 있다.

- 포화지방 : 탄소 사이에 이중결합이 없다. 주로 동물성 지방으로 육류의 지방, 버터의 지방이 포화지방에 속한다.
- 불포화지방 : 이중결합을 하나 이상 가지고 있는 지방을 말한다. 주로 식물성 유지(올리브유, 콩기름, 참기름, 옥수수기름 등)와 어류에 함유되어 있다. 이중결

합의 수가 증가할수록 융점은 낮아져 상온에서 액체로 존재한다.

- 필수지방 : 체내에서 합성이 안 되므로 반드시 음식으로 섭취해야 하는 지방을 말한다. 종류로는 linolenic acid(리놀렌산, ω-3), linoleic acid(리놀레산, ω-6), arachidonic acid(아라키돈산 ω-6)이 있다. 결핍되면 피부염증, 면역기능 손상, 성장지연(아동기) 등이 나타난다. 급원식품으로는 리놀레산은 호두, 종자, 대두유, 옥수수유 등에 함유되어 있고, 리놀렌산은 카놀라유, 아마씨유, 생선류, 해산물 등에 주로 들어 있다.
- 오메가-3 지방 : 필수지방으로 주로 생선(연어, 고등어, 꽁치, 청어, 정어리 등)과 아마씨, 아마씨유, 카놀라유, 견과류(잣, 호두)에 많이 함유되어 있다.
- 오메가-6 지방 : 필수지방으로 주로 식물성 기름(면실유, 옥수수유 등)에 있다.
- 트랜스지방 : 자연계에 존재하는 지방산은 시스형태의 지방산이나, 마가린이

〈표 1-3〉 외식음식에 함유된 트랜스 지방산

외식음식	열량(kcal)	총 지방(g)	트랜스 지방(g)
튀긴 음식			
양파링(180g)	650	47	7
버거킹 프렌치프라이(180g)	540	24	7
맥도날드 치킨너깃(270g)	510	29	3
맥도날드 프렌치프라이(대, 150g)	470	19	4
튀긴 모차렐라 스틱(120g)	370	23	3
튀긴 생선(180g)	350	16	3
기타 음식			
손질하지 않은 쇠갈비(180g)	480	35	3
햄버거(150g)	470	26	2
닭고기 파이(210g)	370	20	3
KFC 비스킷(60g)	210	12	4
사과파이(100g)	236	12	3

나 쇼트닝 등과 같은 식품이나 이를 사용한 제품, 즉 튀김류(도넛, 튀김식품), 과자, 빵, 스낵류 등에서는 식품가공과정 중에 지방의 형태가 시스형태에서 트랜스 형태로 전환되어 트랜스 지방이 생성된다. 트랜스 지방산은 LDL : HDL 콜레스테롤비를 증가시켜 심혈관질환의 위험도를 증가시킨다. 따라서 실제 식생활에서 트랜스지방산의 섭취와 함께 포화지방산, 콜레스테롤 섭취를 감소하는 것이 심혈관 질환 예방에 도움이 된다.

② 인지방

세포막의 주 구성으로 식품에서는 친수성과 소수성을 고루 갖고 있어 유화제로 사용된다. 급원식품으로는 계란노른자, 마요네즈, 아이스크림 등이 있다.

③ 콜레스테롤

간에서 매일 일정량 합성되는 중요한 유도지방으로 많은 물질들이 콜레스테롤

〈표 1-4〉 일부 식품의 콜레스테롤 함유량

식 품	분 량	콜레스테롤(mg)	식 품	분 량	콜레스테롤(mg)
탈지유	1컵	4	굴, 연어	90g	40
마요네즈	1큰술	10	조개, 넙치, 참치	90g	55
버터	1조각	11	닭, 칠면조(흰 살)	90g	70
라드	1큰술	12	쇠고기, 돼지고기	90g	75
커티지치즈	1/2컵	15	양고기, 게	90g	85
2% 저지방 우유	1컵	22	새우, 가재	90g	110
우유크림	1/4컵	23	소 심장	90g	165
핫도그	1개	29	달걀(노른자)*	1개	210
아이스크림	1/2컵	30	쇠간	90g	410
체다치즈	30g	30	콩팥(소)	90g	540
전유	1컵	34	뇌	90g	2,640

*달걀 흰자에는 콜레스테롤이 없다.

로부터 합성되는 중요한 역할을 한다. 즉, 콜레스테롤로부터 간에서 담즙산이 합성되며, 또한 스테로이드 호르몬과 성호르몬도 합성된다. 지용성 비타민인 vitamin D도 콜레스테롤부터 피부에서 합성된다. 주로 동물성 식품에 다량 함유되어 있다(닭내장>쇠간>계란>새우>연어). 심혈관 질환 예방을 위해서는 하루에 300mg 이하로 섭취할 것을 권장한다.

(3) 지방의 급원식품

사람이 건강을 유지하기 위해 식사로 먹는 지방의 양은 매우 적은 양이다. 식물성 기름을 매일 2~4숟가락 정도를 음식에 넣어 먹거나 고등어, 연어, 참치 등의 기름진 생선을 1주일에 2회 정도만 먹더라도 필수지방산의 필요량을 충족시킬 수 있다. 하루 약 30g의 지방섭취가 이상적인데 식용유 1큰술이 약 15g 정도이다.

〈표 1-5〉 지방의 급원식품 및 주요 식품의 지방함량

<table>
<tr><th>지방급원식품(g/100g)</th><th>지방함량(g/100g)</th></tr>
<tr><td>곡류 : 3%
두류(콩류) : 2~2.5%
(두부) : 5%
(두유) : 2%
견과류 : 50%
육류 : 기름기 적은 것(등심 16%)
기름기 많은 것(삼겹살 38%)
계란류 : 11%
생선류 : 고등어(등푸른생선) 등 - 16%
흰살 생선 - 5% 내외
우유류 : 우유 - 3 ~ 4%
아이스크림 - 12%
유지류 : 100</td><td>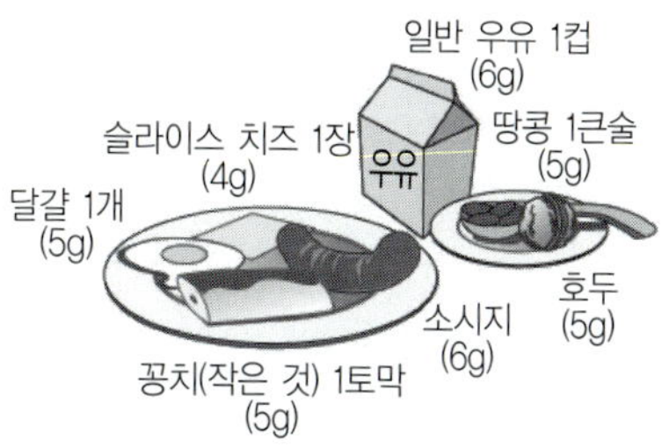

4~6g의 지질을 함유한 여러 가지 식품들
( ) 안의 수치는 제시된 식품 중에 들어 있는 지질의 함량</td></tr>
</table>

(4) 지방의 기능

① 지방은 매우 효율적인 에너지 공급원으로 1g당 9kcal의 에너지를 생산한다.
② 적절한 지방의 섭취는 지용성 비타민의 소화흡수를 도와준다.
③ 요리 시 적절한 지방의 첨가는 식욕 및 음식의 맛을 증진시킨다. 반면 과다한 지방의 섭취는 비만의 원인이 된다.
④ 지방은 절연체의 역할을 하며 체내 온도를 조절하는 체내 장기를 보호하는 쿠션 같은 역할을 하기도 한다.

4) 단백질

(1) 단백질이란

단백질은 탄소, 산소, 수소, 질소로 구성되어 있으며 단백질을 이루는 기본 단위를 아미노산이라고 한다. 대부분의 단백질은 적어도 수 백~수 천 개의 아미노산으로 구성되어 있다. 우리 몸에는 약 20여 종의 아미노산이 있는데, 이 중 9개는 반드시 음식으로 먹어야 결핍증이 생기지 않는 필수 아미노산이다. 체내에서 합성되는 아미노산을 불필수아미노산이라고 한다.

(2) 단백질의 종류

- 식품에 들어 있는 아미노산의 종류와 양에 따라 단백질의 질이 결정된다. 성장과 유지에 필요한 필수 아미노산을 모두 충분히 가지고 있는 단백질을 완전단백질이라 하며 주로 동물성 식품인 육류, 가금류, 우유, 달걀, 생선 등에 있다(표 1-6). 필수 아미노산이 적게 들어 있는 단백질을 불완전단백질이라 하며 주로 식물성 단백질로 곡류, 콩류에 들어 있다.
- 식물성 단백질은 동물성 단백질과 함께 먹으면 단백질의 질을 높일 수 있다. 이와 같은 효과를 단백질 상호보충효과라고 한다(표 1-7).

〈표 1-6〉 완전단백질과 불완전단백질의 정의 및 종류

완전단백질	불완전단백질
필수 아미노산이 풍부히 들어있는 단백질 식품	필수 아미노산 하나 이상 부족한 단백질 식품
종류 : 동물성 식품(육류, 계란, 생선, 유제품)	종류 : 대부분의 식물성 단백질(곡류, 콩류, 채소류, 버섯류)
높은 생물가(체내 소화가 용이하고 흡수가 잘된다)	낮은 생물가

〈표 1-7〉 단백질 상호보완 식품의 예

식 품	제한아미노산	급원식품	상호보완식품
콩	메티오닌	곡류, 견과류, 종자류	쌀, 강낭콩
곡 류	리신	두류	쌀, 강낭콩
견과류와 종자류	리신	두류	대두, 깨
채소류	메티오닌	곡류, 견과류, 종자류	완두콩, 아몬드
	트립토판, 리신	두류	옥수수, 두류

(3) 단백질의 급원식품

단백질은 육류, 생선류, 달걀 등의 알류, 우유 및 치즈 등의 낙농제품, 콩과 두부 등의 콩제품 등에 많이 들어 있다.

〈표 1-8〉 단백질급원식품 및 식품 속의 단백질함량

육류(소, 돼지), 가금류(닭고기) : 20% 생선류 : 15~17% 두류(콩) : 40%(소화흡수율 생리가 낮다) 곡류 : 2~5% 채소, 과일류 : 거의 없다(예외 : 표고버섯, 아보카도 : 15~17%). 계란, 알류 : 13%	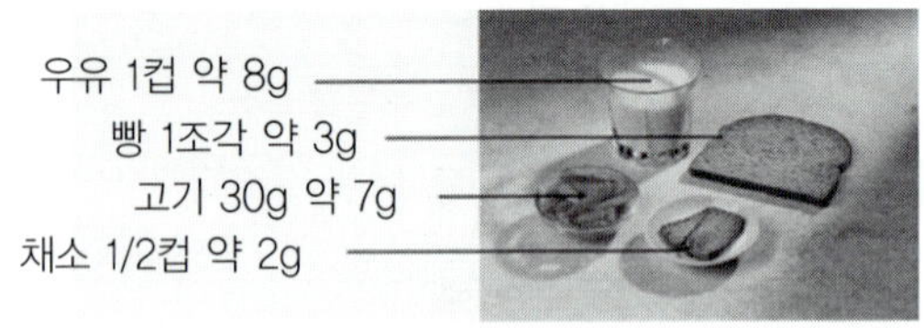 두부 1/5모 = 8g, 닭고기 1인분(60g) = 11g, 생선 1토막 = 14g, 밥 1공기 = 6g, 계란 1개 = 8g, 우유 1컵 = 6g, 햄 1쪽(8 X 6 X 0.8) = 8g

(4) 단백질의 기능

① 단백질은 우리 몸을 구성하는 구성 영양소이며 또한 열량 영양소이다. 에너지를 내는 영양소이다.
② 단백질은 항체나 면역물질을 구성한다.
③ 신체 내에서 운반체의 역할을 하며 호르몬이나 약물, 영양소 등을 운반한다.
④ 체중의 약 40%를 차지하고 있는 근육을 구성한다.

5) 비타민

비타민은 탄소, 수소, 산소로 구성된 유기 화합물로 일일요구량이 미량이지만 생리작용 및 대사에 필수적인 성분이며, 대부분 체내에서 합성되지 않으므로 음식물로 섭취해야 하는 영양소이다. 지용성 비타민(Vit A, D, E, K)과 수용성 비타민으로 구분한다.

(1) 수용성 비타민

8개의 비타민 B군과 비타민 C가 있다. 물에 용해되므로 과잉섭취 시에 소변으로 배설되고 체내 저장되지 않는다. 공통적인 기능은 주로 열량 영양소 대사에서 조효소로 주로 이용된다.

〈표 1-9〉 수용성 비타민의 종류, 기능 및 급원식품

수용성 비타민	생리작용	부족증세	공급원
티아민(B_1)	당질대사에 관여하는 조효소	식욕감퇴, 각기병, 신경염	곡류 배아, 대두, 땅콩, 호두, 돼지고기
리보플라빈(B_2)	당질, 지질대사에 관여하는 조효소	구순 구각염, 피부점막 염증 유발	동물성 식품(육류, 우유 등), 쌀겨, 땅콩, 녹색채소
나이아신(Niacin)	에너지 대사의 조효소, 단백질 합성의 조효소	펠라그라(Pellagra) 4D : 피부염, 설사, 치매, 사망	간, 어류, 콩, 채소
Pantothemicacid	에너지 대사의 조효소 호르몬 합성에 관여	식욕부진, 불면증, 호흡기 감염	동 · 식물체에 두루 분포
Biotin	정상발육을 위해서 지방산과 아미노산 합성에 필수 조효소	우울증, 근육조절 손실, 피부염증	간, 난황, 효모, 콩
비타민 B_{12}	호모시스테인 대사의 조효소 에너지대사의 조효소	악성빈혈	간, 동물성 단백질, 곡류, 채소, 과일
비타민 C	결체조직의 유지와 발달, 항산화 효과, 면역작용	괴혈병	과일(딸기, 오렌지, 귤), 채소(콩나물, 오이, 고추, 브로컬리, 양배추)

(2) 지용성 비타민

지용성 비타민에는 A, D, E, K의 4가지 종류가 있으며 물에는 녹지 않으나 유기용매에는 용해된다. 과잉섭취 시 간이나 피하 지방조직에 저장되어 독성을 나타낼 수 있다. 지용성 비타민은 지방과 같은 대사경로로 소화, 흡수가 이루어진다.

〈표 1-10〉 지용성 비타민의 종류, 기능 및 급원식품

지용성 비타민	생리작용	부족증세	공급원(식품)
비타민 A(retinol)	정상적인 성장과 시각 작용, 세포 기능유지	야맹증	간, 달걀, 우유, 버터, 담황색 채소, 과일
비타민 D	Ca과 P의 장내흡수, 칼슘 항상성, 뼈 건강을 도와줌	발육부진, 구루병, 골다공증	간유, 간, 난황
비타민 E	산화방지(암, 노화)	용혈현상, 빈혈, 노화	밀배아, 대두유 nuts, seeds
비타민 K	혈액응고에 관여, 장내 세균에 의해 합성	혈액응고	시금치, cabbage, 간, 치즈, 과일

비타민 보충이 필요한 그룹

- 항생제를 장기 복용하는 사람 : 장내세균에 의해 합성되는 비타민 K, biotin의 보충이 필요하다.
- 흡연자 : 항산화 영양소인 비타민 C, 비타민 E, 비타민 A의 보충이 필요하다.
- 채식주의자 : 육류에 들어 있는 B_{12}나 콜레스테롤로부터 합성되는 비타민 D의 보충이 필요하다.
- 임산부 : 건강한 태아를 위해 철분, 엽산, 비타민 B_{12}, 비타민 E가 필요하다.
- 수유부 : 젖의 원할한 분비를 위해 비타민 C와 나이아신의 보충이 필요하다.
- 폐경기가 가까운 여성 : 비타민 D의 보충이 필요하다.

6) 무기질

무기질은 무기 화합물로 태웠을 때 재가 남는 성분이다. 주로 신체의 성장과 유지 및 생식에 필요한 영양소로 반드시 식품으로 섭취해야 한다. 무기질(mineral)은 체중의 약 4%를 차지하며 20여 종이 존재한다. 무기질은 체내에서의 필요량에 따라 다량원소와 미량원소로 나눈다.

다량원소 : > 0.1g/day : Ca, Cl, Mg, P, K, Na, S

미량원소 : < 0.01g/day : Fe, Cu, Se, Mn, I, Mn, Co, Cr, F

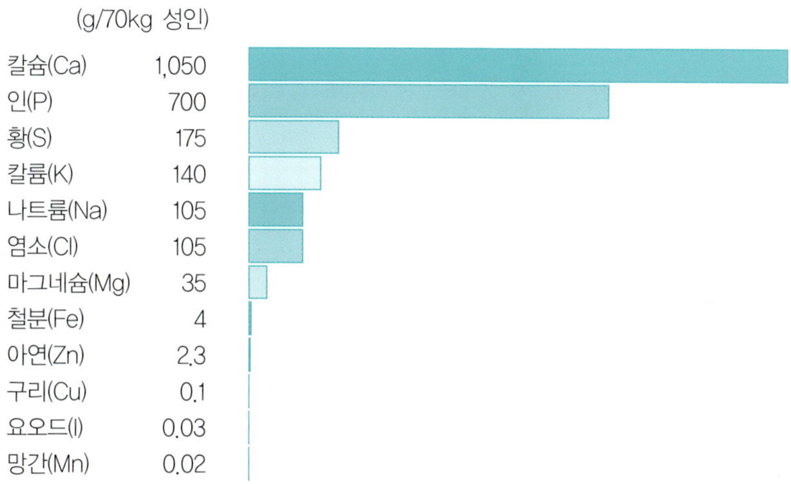

① 무기질의 기능

- 경조직의 구성성분 : 뼈, 치아(Ca, P, Mg)
- 연조직의 구성성분 : 근육, 신경, 혈액
- 혈색소의 구성 헤모글로빈(Fe), 미오글로빈(Co)
- 생리기능 조절 : 산과 염기의 균형 유지, 근육의 수축 조절, 신경조직의 자극 전달(Na, K, P)
- 대사작용의 조절 : 효소나 호르몬의 구성성분[갑상선 호르몬 티록신(I)], 인슐린 (Zn)

② 다량 무기질의 종류

다량원소	주된 기능	결핍증/과잉증	주된 공급원
Calcium (Ca)	뼈, 치아의 성분 혈액응고 근육수축 신경자극의 전달	성장부진 골다공증	뼈와 함께 먹는 생선(멸치) 우유, 유제품 달걀, 새우, 콩
Phosphorus (P), 인	Ca와 결합, 뼈, 치아형성, PH 조절, ATP, 핵산물질의 구성성분	청량음료의 다섭취로 Ca과의 균형파괴, Ca의 손실야기	유제품과 육류, 청량음료의 첨가물
Magnesium (Mg)	골격의 표면 (강직성 부여) 신경자극의 전달 근육이완	근육의 경련현상	식물성 식품
Sodium (Na)	산, 알칼리 평형유지 삼투압 유지	과잉섭취로 고혈압 야기	식염(NaCl)
Chloride (Cl)	위산의 구성성분 소화효소의 활성화	식욕부진 소화불량	소금(NaCl)
Potasium (K), 칼륨	삼투압과 pH 조절 세포 내의 이온 혈압 강하작용	채식일 경우 K의 과잉 우려	

③ 미량 무기질의 종류

미량원소	주된 기능	결핍증/과잉증	공급원
Iron(Fe) 철	hemoglobin과 myoglobin의 구성성분	빈혈, 안면창백, 권태, 특히 임신, 수유기	간, 육류, 난황, 두류, 녹색 채소, 건과
Iodine(I) 요오드	갑상선 호르몬의 구성원소	갑상선종(Goiter), 안구돌출의 바세우도씨병	해초, 해산식품, 요오드화 소금(NaI)
Cobalt (Co)	골수의 적혈구 제조 장해에 따른 빈혈	악성빈혈	간, 굴, 게, 육류, 우유
Fluoride (F), 불소	치아 에나멜층 구성	충치	해초, 뼈, 시금치, 콩

④ 산성식품과 알칼리성 식품

식품을 연소시킨 후 남는 무기질의 종류가 주로 어느 것인가에 따라 결정된다.

- 알칼리성 식품 : 연소 후에 Na, K, Ca, Mg 등이 남는 식품으로 육류, 생선, 빵, 크래커, 국수, 옥수수, 치즈, 계란 등이 있다.
- 산성식품 : 연소 후에 Cl, P, S 등의 산성원소들이 남는 식품으로 과일, 야채, 잼, 젤리, 꿀, 건과류 등이 있다.
- 중성식품 : 버터, 마가린, 조리용 기름, 전분, 설탕, 시럽

7) 수분(Water)

물은 자연계에 가장 풍부한 물질로서 모든 생명현상의 근원이라 여섯 번째 영양소로 분류할 만큼 중요한 물질이다. 신생아의 경우 체중의 70~80%가 수분이나 성장하면서 수분량이 감소하여 성인의 경우 체중의 약 60~70%를 차지한다. 건강을 위해서는 수분 배설량과 섭취량이 균형이 중요한데, 성인은 하루에 호흡, 땀, 오줌 및 변을 통해서 약 2,500ml의 물을 배출하므로 우리는 식품을 통해 이만큼의 수분을 매일 섭취해야 한다. 성인은 1일 음료수로 900~1,500mℓ, 음식물로 500~1,000mℓ의 수분을 섭취한다. 또한 대사수에서 300~400mℓ 공급을 받는다. 대사수(metabolic water)란 탄수화물, 지방, 단백질이 체내에서 산화하면 탄산가스와 열량을 낼 뿐만 아니라 상당량의 수분을 형성하는데 이것은 수분결핍 시에 중대한 역할을 한다. 영아의 경우 소변농축능력이 부족하고 갈증표현능력이 없어 일일 1.5mL/Kcal가 권장된다.

(1) 수분의 기능

- 영양소의 소화, 흡수를 용이하게 하고 몸에서 생긴 필요 없는 찌꺼기 등을 몸 밖으로 내보내는 일을 한다.
- 몸 안에서 물질대사의 결과로 생긴 열을 몸 밖으로 내보내거나 여름철에 땀을

흘려 체온을 조절한다.

- 신체의 구성성분이다. 혈액의 거의 90%가 수분으로 구성되며 체지방의 20~25%, 근육에는 75%로 가장 많으며 glycogen이 저장될 때 반드시 수분이 필요하다.
- 기타 기능으로는 내장의 움직임을 원활하게 하여 변비를 예방하고 관절혈액과 양수는 외부의 충격완화역할을 한다.

(2) 체내 수분의 불균형

- 탈수 : 수분배설량이 섭취량보다 많을 때 나타난다. 원인으로는 열, 고온다습한 환경에 의한 과다한 수분배설이나 위장장애에 의한 설사, 구토 등에 의해서도 나타나며 당뇨병에 의한 탈수증상으로도 나타난다. 체중의 10% 이상 소실되면 생명이 위험하게 된다.
- 부종(체액과다) : 수분배설량이 섭취량보다 부족할 때 나타난다. 과다하게 짠 음식을 섭취하거나 만성질병(신부전, 울혈성 심부전, 쿠싱증후군)에 의한 수분대사 이상으로 나타난다.

3 아동의 영양지침 : 영양섭취기준과 식사 구성안

1) 올바른 식생활의 3대 원칙

사람이 생명을 유지하고 건강하게 살기 위해 필요한 영양소는 약 40가지 정도이다. 이들 영양소는 체내에서 다양한 역할을 하기 때문에 한 영양소라도 과다하게 섭취하거나 부족하면 영양의 균형이 깨져 건강을 위협할 뿐만 아니라 정신건강에도 영향을 미친다. 건강한 식생활의 가장 기본적인 개념은 다양한 식품을 적당한 양으로 섭취하여 영양의 균형을 맞추는 것이다. 즉, 한 가지 식품의 섭취로는 모든 영양소의 필요량을 충족시킬 수 없다. 예를 들면, 완전식품으로 알려져 있는 달걀도 비타민 C가 전혀 없고 칼슘도 거의 없다. 그러므로 다양한 식품의 섭취는 체내에 필요한 영양소 공급을 위해서 중요하다. 또한 양도 적절히 섭취하고, 영양소 간의 균형을 유지해야 한다.

올바른 식생활의 3대 원칙은 다음과 같다.

① 적당한 양을 섭취하기

지나치게 많이 먹으면 살이 찌게 되며 반면에 지나치게 적게 먹으면 영양결핍이 된다. 따라서 필요한 영양소를 우리 몸에 필요한 만큼만 공급해 준다.

② 균형잡힌 식사하기

올바른 식생활의 기본 원칙으로 모든 영양소들을 균형 있게, 적시에 적절히 공급해 주어야 생활의 원동력을 제공하는 대사활동과 에너지 공급이 가능해진다.

③ 다양한 종류의 식품을 섭취하기

하루에 우리 몸에 필요한 영양소는 수십 가지인데, 한 가지 식품만으로는 필요한 영양소를 충족할 수 없다. 영양소를 균형 있게 섭취하려면 다양한 종류의 식품을 섭취해야만 가능하다.

다행히도 우리가 이 세 가지 조건에 맞는 균형 있는 식사를 하기 위해 매일 칼로리와 영양가를 따로 계산할 필요는 없다. 식사구성안을 이용하여 각자의 연령에 맞는 적절한 균형잡힌 식사를 할 수 있는 식사 지침서가 있기 때문이다.

2) 한국인 영양섭취기준

한국인 영양섭취기준(Dietary Reference Intakes : DRIs)은 한국인의 건강을 최적 상태로 유지할 수 있도록 매일 섭취해야 하는 영양소의 권장량을 제시한 것이다. 만성질환이나 영양소 과다섭취 예방 등을 고려하여, 평균필요량, 권장섭취량, 충분섭취량, 상한섭취량 등 여러 수준으로 영양섭취기준을 설정하였다.

■ **평균필요량(Estimated Average Requirement : EAR)**

평균필요량은 대상집단을 구성하는 건강한 사람들의 절반에 해당하는 사람들의 일일필요량을 충족시키는 값이다.

■ **권장섭취량(Recommended Intake : RI)**

평균필요량에 표준편차의 두 배를 더하여 정한 값이다.

RI=EAR+2SD

■ **충분섭취량(Adequate Intake : AI)**

평균필요량에 대한 정보가 부족한 경우, 건강인의 영양섭취량을 토대로 설정한 값이다.

■ **상한섭취량(Tolerable Upper Intake Level : UL)**

인체건강에 유해영향이 나타나지 않는 최대 영양소 섭취수준으로 과량섭취 시 건강에 악영향의 위험이 있다는 자료가 있는 경우에 설정이 가능하다. 따라서 유해영향이 확인된 영양소의 경우, 영양소의 과잉섭취로 인한 위험을 예방하기 위하여 일반적인 집단의 대다수 구성원들에게 건강상 유해영향의 위험을 나타내지 않을 섭취수준을 상한 섭취량으로 설정한다.

(1) 연령별 에너지 및 열량 영양소의 섭취기준

각 연령별 일일 에너지 필요량은 필요 추정량으로 제시하였고 권장 섭취량과 상한 섭취량은 설정하지 않았다. 에너지 추정량은 생후 12개월까지는 모유섭취량을 기준으로 산정하였으며, 유아, 아동, 청소년의 경우 에너지 소비량에 성장에 소비되는 에너지를 추가하여 산정하였다. 탄수화물과 지질의 영양섭취기준은 에너지 적정비율을 설정하였고, 3~19세의 경우 탄수화물 권장량은 에너지 섭취량의 55~70%, 지질 15~30%, 단백질 7~20%로 설정하였다. 단백질 필요량은 질소균형자료에 근거하여 산출하였고 상한 섭취량은 설정하지 않았다. 유아 1~2세의 일일 에너지 필요량과 단백질 필요량은 각각 1000Kcal와 12g이며 3~5세 유아의 경우 각각 1400Kcal와 25g으로 권장하고 있다.

〈표 1-11〉 어린이 영양섭취기준을 위한 연령별 표준 체위표

	연 령	신장(cm)	체중(kg)
영아(개월)	0~5 6~11	60.3 72.2	6.2 8.9
유아(세)	1~2 3~5	86.1 107.0	12.2 17.2
남자(세)	6~8 9~11 12~14 15~18	122.2 139.6 158.8 171.4	5.0 35.7 50.5 62.1
여자(세)	6~8 9~11 12~14	121.0 140.0 155.9 160.0	24.6 34.8 47.5 53.4

출처 : 한국영양학회(영양섭취기준, 2010).

〈표 1-12〉 어린이의 주요 영양소의 영양섭취기준

(*충분섭취량 기준)

	열 량	단백질(g/d)		수분(ml/d)	비타민 A(ug RE/일)		
	필요 추정량	평균 필요량	권장 섭취량	충분 섭취량	평균 필요량	권장 섭취량	상한 섭취량
영아 0~5개월	550			700		(충분)300*	600
6~11	700			800		(충분)400*	600
유아 1~2(세)	1000	12	15	1100	200	300	600
3~5	1400	15	20	1400	230	300	700
남자 6~8(세)	1600	20	25	1800	300	400	1100
9~11	1900	30	35	2000	390	550	1500
여자 6~8(세)	1500	20	25	1700	280	400	1100
9~11	1700	30	35	1800	370	500	1500

	비타민 C(mg/d)			티아민(mg/d)		칼슘(mg/d)		
	평균 필요량	권장 섭취량	상한 섭취량	평균 필요량	권장 섭취량	평균 필요량	권장 섭취량	상한 섭취량
영아 0~5개월		(충분)35*			0.2*		200*	
6~11		(충분)45*			0.3*		300*	
유아 1~2(세)	30	40	350	0.4	0.5	390	500	2500
3~5	30	40	500	0.4	0.5	470	600	2500
남자 6~8(세)	40	60	700	0.6	0.7	580	700	2500
9~11	55	70	1000	0.7	0.9	670	800	2500
여자 6~8(세)	50	60	700	0.6	0.7	580	700	2500
9~11	60	80	1000	0.7	0.9	670	800	2500

	철(mg/d)			나트륨(g/d)	
	평균 필요량	권장 섭취량	상한 섭취량	충분 섭취량	목표량
영아 0~5개월		0.3*	40	0.12*	
6~11	5.0	6	40	0.37*	
유아 1~2(세)	4.8	6	40	0.7	–
3~5	5.4	7	40	0.9	–
남자 6~8(세)	6.3	8	40	1.2	–
9~11	8.5	11	40	1.3	2.0
여자 6~8(세)	6.3	8	40	1.2	–
9~11	8.0	10	40	1.3	2.0

출처 : 한국영양학회(영양섭취기준, 2010).

3) 식사 구성안

적절한 영양소 섭취목표가 정해지면 식사를 계획해야하는데 이때 식사 구성안을 이용한다. 식사 구성안이란 일반인에게 여러 식품을 적절히 구성하여 영양적으로 균형잡힌 식사를 실천하도록 도움을 주기 위하여 고안된 식사 지침서이다. 권장섭취패턴에서 해당하는 에너지 권장량을 정하고 해당 식품군에서 식품 및 1인 1회 분량을 참조하여 하루 식사를 계획하는 데 유용하게 이용할 수 있다.

(1) 권장식사패턴

한 개인에게 필요한 에너지와 영양소의 양은 연령, 성별 등에 따라 차이가 있으므로 식사도 이에 따라 다르게 구성되어야 하는데, 권장식사패턴에는 대상연령의 영양섭취 기준을 만족시키도록 일일 식품군별 섭취횟수가 제공되어 있다. 소아/청소년을 위한 권장식사패턴은 일일 우유 2컵으로 구성되었으며 다음과 같다.

〈표 1-13〉 아동을 위한 연령별 권장식사패턴

식품군	유아		유아 6~8세		아동 9~11세	
	1~2세 (1000㎉)	3~5세 (1400㎉)	남 (1600㎉)	여 (1500㎉)	남 (1900㎉)	여 (1700㎉)
전분류 I	1	2	2.5	2	3	2.5
전분류 II	1			1	1	1
고기, 생선, 계란 및 콩류	2	3	3	3	3	3
채소군	5	5	5	5	5	4
과일군	1	1	2	1	2	2
우유 및 유제품	2	2	2	2	2	2
유지, 견과, 당류	2	2	3	3	3	3

출처 : 한국영양학회(영양섭취기준, 2010).

(2) 식품군별 1인 1회 분량

식품군별 대표식품의 1인 1회 분량은 각 식품군에 속하는 식품 중 한국 사람들이 많이 섭취하는 식품을 중심으로 한 번에 섭취하는 1인 1단위를 설정하였다. 1인 1회 섭취량에 따라 칼로리의 섭취량이 크게 달라지므로 적절한 칼로리의 섭취를 위해서는 각 식품군의 1인 1회 섭취분량 및 섭취회수를 지켜야 한다.

〈표 1-14〉 식품군별 대표식품의 1인 1회 분량

식품군	1인 1회 분량
곡 류	밥 1공기(210g), 국수 1대접(건면 100g), 식빵(대) 2쪽(100g), 감자(중) 1개(130g)*, 씨리얼 1접시(40g)*
고기 · 생선 · 계란 · 콩류	육류 1접시(생 60g), 닭고기 1조각(생 60g), 생선 1토막(생 60g), 달걀 1개(60g), 두부 2조각(80g), 콩(20g)
채소류	콩나물 1접시(생 70g), 시금치나물 1접시(생 70g), 배추김치 1접시(40g), 오이소박이 1접시(60g), 버섯 1접시(생 30g), 물미역 1접시(생 30g)
과일류	사과(중) 1/2개(100g), 귤(중) 1개(100g), 참외(중) 1/2개(200g), 포도(중) 15알(100g), 오렌지주스 1/2컵(100g)
우유 · 유제품류	우유 1컵(200g), 호상요구르트 1/2컵(100g), 액상요구르트 3/4컵(150g), 아이스크림 1/2컵(100g), 치즈 1장(20g)*
유제 · 당류	식용유 1작은술(5g), 버터 1작은술(5g), 마요네즈 1작은술(5g), 설탕 1큰술(10g), 커피믹스 1봉(12g)

다른 식품들 1회 분량의 1/2 에너지를 함유하고 있으므로 식단 작성 시 0.5회로 간주함
출처 : 한국영양학회(영양섭취기준, 2010).

(3) 어린이 일일식사계획의 예

균형잡힌 하루식사를 식사 구성안에 따라 계획하기 위해서는

1. 일일 에너지 권장량을 알아야 한다.
2. 다섯 가지 식품군과 각 식품군에 속하는 식품과 각 식품의 1인 1회 분량을 알아야 한다.

3. 해당하는 연령별 식품섭취횟수를 알아내고 그 횟수를 하루 3끼와 간식에 나누어 먹는다.

〈표 1-15〉 유아 3~5세 일일식단의 예(1400kcal 식단)

1400 kcal	식 단	식품군	밥 (곡류 및 전분류)	단백질반찬 (고기, 생선, 계란, 콩류)	야채반찬 (채소류)
		횟 수	2	3	4
아침	수수밥 미역국 갈치조림 콩나물무침 도라지생채		수수밥 180g(2/3)	갈치 1토막(50g)	도라지생채 미역국/콩나물 무침(반그릇,0.5)
점심	흰밥 북어국 시금치나물 두부구이 배추김치		흰밥 180g (2/3)	두부 2쪽(80g)	북어국(무) 0.5 시금치나물, 배추 김치
저녁	보리밥 얼가리국 제육볶음 야채쌈 오이생채		흰밥 180g (2/3)	제육볶음(60g)	얼가리국 0.5 모듬야채쌈 오이생채 0.5
간식	우유 1컵 귤 1개 호상 요구르트 1컵	식품군	곡류군 II	우유군	과일군
		횟수	0	2	1
				우유 1컵 호상 요구르트 1컵	귤 1개

4) 식품구성 자전거

시각적으로 일반인들에게 균형식의 의미를 알리기 위해 만든 것으로 우리가 주로 먹고 있는 식품들을 그 종류와 영양소 함유량에 따라 비슷한 것끼리 묶어서 자전거의 바퀴면적을 배분한 형태이다. 식품 중에서 가장 많이 섭취해야 하는 것이 가장 큰 바퀴면적을 차지하고 있고, 가장 적게 섭취해야 하는 것이 가장 작은 바퀴면적으로 표시되어 있다. 기존의 식품구성탑과 달리 수분섭취의 중요성과 적절한 운동개념이 도입되어 균형 있는 영양뿐 아니라 비만예방의 기본 개념을 추가하여 나타내고 있다.

출처 : 한국영양학회(영양섭취기준, 2010).

| 그림 1-12 | 식품구성 자전거

① 곡류 및 전분류

곡류 및 전분류는 우리나라에서 주식으로 많이 섭취되므로 가장 크고 바탕이 되므로 우리의 주식이 되는 쌀, 잡곡, 빵, 과자, 감자, 고구마, 묵 등을 배치하였으며 주로 탄수화물을 제공한다.

② 고기, 생선, 계란 및 콩류

질이 좋은 단백질을 제공하는 동물성 반찬인 쇠고기, 돼지고기, 닭고기, 생선, 달걀과 식물성 식품이지만 질이 좋은 단백질을 함유하여 밭에서 나는 고기라고 부르는 콩, 두부 등이 위치했다. 팥, 완두, 강낭콩, 녹두 등은 곡류 및 전분류에 속한다.

③ 채소류

김치, 나물, 국으로 섭취량이 많은 여러 가지 채소, 미역, 김 등과 후식이나 간식으로 먹는 과일의 두 가지 식품군이 있고 비타민과 무기질을 많이 함유한다.

④ 우유 및 유제품류

우유 및 유제품 섭취량은 적으나 칼슘의 섭취를 위해 중요한 우유 및 유제품이 있다. 유제품으로는 요구르트(마시는 것과 떠먹는 것 모두 포함), 치즈, 아이스크림 등이 있다.

⑤ 유지 및 당류

바퀴의 크기가 가장 작으므로, 섭취량이 적으며 대체로 적게 먹기를 권장하는 기름, 버터, 마가린, 사탕, 초콜릿, 탄산음료, 견과류가 위치한다. 유지는 조리에는 충분히 사용하기를 권장하되 튀김을 자주 하지 않도록 한다. 당류는 열량만을 제공하며 이 외의 영양소는 거의 없어 엠티 칼로리 푸드(empty calorie foods)라고 부른다.

5) 영유아 및 어린이 식생활지침서

한국인의 건강과 영양에 관한 특성과 현황을 충분히 고려하면서 올바른 식생활 습관의 실천을 유도하여 질병예방 및 건강증진에 기여할 수 있는 식생활지침이 국가적 차원에서 마련되어야 할 필요성이 전문가들에 의해 지속적으로 제기되어왔다. 이에 따라 2003년에 처음으로 보건복지부에서 연령별에 따른 "한국인의 식생활지침서"을 제정 · 발표했으나 그 이후 건강문제, 영양상태, 신체활동, 식생활 습관 등의 변화가 급격히 나타나 2010년도에 개정되었다. 식생활지침서는 국민건강영양조사(2005, 2007년)의 영양소 섭취량, 식품 섭취량, 비만율 등의 자료와 국내외에 발표된 문헌을 바탕으로 생애주기별로 도출된 문제를 해결하기 위한 실천방안을 제시한 것으로 누구나 쉽게 이해하고 실천할 수 있도록 했다.

(1) 3세 미만 영유아 식생활지침서

영유아 지침서의 경우 2003년에 비해 먹는 시간, 횟수, 방법 등 내용이 더욱 자세하게 제시되어 있다. 예를 들면, 영유아는 '과일, 채소를 먹이자' 에서 '과일, 채소, 우유 및 유제품 등을 매일 2~3회 규칙적으로 먹이자' 로 횟수가 제시됐다. 이유식도 '성장단계에 맞추어 먹이자' 에서 '이유식은 생후 만 4개월에서 6개월 사이에 시작하라' 고 하는 등 구체적인 개월 수와 연도까지 제시하고 있다.

영유아를 위한 식생활지침서

① 생후 6개월까지는 반드시 모유를 먹이자.
- 초유는 꼭 먹이도록 합니다.
- 생후 2년까지 모유를 먹이면 더 좋습니다.
- 모유를 먹일 수 없는 경우에만 조제유를 먹입니다.
- 조제유는 정해진 양대로 물에 타서 먹입니다.
- 수유 시에는 아기를 안고 먹이며 수유 후에는 꼭 트림을 시킵니다.
- 자는 동안에는 젖병을 물리지 않습니다.

② 이유 보충식은 성장단계에 맞추어 먹이자.
- 이유 보충식은 생후 만 4개월 이후 6개월 사이에 시작합니다.
- 이유 보충식은 여러 식품을 섞지 말고 한 가지씩 시작합니다.
- 이유 보충식은 신선한 재료를 사용하여 간을 하지 않고 조리해서 먹입니다.
- 이유 보충식은 숟가락으로 떠먹입니다.
- 과일주스를 먹일 때는 컵에 담아 먹입니다.

③ 유아의 성장과 식욕에 따라 알맞게 먹이자.
- 일정한 장소에서 먹입니다.
- 쫓아다니며 억지로 먹이지 않습니다.
- 한꺼번에 많이 먹이지 않습니다.

④ 곡류, 과일, 채소, 생선, 고기, 유제품 등 다양한 식품을 먹이자.
- 과일, 채소, 우유 및 유제품 등의 간식을 매일 2~3회 규칙적으로 먹입니다.
- 유아 음식은 싱겁고 담백하게 조리합니다.
- 유아 음식은 씹을 수 있는 크기와 형태로 조리합니다.

출처 : 보건복지부. "2010 한국인의 식생활지침서".

(2) 어린이를 위한 식생활지침서

어린이를 위한 식생활 실천지침은 한국인을 위한 식생활 목표 및 총괄 식생활 지침을 기본으로 어린이들의 영양문제 등을 감안하여 식생활지침서가 처음 2003년도에 제정되었다 그러나 그 이후 해마다 비만, 고혈압 등의 '생활습관병' 이 어린이에게도 증가하고 있어 '어린이 식습관' 의 중요성이 커지고 있어 새로운 영양섭취 기준과 최신 연구결과를 바탕으로 2010년에 어린이 식생활 지침을 개정하였다. 어린이를 위한 식생활 실천지침의 각 항목은 우리나라 어린이들의 중요하고, 우선순위가 되는 영양문제를 중심으로 이를 해결하기 위한 실천적 방법을 제시하고 있다.

어린이를 위한 식생활 실천지침의 경우 다음의 몇 가지 중점 고려사항을 두었다.

- 영양섭취의 불균형 개선을 제일 목표로 한다.
- 영양적이고 위생적인 간식 섭취를 통하여 식사에서 부족된 영양소를 보충하도록 한다. 특히 유제품과 철 함유식품의 섭취를 강조한다.
- 비만과 저체중의 비율을 줄인다.
- 아침 결식율을 줄인다.
- 편식을 교정하도록 권유하고, 다양한 식품의 섭취를 강조한다.
- 식사예절과 음식물 낭비 혹은 음식물 쓰레기 줄이기에 관한 사항도 고려한다.

어린이를 위한 식생활지침서

① 음식은 다양하게 골고루
- 편식하지 않고 골고루 먹습니다.
- 끼니마다 다양한 채소반찬을 먹습니다.
- 생선, 살코기, 콩 제품, 달걀 등 단백질 식품을 매일 1회 이상 먹습니다.
- 우유를 매일 2컵 이상 먹습니다.

② 많이 움직이고, 먹는 양은 알맞게
- 매일 1시간 이상 신체활동을 적극적으로 합니다.
- 나이에 맞는 키와 몸무게를 알아서, 표준체형을 유지합니다.
- TV시청과 컴퓨터 게임 등을 모두 합해서 하루에 2시간 이내로 제한합니다.
- 식사와 간식은 적당한 양을 규칙적으로 먹습니다.

③ 식사는 제때에, 싱겁게
- 아침식사는 꼭 먹습니다.
- 음식은 천천히 꼭꼭 씹어 먹습니다.
- 짠 음식, 단 음식, 기름진 음식을 적게 먹습니다.

④ 간식은 안전하고 슬기롭게
- 간식으로 신선한 과일과 우유 등을 먹습니다.
- 과자나 탄산음료, 패스트푸드를 자주 먹지 않습니다.
- 불량식품을 구별할 줄 알고, 먹지 않으려고 노력합니다.
- 식품의 영양표시와 유통기한을 확인하고 선택합니다.

⑤ 식사는 가족과 함께 예의 바르게
- 가족과 함께 식사하도록 노력합니다.
- 음식을 먹기 전에 반드시 손을 씻습니다.
- 음식은 바른 자세로 앉아서 감사한 마음으로 먹습니다.
- 음식은 먹을 만큼 담아서 먹고, 남기지 않습니다.

출처 : 보건복지부. "2010 한국인의 식생활지침서".

4 영양평가

영양평가는 개인이나 집단을 대상으로 영양섭취상황이나 건강과의 관련성을 종합적으로 분석하고 영양문제점을 찾아내는 일련의 과정이다.

1) 영양평가의 목적 및 분류

(1) 영양평가 의의와 목적

영양평가의 의의는 개인, 집단의 식사 섭취수준과 영양관련 건강지표 등의 다양한 정보를 수집하여 영양상태를 평가하여 질병치료 및 질병예방과 건강증진을 위함이다.

영양판정의 목적은 다음과 같다.

- 영양교육과 상담을 위해 기본적으로 필요한 과정이다.
- 영양교육이나 상담이 요구되는 영양문제를 식별하는 자료로 이용하기 위함이다.
- 영양개선의 방향을 설정하는데 중요한 기초자료로 이용된다.
- 영양개선활동 후 효과평가를 위해 필요한 과정이다.

(2) 영양평가 방법

영양진단으로부터 스크리닝(선별)된 영양문제를 가진 개인이나 집단을 대상으로 식사조사, 신체계측조사, 임상조사, 생화학적 검사 등을 통하여 보다 구체적으로 영양상태를 평가한다.

① 간접평가

영양 판정자료의 해석과 문제해결을 위한 원인요소 파악에 도움이 될 수 있는 여러 가지 식생활과 관련되는 사회적 · 환경적 요인을 조사하는 것이다. 간접 영양상태 평가에 이용할 수 있는 자료들은 다음과 같다.

- 보건 통계조사자료 : 인구동태자료, 영유아 사망률, 질병통계
- 식품 공급상황 : 식품의 수급실태, 식품의 가격변동, 구매여건 등
- 식생태 조사 : 사회 · 경제적, 문화적, 지리적 자료

② 직접평가(ABCD법)

영양상태를 판정하는 가장 좋은 방법은 각 개인에 대해 직접판정을 실시하는 것이다. 직접평가에는 신체계측, 생화학적 검사, 임상조사, 식사조사 등이 있다.

- 신체계측(Anthropometry) : 혈액, 체중, 신장의 변화를 측정하여 영양상태를 평가한다.
- 생화학적 검사(Biochemical test) : 혈액, 소변 등의 성분을 분석하여 영양상태를 평가한다.
- 임상조사(Clinical observation) : 가족력, 병력, 식사력, 영양불량과 관련되어 나타나는 신체증상을 조사하여 평가한다.
- 식사조사(Dietary survey) : 일일 식이섭취량(음식, 식품, 음료 등)을 조사하여 연령별 영양섭취기준과 비교하여 영양상태를 평가한다.

(3) 영양불량 단계와 영양 판정법

영양 판정의 목적은 영양불량 상태를 찾아내는 데 그 목적이 있다. 영양불량을 평가하는데 있어 한 가지 평가방법을 사용하는 것보다는 여러 방법을 복합적으로 이용할 경우 판정결과에 대한 설명력은 증가한다(그림 1-13).

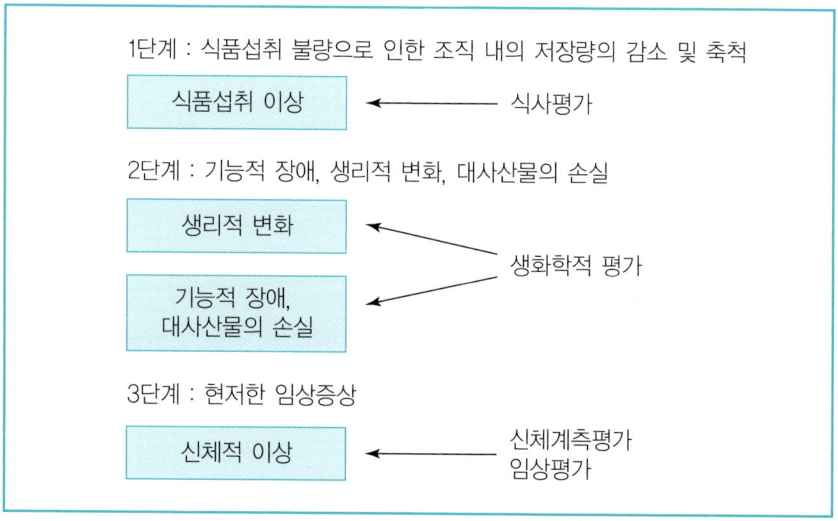

| 그림 1-13 | 영양문제의 발생과 영양판정 방법

2) 신체계측평가

체위 및 체조성을 측정하여 성장 및 영양상태를 판정한다.

신체계측은 간단하고 방법이 쉬워 많은 대상자의 영양판정에 유리하지만, 측정기구나 측정방법에 의해 차이가 날 수 있다. 또한 장기간의 영양상태를 반영한 결과로써 신체계측의 변화가 나타나기 때문에 단기간의 영양상태 판정에는 유용하지 않다.

- **체위** : 신장, 체중, 흉위, 두위, 팔꿈치 넓이, 팔목둘레
- **체조성** : 상완둘레, 상완근육면적, 체지방

(1) 체위측정

■ 0~2세 영아의 체위 측정방법

- 두위(머리둘레) : 뇌의 성장 · 발달의 지표로 이용되어 2세 이상의 영아에 있어

단백질-에너지 영양상태의 지표로도 활용된다.

- **누운 키(Length)** : 머리와 양 어깨, 엉덩이가 뒷판에 닿도록 누이고 무릎을 펴서 발꿈치가 발판에 밀착되도록 한 후 측정한다.
- **체중** : 소아용 저울을 사용하는데 어머니가 아이를 안고 측정한 후 자신의 몸무게를 뺀 것이 영아의 체중에 해당한다.

2세 이상 어린이의 체위 측정방법

- **선 키(Height)** : 신장계를 이용하여 간편한 복장, 맨발로 발뒤꿈치, 엉덩이, 어깨, 뒷통수를 신장계에 밀착하게 하고 정면을 바라보게 한 후 측정한다. 이때 다리와 무릎을 펴도록 한다.
- **체중** : 어린이의 경우 체중은 신장보다 변화가 심해서 한번 측정으로는 영양상태를 판정하기가 어렵다. 그러므로 일정한 기간을 두고 체중을 재어보며 체중 증가속도를 보는 것이 더 정확하게 영양상태를 판정할 수 있다. 체중계 설치 후 영점 조정하고, 간편한 복장 후 신발을 벗게 한 후 움직이지 않고 두 발을 모은 후 0.1kg까지 읽고 두 번 측정한다.
- **무릎 높이** : 혼자 설 수 없는 소아의 경우 무릎 높이를 측정하여 신장과 체중을 추정할 수 있다.

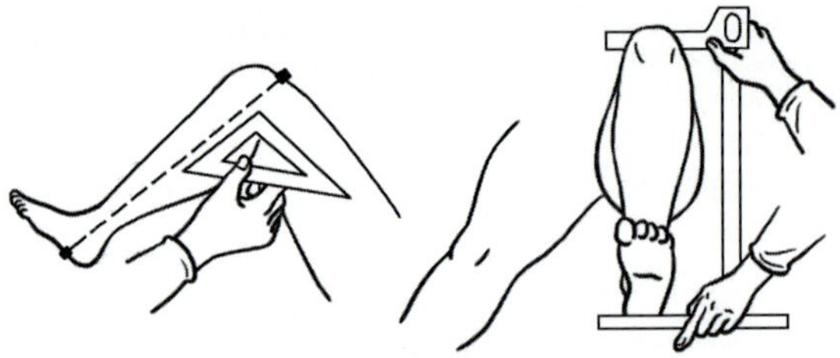

| 그림 1-14 | 유아의 무릎높이 측정방법

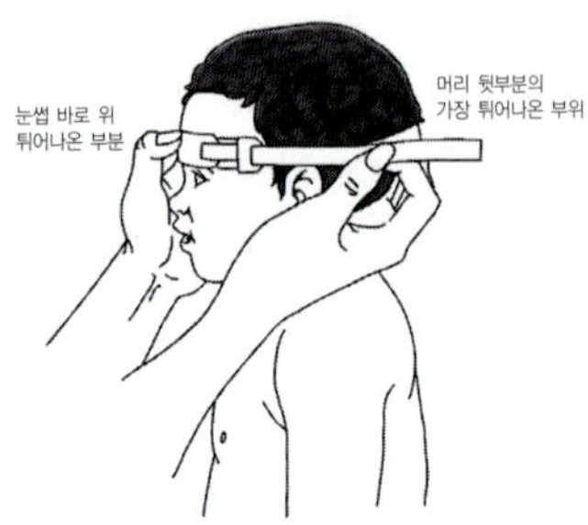

| 그림 1-15 | 영아의 두위(머리둘레) 측정방법

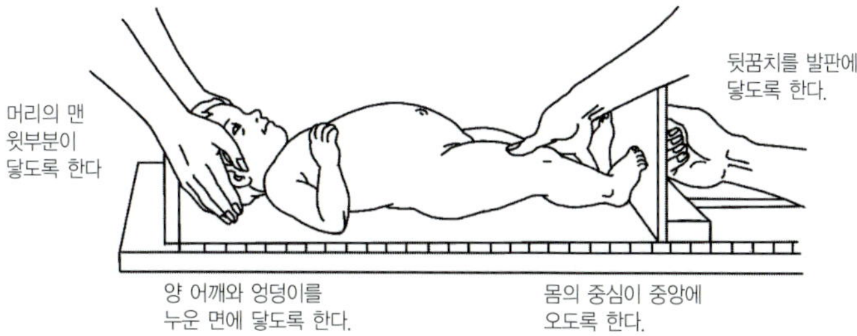

| 그림 1-16 | 영아의 신장(누운 키) 측정방법

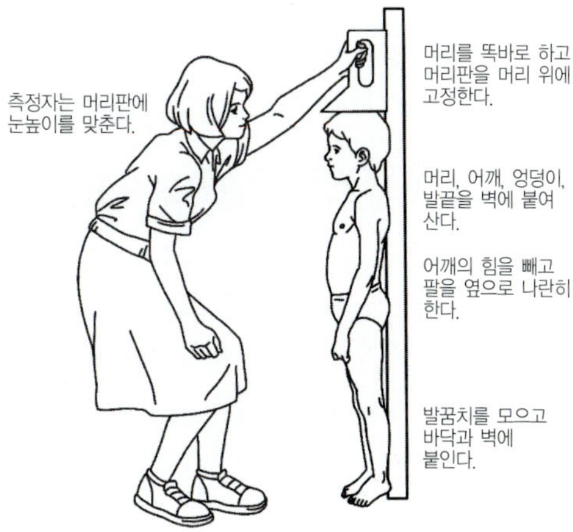

| 그림 1-17 | 어린이의 신장(선 키) 측정방법

■ 성장 측정곡선 이용

우리나라 아동의 신체발육은 1967년, 1975년, 1985년, 1998년 보건복지부와 대한소아과학회 주관으로 전국 규모의 소아 발육상태를 측정하여 실제 측정치의 백분위수로 구성된 성장도표를 표준치로 제정하였으며 거의 10년마다 개정하고 있고, 현재까지 1998년 '한국소아발육표준치'를 사용하여왔다. 그러나 최근 2007에 "한국 소아 청소년 성장도표"를 제작하였는데 이는 2005년 전국 16개 지역(7개 특 · 광역시, 9개 시 · 도)에서 인구 수에 비례하여 임의 표본추출 방법을 이용하여 신체계측,

혈압조사, 모유수유 및 초경연령 등을 설문조사하여 1997년과 2005년 측정자료를 토대로 표준화된 연령별 신장, 연령별 체중, 연령별 체질량지수(Body Mass Index : BMI for age), 연령별 두위, 신장별 체중도표가 있다(부록 참고, 2007, 질병관리본부).

■ **성장곡선의 판정기준**

① 나이-대비 두위(head circumference for age)곡선 : 0~2세의 경우 만성적 PEM(Protein-Energy-Mualnctritin) 지표. 영양불량이 심할 경우 적당한 판정지표로 이용된다.

② 나이-대비 체중(weight for age)곡선 : 성장기 어린이가 정상적으로 성장하고 있는지를 판정할 때 이용한다.

- 제한점 : 신장의 차이를 반영하지 못하므로 이 지표가 낮다고 반드시 쇠약한 경우는 아닐 수 있다.

③ 신장-대비 체중(weight for height)곡선 : 현재 영양상태를 판정하는데 민감한 지표로 이용되며 나이와 무관하므로 나이 모를 때 사용할 수 있다.

- 성장부진과 쇠약상태를 구별하는데 유용한 곡선이다.
  - 쇠약(wasting) : 신장에 비해 체중이 적어 몸이 마른 영양불량으로 1~2년 이유기에 많으며 영양중재활동이 있으면 빨리 회복된다.
  - 성장부진(stunting) : 성장부진으로 인해 골격이나 키가 작은 영양불량을 의미한다.
- 단점 : 신장/ 체중이 모두 작을 경우 정상 어린이로 분류될 수 있으며 부종이나 비만이 있으면 판정하기 어려워진다. 이때는 나이-대비 신장지표를 함께 사용하는 것이 바람직하다.

④ 나이-대비 신장(height for age)곡선 : 과거 영양상태 혹은 만성적 영양상태 추정지표로 사용된다.

(2) 체지방 측정

■ **피부두께 측정법**

캘리퍼를 사용하여 피하 체지방량을 간접적으로 측정한다.

체지방의 50%는 피하에 위치한다는 이론하에 피부두겹집기(Skinfold thickness)로 가슴, 삼두근, 견갑골 하부, 장골 상부, 옆중심선 부분, 복부, 허벅지, 장딴지 등의 다른 부위 세 곳 이상을 측정한다. 어린이의 경우 가장 많이 이용하는 부위는 상두근으로 어깨돌기와 팔꿈치 사이 윗 팔뚝 가운데 부분을 측정한다(그림 1-18).

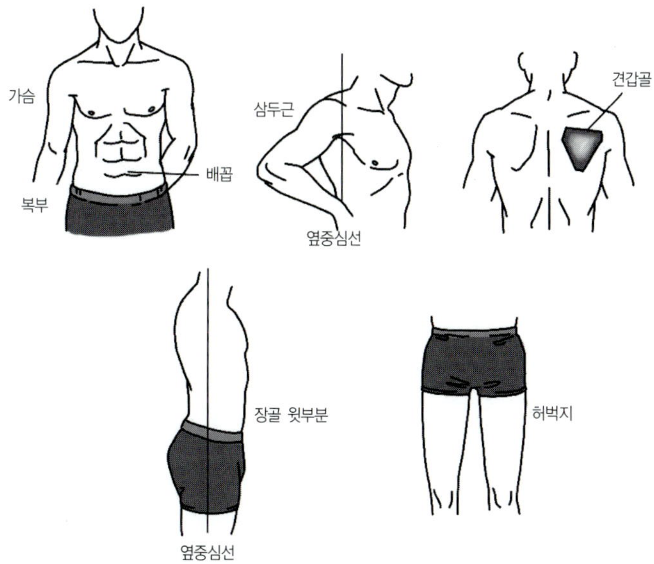

| 그림 1-18 | 캘리퍼를 이용한 체지방 측정부위

■ 상완위 둘레

상완위 둘레는 줄자를 사용하여 어깨와 팔꿈치의 중간부분을 측정한다. 팔은 피하지방과 근육이 모두 있으므로 상완위 값이 감소한다는 것은 근육량 감소, 피하지방 감소, 혹은 두 가지 모두 감소한다는 의미이다. 저개발국가에서는 상완위 측정이 열량과 단백질 결핍 여부나 장기간에 걸친 기아상태를 판정하는 지표로 사용된다. 1~5세 어린이의 경우 상완위 둘레가 13.5cm 이상이면 정상이며, 12.5cm 이하이면 영양결핍으로 판정한다(그림 1-20).

■ 전기저항을 이용한 체지방 측정

지방조직과 무지방조직(FFM)의 전기 전도율의 차이를 이용하여 체지방을 측정한다. 전류가 신체를 통해 흐를 때, 전도 안 되는 조직(지방)은 저항 받고, 근육에 의해서는 전류가 전달되는데 이 저항을 임피던스(impedance, 도체저항)라고 하며 이러한 전기저항 차이에 의한 체지방 분석을 생체 임피던스 분석법(Bioelctrical Impedance Analysis : BIA)이라고 한다(그림 1-19).

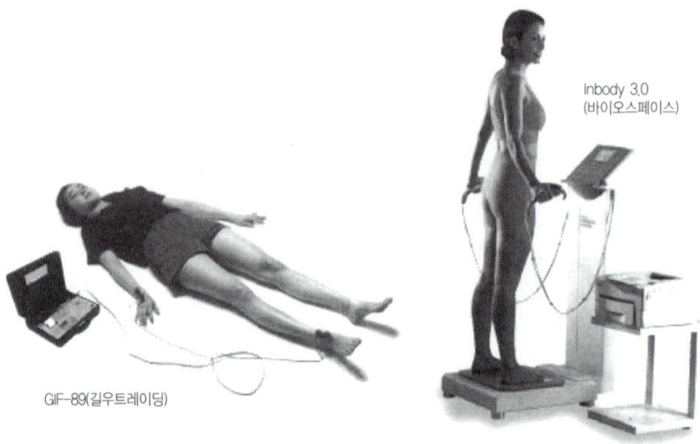

| 그림 1-19 | 전기저항을 이용한 체지방 측정방법

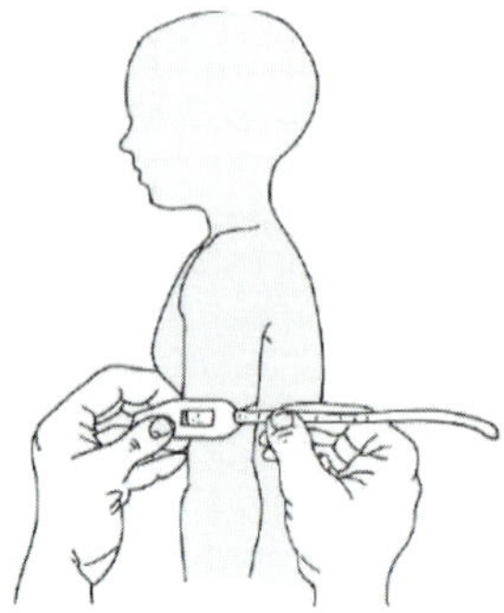

| 그림 1-20 | 상단위둘레 측정방법

■ 체중과 신장(체격지수)을 이용한 체지방 판정

측정이 쉽고 빠르고 부담이 없으므로 대규모 조사에서 간접적으로 비만도를 측정하는데 흔히 사용된다. 그러나 지방과다, 근육과다, 부종으로 인한 체중증가들을 구별하지 못하므로 피부두겹 두께 등의 직접적 비만도 평가법이 함께 사용되는 것이 바람직하다. 체중과 신장을 이용한 비만판정 공식들은 다음 표와 같다(표 1-16).

〈표 1-16〉 신장에 대한 체중 관련지표와 판정기준

지 표	구하는 공식	대상그룹	어린이 정상범위
이상체중	$\frac{\text{(실제 체중－신장별 표준체중)}}{\text{신장별 표준체중}} \times 100$	성인, 어린이	±10%
체중/신장 비율	체중/신장	어린이, 성인	
퀘테레 지수 혹은 신체질량지수(BMI)	체중(kg)/신장(m)^2	초등고학년~성인	20~22.9
카우프 지수(Kaup index)	{체중(kg)/신장(cm)^2}×10^4	2세 미만 영유아	15~18
뢰러지수(Röhrer index)	{체중(kg)/신장(cm)^3}×10^7	학령기 어린이	2.35~2.85

① 영유아의 비만판정

특히 카우프 지수(Kaup Index)는 2세 미만 유아의 비만판정에 이용되며 뢰러지수(R hrer Index)는 주로 초등학생 어린이의 비만판정에 이용된다(표 1-16).

② 어린이의 비만판정

BMI(체질량지수)가 가장 많이 사용되고 있으며 체질량지수는 체지방량과 유의적인 상관성이 있음이 널리 보고되어왔다. 특히 13세 이하 어린이의 경우 신장변화가 크기 때문에 신장을 고려한 BMI percentile로 계산된 체질량지수도표를 이용하여 어린이 비만도를 판정할 수 있다(부록 참고).

판정기준 저체중 : BMI 지수가 해당연령의 5백분위수 이하
과체중 : 85~94백분위수
비만 : 95백분위수 이상

〈표 1-17〉 어린이의 영양상태 평가에 유용한 신체계측 항목

대 상	항목(측정)
신생아, 영유아	체중, 누운 키, 머리둘레, 가슴둘레, 상두근피부두께
학령전 어린이	체중, 선 키, 머리둘레, 가슴둘레, 상완위, 상두근두께
학령기 어린이, 청소년	체중, 선 키, 피부두께, 상완위

3) 생화학적 검사

가장 객관적이고 정량적인 영양판정법으로 영양소 섭취부족에 따른 체내 영양소의 저장량 고갈부터 임상증상이 나타나기까지의 영양상태를 반영한다. 혈액, 소변, 대변, 머리카락, 생체조직 등을 시료로 사용하는데 혈액은 12시간 이상 공복상태의 아침 식전에 정맥에서 채취하며 소변은 24시간 동안의 소변량을 모두 수집하여야 하나 그렇지 못할 경우는 공복 시의 아침 첫 소변을 수집하여 분석한다.

- 단백질 : 혈청 총 단백질, 알부민, 트렌스페린, 뇨 중 크레아티닌, 뇨 중 요소질소
- 철분 : 혈중 헤모글로빈, 헤마토크리트, 적혈구지수 등
- 비타민 : 비타민 A, D, C

① 철 영양상태 판정

한 가지 생화학적 지표만으로 철 영양상태 판정은 어려우므로 철 영양상태를 잘 판정하려면 몇 가지 서로 다른 평가법을 함께 사용하는 것이 좋다.

영아는 출생 6개월까지는 체내 저장된 철분으로 인해 철결핍이 일어나지 않으나 생후 6개월 이후부터는 적절한 영양이 공급되지 않으면 철분결핍성 빈혈이 나타나게 된다. 판정기준은 다음 표와 같다(표 1-18).

〈표 1-18〉 철 결핍증을 나타내는 판정 기준치(NHANES Ⅲ)

연령(세)	Hemoglobin (mg/dl)	Hematocrit (mg/dl)
6~23개월	<9	<28
2~5세	<10	<30
6~12세	<10	<30
13~16세(남)	<12	<37
13~16세(여)	<10	<31

출처 : Looker et al(1997). J Am Med Assn 277 : 973~976.

■ **헤모글로빈(hemoglobin)**

철분이 헤모글로빈의 주 구성성분으로 혈액에서 산소를 운반하는 역할을 한다. 헤모글로빈의 농도는 철결핍성 빈혈 판정에 흔히 사용된다. 그러나 철 결핍이 심해져야 나타나므로 예민도가 낮으며 철 외, 엽산, 비타민 B_{12} 결핍 시에도 헤모글로빈의 농도가 저하되는 특성이 있다.

■ **헤마토크릿(Hematocrit)**

전체 혈액부피에서 차지하는 적혈구의 비율을 말한다. 헤모글로빈 합성 저하 후 감소하므로 예민하지 않고 심한 철 결핍 시에만 저하된다.

② 단백질의 영양상태 판정

단백질의 영양상태는 크게 체단백질과 내장단백질로 나누어 평가한다.

■ **혈액단백질 농도(내장단백질의 영양평가지표)**

혈액의 총 단백질의 농도를 측정하거나 혈청 단백질인 알부민(albumin)의 농도를 측정하여 단백질의 영양상태를 평가한다.

㉠ 혈액의 총 단백질 농도

총 단백질 감소량의 50~60%는 알부민 감소로 인한 것이므로 총 단백질 측정보다 알부민 측정이 더 민감하게 단백질의 영양상태를 반영할 수 있다(표 1-19).

㉡ 혈청 알부민(Serum albumin)

단백질 만성적 영양상태 판정에 가장 많이 사용하는 지표이다(표 1-19).

〈표 1-19〉 혈액 영양상태에 따른 혈액 총 단백질 농도 및 알부민 농도 (단위 : g/100ml)

	대 상	결핍군(고위험군)	저농도군(중등 위험군)	정상군(저위험군)
총 단백질 농도	0~11개월	–	< 5.0	≥ –5.0
	1~5세	–	< 5.5	≥ –5.5
	6~17세	–	< 6.0	≥ –6.0
	성 인	< 6.0	6.0~6.4	≥ –6.5
알부민 농도 (g/100ml)	All ages	< 2.1	2.1~3.4	≥ 3.15

■ **소변의 크리아티닌 함량(체단백질의 영양평가지표)**

크레아티닌(Creatinine)은 골격근육의 대사산물이므로 근육이 분해되어 사용될 때 소변으로 배설된다. 따라서 24시간 뇨 크레아티닌배설량을 측정하면 체근육량을 알 수 있다. 정확한 측정을 위해서는 2~3일 연속적으로 24시간 소변표본을 수집하며, 소변수집기간 중에는 육류섭취를 제한해야 한다.

4) 식이평가

사람들이 무엇을 먹는가? 를 조사하는 것으로 가장 쉽게, 가장 보편적으로 사용되는 영양평가방법이다. 각 개인의 영양상태를 정확하게 파악하기 위해서는 개인의 식이섭취 조사가 필요하다.

개인 식이섭취 조사는 목적에 따라 두 가지로 구별할 수 있다. 식품 섭취량을 조사하고자 할 때는 회상법, 식이기록법 등이 유용하며 식품의 질을 조사하고자 할 때는 식품섭취빈도조사법 및 식습관조사가 있다.

■ 24시간 회상법(24-hour Recall method)

이미 섭취한 음식의 종류/ 양을 기억하도록 하는 조사방법으로, 24시간, 3일, 7일 회상법이 있으며 이 중 24시간 회상법이 가장 많이 사용된다.

장 점	단 점
• 빠르고 간편 • 피상담자가 글을 쓰지 못해도 가능 • 피상담자의 평소 식사패턴에 영향을 주지 않음	• 피상담자의 기억에 의존하므로 부정확 • 피상담자가 거짓을 말할 수 있음 • 평상 시 식사를 알지 못할 수 있음 • 상담자의 기술이 필요

■ 식사기록법(diet record)

섭취음식의 종류/ 양을 일기식으로, 먹을 때마다 식품명, 양, 때, 장소, 식이 특징을 기록하는 것으로 개인의 식습관 판단에 적합한 방법이다.

장 점	단 점
• 회상법에 비해 정확하고 자세하게 음식물의 섭취량과 함께 섭취시간을 알 수 있음	• 읽고 쓰는 능력 필요 • 음식의 분량에 대한 지식 필요 • 평상 시 식사패턴에 영향을 미칠 수 있음 • 최소 3일 이상이 요구됨, 예산 필요

■ 식품섭취빈도조사법(Food frequency method)

각 식품 또는 식품군별로 섭취빈도를 피상담자가 기록하는 것으로 대상자가 섭취하는 식품목록을 만들어 하루, 일주일, 한 달 단위로 몇 번 섭취하는가 조사하는 방법이다. 특정한 영양소 섭취상태 파악 시 그 식품군에 해당하는 식품목록(15~40개 정도)만 가지고 간단히 조사하여 판정한다.

장 점	단 점
• 쉽고, 빠른 시간에 저렴한 비용으로, 시간과 노력의 부담 적음 • 24시간 회상법과 함께 사용할 때 유용, 연구에 유용 • 일정 기간 동안의 주요 영양소 섭취상태 파악 가능 • 피상담자의 평소 식사패턴에 영향을 주지 않음	• 피상담자의 읽고 쓰는 능력 필요 • 조리상태, 레시피 등 정확하고 세부적인 정보를 알 수 없음 • 환자가 섭취한 식품을 모두 대변해 주지 못할 수 있음 • 음식분량에 대한 지식 요구

■ 식사력법(diet history)

개인의 지난 1개월 또는 1년 등 오랫동안의 과거 식사상태를 조사하는 것으로 자세하고 오랜 기간에 걸친 평상 시 식사형태를 조사할 때 유용한 방법이다.

장 점	단 점
• 장기간의 평상 시 식사 섭취량을 조사할 수 있음 • 계절의 변화도 파악 가능	• 조사시간이 오래 걸림 • 조사 대상자의 동기유발이 절대적으로 필요 • 잘 훈련된 면접기술 필요 • 자료정리와 분석의 어려움

5) 임상조사

대상자의 건강상태나 신체변화를 조사하여 영양불량에 관한 증후(sign)와 증상(symptom)을 찾고 영양상태를 평가하는 방법이다. 임상조사는 건강상태를 포함한 병력, 식사력, 영양상태를 반영하는 신체증후나 증상 등을 모두 조사한 후 종합적으로 판단한다. 유아기나 학령기 어린이의 영양불량은 성장저하만 나타나는 것이 아니라 외모에서도 건강하지 못한 것이 느껴지며 행동에서도 또래 어린이에 비해 비정상적인 것이 보여진다.

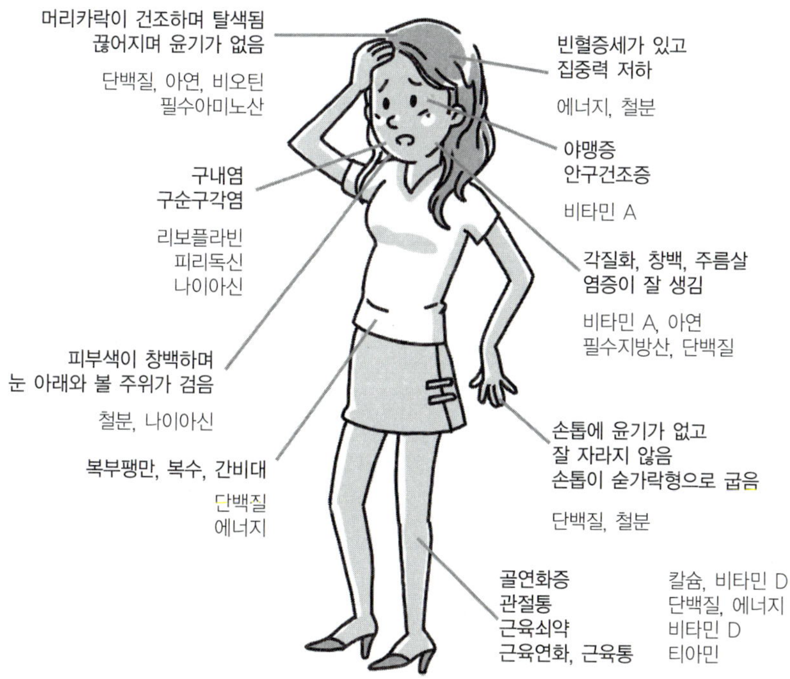

| 그림 1-21 | 영양소의 결핍에 따른 임상적 특성

질병이 분명하거나 영양상태 불량이 오래 진전되었을 때 유용하게 사용되나 여러 결핍증이 동시에 나타날 수 있으므로 다른 평가들과 병행하여 영양상태를 판단하는 것이 좋다.

■ 단백질-에너지 영양불량(Protein-Energy Malnutrition : PEM)의 임상적 판단

PEM은 주로 단백질 부족증인 콰시오커와 단백질과 에너지 부족증인 마라스무스 형태로 나타나는데 PEM으로 고생하는 어린이들은 감염증, 영양결핍증, 설사증이 나타나게 된다.

콰시오커	마라스무스
• 단백질 결핍증 • 체중 정상, 골격근육 유지하나, 혈청 단백질 농도가 감소 • 부드럽고 통증 없음, 부종(발과 다리, 복부와 상체, 얼굴), 모발 건조해지며 부서지기 쉽고, 윤기가 없음, 당겨보면 쉽게 빠짐	• 에너지 결핍증 • 체중 감소 분명히 나타남. 골격근육과 지방 조직량은 감소하나, 혈청단백질 농도 유지됨, 피골이 상접한 형태를 보임

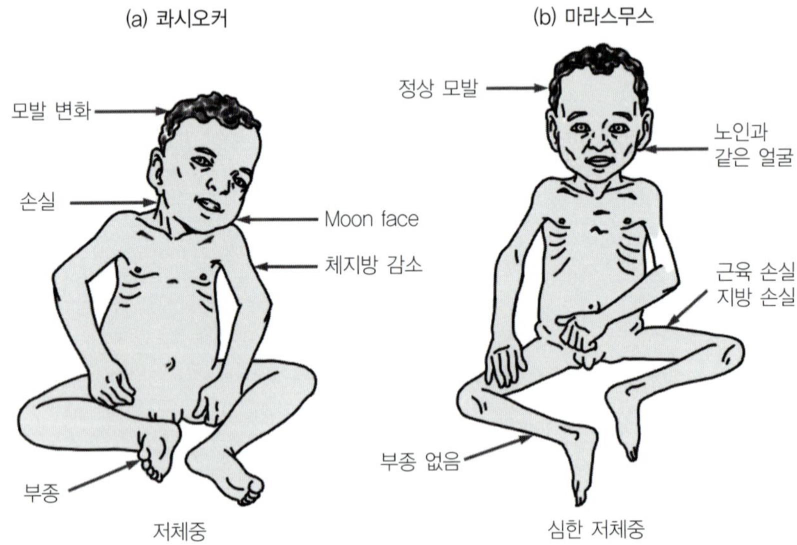

| 그림 1-22 | 콰시오커와 마라스무스의 증상 비교

■ PEM 환자의 경우 – 깃발징후

- 머리카락 탈색, 성장장애가 특징이다.
- PEM 어린이의 경우 머리카락에 "깃발증후"가 나타나는데 이는 단백질 영양 섭취가 좋았던 때와 나빴던 때에 따라 머리카락 색이 정상 색과 탈색(흐릿한 갈색 또는 노란색을 띤 흰색)이 반복되면서 나타난 무늬로 PME 어린이에게 흔히 나타난다.

■ 성장부진

- 아동에서 가장 흔한 영양불량 징후군이다.
- 영양소 섭취 불충분, 흡수 및 이용 불량, 손실 증가 및 요구량이 증가하는 경우 나타난다.
- 빈곤, 사회 · 정서적 보호 부족, 감염이나 기생충 등이 원인이 된다.

CHAPTER 02

발달단계에 따른 영양관리

1. 임신부의 영양과 태아 발달

2. 영아기의 영양과 건강관리

3. 유아기 영양관리

CHAPTER 02

발달단계에 따른 영양관리

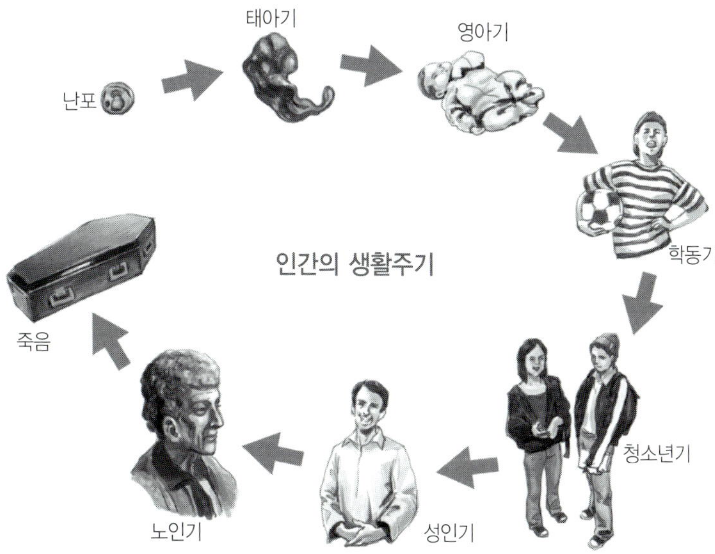

| 그림 2-1 | 인간의 생활주기(Human life cycle)

인간의 생활주기(life cycle)란 태아기에서부터 영아기, 유아기, 학동기, 청소년기를 거쳐 성인이 되고 나이가 들어 노인기로 끝나는 일련의 과정을 말한다.

- **태아기** : 임신기라 하기도 하며 크게 발아기, 배아기, 태아기로 나눈다.
- **영아기** : 신생아기를 포함하여 생후 12개월까지로 일생 중 가장 성장이 빠른 시기이다.
- **유아기** : 1~6세까지로 유아 전기 1~3세, 유아 후기 4~6세로 나누기도 한다.

- 학동기 : 7~12세는 비교적 성장이 완만한 시기로 여아가 남아보다 성장이 빠른 시기이다.
- 청소년기 : 13~19세로 제2의 성장기라 하며 성적으로 성숙하는 시기이다.
- 성인기 : 20~64세로 일생 중 가장 안정된 시기로 신체적 변화가 적다.
- 노인기 : 65세 이상으로 신체능력이 쇠약해져 노화현상이 뚜렷이 나타난다.

1 임신부의 영양과 태아 발달

임신기간은 임신으로 인한 체중 증가와 태아의 성장과 발달이 이루어지는 기간으로 에너지와 영양소의 소모가 많아지는 시기이다. 임신으로 인한 입덧이나 탈수, 변비, 부적절한 체중 증가로 인해 영양결핍이 되기 쉬운 시기이기도 하다. 임신기의 영양은 모체의 건강뿐만 아니라 태아의 현재와 미래의 건강에도 영향을 미치므로 더욱 중요한 시기이다. 또한 이 시기는 잘못된 영양습관을 교정할 수 있는 충분한 기회가 될 수 있다.

1) 태아의 발달단계

임신기간은 약 40주로 태내발달은 발아기, 배아기와 태아기 3단계로 나누어진다.

(1) 발아기(수정~약 2주)

수정에서부터 수정란이 분열을 계속하면서 난관을 내려가 자궁벽에 착상이 되기까지 2주간의 기간을 말한다.

(2) 배아기(2~8주)

- 발아기 이후 약 8주간으로 세포분열과 분화로 신체기관이 형성되는 시기이므로 균형잡힌 영양공급이 중요한 시기이다.
- 매우 빠른 발달과 분화과정으로 인해 태내환경에 가장 민감한 시기이므로 모체가 질병, 영양부족 또는 약물의 영향을 받게 되면 태아발달에 회복할 수 없는 상해를 초래할 수 있다.
- 배아기 끝에 이르면 얼굴 모습, 손가락, 발가락 및 외적 생식기관을 구별할 수 있다.

(3) 태아기[8주 ~출생(약 40주)]

태아발달의 마지막 단계로 수정 후 8주경에서 출생할 때까지를 말한다. 성장속도가 일생 중 가장 빠른 시기로 태아의 무게는 평균 3kg으로 증가한다. 이때 모체의 영양이 태아의 성장에 크게 영향을 미친다. 태아성장은 모체의 질병, 식사, 약물, 호르몬, 산소수준, 어머니의 연령, 정서적 상태 등에 의해 영향을 받는다. 태아는 태반을 통해 모체로부터 영양을 공급받는다.

■ 태반의 역할

① 모체로부터 태아로 필요한 모든 영양소를 운반한다.
② 모체로부터 태아로 산소를 공급받아 태아에 필요한 영양소를 에너지로 전환하여 태아가 성장하게 한다.
③ 태아 체내에 생성된 대사 노폐물(이산화탄소, 요소, 요산, 크레아틴 등)을 모체로 이동하여 배출시킨다.
④ 모체의 영양소 대사에 영향을 미치는 여러 호르몬들이 태반에서 분비된다.
⑤ 태반은 모체와 태아 간의 완충조절작용을 통해 태아를 보호하는 역할을 한다.

2) 임신 시 모체의 생리적 변화

(1) 체중 증가

임신 시 체중 증가는 모체의 체중 증가와 태아 태반의 확장으로 인한 체중 증가로 나눌 수 있는데 임신 전반부의 증가는 대부분이 모체의 체중 증가에 의하며, 후반부의 체중 증가는 태아성장에 따른 증가이다. 임산부의 체중 증가와 신생아의 출생체중은 상관성이 높기 때문에 임신 중 체중 증가는 중요한 의미를 지닌다.

식사제한을 하지 않은 여성의 경우는 임신기간 중 대략 12.5kg의 체중 증가를 보인다. 임신 8주부터 20주까지는 평균 주당 0.3kg의 체중이 증가하고, 20주부터 출산까지는 주당 평균 0.5kg의 체중 증가를 보인다. 그러나 저체중 여성의 경우에는 12.5~18kg의 체중 증가가 권유되며 과체중이거나 비만한 여성에게는 11.5kg 이하의 체중 증가가 권유된다.

(2) 혈액량과 혈액 구성성분의 변화

혈액량이 20~30%로 증가하며 적혈구 증가율에 비해 혈장의 증가량이 많아서 혈액 희석 현상이 발생한다(적혈구량 : 20% 증가, 혈장량 : 45% 증가). 혈액 구성성분에 있어 혈중 단백질, 철분, 비타민의 농도는 저하되고 총 지질의 농도는 증가하는 반면 무기질의 농도는 변화가 없다.

(3) 기타 신체의 변화

- 자궁의 팽대로 인해 위와 장의 압박이 증가하고 프로게스테론 농도의 상승으로 위장근육의 이완으로 변비가 쉽게 발생할 수 있다.
- 심장 박동 수 및 심박출량이 증가하여 혈액순환장애의 원인이 되며, 특히 하체부종의 원인이 된다.
- 태아의 노폐물 배출을 위하여 모체의 신장 사구체 여과율이 증가하며 이로 인

해 방광염, 신우염의 위험이 증가한다.

- 임신으로 인해 피부의 변화가 생기는데, 특히 복부, 하지, 유방 등에 적색의 가는 선이 발생하고 유두부분에 색소가 침착된다.

3) 임신부의 영양관리

(1) 임신 초기(임신~3개월)

① 열량, 당질, 지방, 단백질, 무기질 등 각종 영양소의 필요량은 평상 시와 별 차이가 없다. 그러나 이 시기에 모체의 생리적 변화가 일어나므로 편식으로 인한 영양장애가 생기지 않도록 주의해야 한다.

② 임신 4개월까지는 구토증이 일어나므로, 특히 공복 시에 구토가 조장되므로 소량씩 식사횟수를 늘려 섭취한다.

③ 식욕을 증진시키고 변비를 막기 위하여 채소 및 과일류를 많이 섭취하는 것이 좋다.

- 태아의 뼈와 장기의 형성과 성장을 위해 충분한 단백질과 칼슘, 엽산을 충분히 섭취한다.
- 식사는 소화가 용이한 식품으로 규칙적으로 섭취하고 편식을 교정한다.
- 입덧, 이미증, 이식증에 주의하여 영양관리를 철저히 한다.

(2) 임신 중기(4~6개월)

태아의 발육, 모체의 분만, 산후의 체력유지를 위해 영양 요구량이 증가하므로 영양소의 균형이 잘 잡힌 충분한 식사를 한다.

- 빈혈, 변비, 부종과 임신중독증을 예방하기 위한 식생활을 한다.
- 올바른 체중관리로 비만을 예방한다.

(3) 임신 후반기(7개월~출산 전)

① 전반적으로 영양소의 필요량이 증가하며, 특히 열량과 단백질, 칼슘과 철분의 섭취에 유의한다.

② 많은 양의 음식을 정규식사만으로는 섭취하기 어려우므로 1일 3회의 식사 외에 오전 10시, 오후 3시, 야식의 6회분으로 나누어 식사하도록 한다.

③ 자극성 있는 음식의 섭취를 제한한다. 찬 음료를 다량 마시는 것을 피하며 설사를 조심한다.

4) 임산부의 영양섭취기준

〈표 2-1〉 임산부 및 수유부의 영양필요량

영양소	일반여성(20~29세)	임신부	수유부
에너지(kcal)	2,100	+0/340/450	+320
단백질(g)	50	+6/+15/+30	+25
비타민 A	650	+70	+490
비타민 C	100	+10	+35
엽산(㎍ DFE/일)	400	+200	+150
칼슘(mg/일)	650	+280	+370
철분(mg/일)	14	+10	+0
아연(mg/일)	8	+2.5	+5.0
구리(㎍/일)	800	+130	+450
요오드(mg/일)	150	+90	+180
셀레늄(mg/일)	55	+4	+10
식이섬유(g)	20	+5	+5
수분(㎖)	2,100	+200	+700

출처 : 영양섭취기준(한국영양학회, 2010).

임신기간 중 권장량 증가가 많은 영양소로는 단백질, 비타민, 무기질이다. 단백질 권장량은 30%, 엽산은 100%, 칼슘과 인, 철분은 50% 증가한다. 그러므로 임산부는 질이 좋은 식품을 선택하여 충분히 식사하는 것이 중요하다.

임신 중에는 특히 철분의 보충이 필요한데 식사만으로는 충족시키기 어려우므로 철분보충제를 섭취하는 것이 좋다. 적절한 식사가 어려운 임산부는 임신 중기부터는 종합 비타민이나 미네랄 보충제를 따로 복용하는 것이 좋다. 한편 보충제를 임신기간 중 너무 많이 먹는 것도 문제를 일으킬 수 있다. 특히 철분, 아연, 셀레늄과 비타민 A, B_6, C, D의 과잉섭취는 문제가 된다.

(1) 칼로리

심한 입덧으로 식이장애, 영양결핍으로 영양소 저장이 부족한 경우를 제외하고는 임신 첫 12주에는 필요한 에너지량이 증가하지는 않는다. 한국영양학회는 임신 중기에는 하루에 약 340kcal, 후기에는 450kcal의 섭취증가를 권장하고 있다.

임신여성에게 권장되는 에너지 증가량인 하루 150~350kcal는 생각만큼 많은 양이 아니다. 음식을 예를 들면, 밥 한 공기, 우유 두 잔, 생크림케익 한 조각, 샌드위치 한 개, 피자 2/3쪽, 크래커 1/2통, 밀크쉐이크 한 잔, 사과 두 개, 생선 초밥 1/2인분 정도다. 따라서 불필요한 에너지 과잉섭취로 인해 체중이 늘지 않도록 주의해야 한다. 또한 과자나 초콜릿보다는 우유와 과일, 살코기 등을 더 먹는 것이 좋다.

(2) 단백질

임신여성의 단백질 권장량은 하루 70g으로 임신하지 않은 여성보다 30% 정도 더 많다. 70g의 단백질을 섭취하기 위해서는 일반적인 식사에서 섭취할 수 있는 식물성 단백질 이외에 육류나 생선을 하루 100~160g정도 섭취하여야 한다.

특히 임신 후반기 동안의 보충이 중요하다. 육류, 우유, 계란, 치즈, 닭고기, 생선 등의 필수 아미노산이 많은 동물성 단백질을 총 단백질 섭취의 1/3 이상 섭취하는 것이 바람직하다.

(3) 필수 지방산

인체는 필수 지방산을 합성하지 못하므로 반드시 식사를 통해 섭취하여야 한다. 특히 태아에게 공급되는 필수 지방산은 모체의 필수 지방산 섭취에 전적으로 좌우되므로 종자유 등에 포함된 필수 지방산인 리놀렌산과 리놀레산을 섭취하여야 한다. 리놀렌산은 해바라기씨유, 카놀라유, 들기름과 난황과 살코기에도 포함되어 있으며, DHA는 살코기와 지방함량이 많은 어류에 많이 들어 있으므로 일주일에 2~3회 정도 생선을 섭취하고 오메가-3 지방산이 풍부한 카놀라유나 아마유를 조리에 사용하는 것이 좋다.

(4) 미량영양소의 섭취기준

철분은 적혈구 외, 태반의 형성, 태아의 성장 · 발달에 있어 꼭 필요한 영양소로 임신 후에는 10mg을 더 섭취해야 한다. 식품에서 가장 좋은 철분의 급원은 헴철로, 특히 붉은 살코기에 많이 함유되어 있다. 철분은 녹색채소, 말린 과일, 콩류, 강화 시리얼에도 많이 함유되어 있지만 이들은 생체이용률이 낮은 비헴철이다. 예를 들어, 쇠고기 170g에는 약 4~5mg의 철분이 들어있고 철분강화 시리얼 1컵에는 10~15mg의 철분이 들어있으나 체내 이용율은 동물성 급원의 철분의 흡수율이 50% 이상 높다. 이때 비타민 C가 풍부한 과일이나 과일주스를 같이 섭취하면 비헴철의 흡수율이 높아진다. 철분은 다른 영양소의 흡수를 방해하기 때문에 아침식사와 점심식사 중간에 복용하는 것이 좋고 철 흡수율을 방해하는 커피나 차와 함께 복용하지 않는 것이 좋다.

(5) 칼슘

칼슘의 섭취량은 임신에 의해 크게 증가하지는 않는다. 성인의 칼슘 권장량은 650mg이며 임신 시에 280mg이 추가되어 930mg을 권장한다. 그 이유는 임신을 하면 흡수율이 증가하고 소변으로 배설되는 양이 줄어들어 크게 섭취량을 늘이지 않아도 그 필요량을 임산부 스스로 채울 수 있기 때문이다.

일상적인 식사에서 섭취되는 칼슘량은 1일 500mg 정도이므로, 멸치나 뱅어포와 같은 뼈째 먹는 생선과 우유, 유제품의 섭취로 보충한다. 우유와 유제품은 칼슘 함량도 높고 체내이용률도 높은 질이 좋은 칼슘의 급원이다.

(6) 엽산

임산부가 엽산을 보충하면 태아의 신경관 결손 발생위험이 감소한다. 한국인 영양 권장량에서는 임신기간에 600ug의 엽산섭취를 권장하고 있다. 엽산 보충은 신경관이 닫히기 전인 수태 후 첫 4주에 가장 중요하나, 이 시기에는 대부분 임신 여부를 알 수 없으므로 임신을 계획 중이라면 가능한 임신 전부터 해주는 것이 좋다. 우리나라 가임기 여성 전체에서 엽산 섭취량은 권장량의 50% 정도로 보고되고 있어 임신기간 중 철분 보충제와 함께 엽산보충이 필요하다. 엽산의 급원은 엽산 강화 시리얼, 통밀빵, 콩류, 시금치, 브로컬리 등의 푸른 잎 채소, 간, 오렌지 주스이다. 그러나 식품에 함유되어 있는 엽산은 흡수율이 낮기 때문에 보충제를 섭취하는 것이 권장된다. 임신기간 중에 대부분 비타민의 필요성이 약간 증가하지만 지용성 비타민은 과다섭취할 경우 독성이 있어 태아에게 해로운 영향을 미칠 수 있으므로 Vit A, D, E, K의 심한 섭취량을 넘지 않도록 유의해야 한다.

5) 태아에 영향을 주는 생활습관

(1) 알코올

확실한 안전 음주량은 알려져 있지 않지만 작은 양의 알코올도 분화하고 있는 태아의 기관에 영향을 줄 수 있다. 이러한 악영향은 임신 8주까지가 가장 취약하다. 그러므로 임신한 여성과 임신을 계획하고 있는 여성은 음주를 금해야 한다.

알코올은 empty calorie food라 하여 열량은 높으나 단백질, 비타민, 무기질 등은 부족하여 과음 시 영양결핍을 초래하는데, 특히 만성 알코올 중독자의 경우 비타민 B, 엽산, 아연의 결핍으로 인해 태아알코올증후군(Fatal Alcohol Syndrome : FAS) 아이를 출산할 위험이 높아진다.

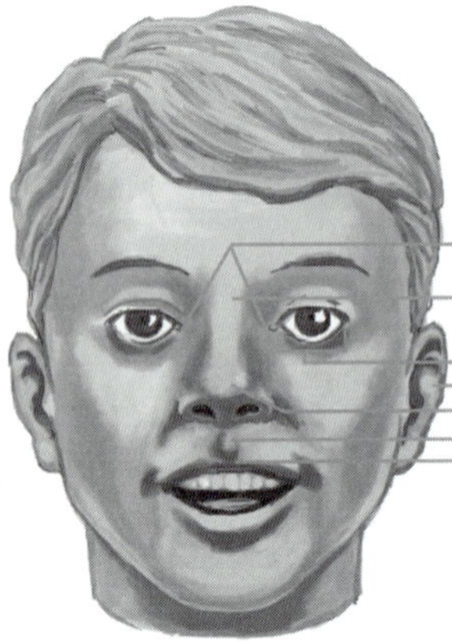

| 그림 2-2 | 태아알코올증후군

태아알코올증후군을 갖고 태어난 아이는 뇌기능 저하로 IQ 70정도이며, 암기 및 사고력의 저하 등으로 일생 동안 학습장애가 나타나며 주의가 산만한 특징을 가진다.

(2) 흡연

담배에는 태아나 태반에 손상을 입힐 수 있는 수천가지의 화학물질이 들어 있으므로, 특히 흡연을 하는 여성이라면 금연 후에 임신을 계획하는 것이 필요하다.

담배의 성분 중, 특히 일산화탄소, 니코틴, 탄화수소 화합물은 모체로부터 태반을 통한 산소와 영양소의 공급을 방해하여 태아성장을 저해하고 저체중아의 출산 위험을 높인다.

(3) 카페인

임산부의 카페인의 섭취가 유산이나 기형아의 출산에 어떠한 영향을 주는지에 대한 정확한 관련성을 제시하고 있지는 못하나 매일 150mg 이상(원두커피 1잔 반 정도) 섭취하는 태아건강에 좋지 않은 영향을 줄 수 있으므로 주의하는 것이 좋다. 카페인은 커피에만 들어있는 것이 아니고, 흔히 마시는 콜라, 녹차, 코코아, 초콜릿에도 함유되어 있다는 사실을 주지해야 한다.

6) 임신으로 인한 영양문제

(1) 임신 중독증

임신부에게 부종, 단백뇨, 고혈압, 자간(경련발작) 중 한 가지 이상의 증세가 나타나는 것을 말하며 임신 후반기에 발생할 수 있다. 원인으로는 자궁내 태반의 혈관 수축으로 인한 태반의 혈류 감소에 기인하는 것으로 알려져 있으며, 태아성장이 지연되고 조산, 태아 호흡곤란증후군을 발생시키고 심하면 태아가 사망할 수도 있으므로 임신 후반기에 특히 조심하여야 한다.

● 식사 및 영양관리

- 기본 치료는 안정이며 저열량식을 한다.
- 단백질 결핍 시 나타날 수 있으며 고단백식으로 양질의 단백질(육류, 우유, 계란, 닭고기 등)을 충분히 섭취한다.
- 급격한 체중 증가로 부종이 생기고 소변량이 감소하므로 나트륨과 수분의 섭취를 줄인다.
- 체중조절을 위해 저탄수화물, 저지방, 고비타민(채소, 과일 섭취 증가) 식사를 한다.

(2) 임신성 당뇨병

임신 시에 모체나 태반에서 분비되는 호르몬의 증가로 인해 인슐린의 혈당조절 작용이 감소하여 일시적으로 당뇨병이 생길 수 있다. 임신성 당뇨는 거대아, 기형아, 조산, 태아 사망 등의 위험이 증가하므로 임신 중에는 정기적인 검사와 균형 있는 영양섭취를 통해 당뇨병을 예방하는 것이 중요하다.

- 식사 및 영양관리
  - 균형잡힌 식사와 운동을 통해 혈당을 조절하는 것이 매우 중요하다.
  - 아침 식사 시 탄수화물의 섭취를 줄이고 식사를 소량씩 자주 하는 것이 혈당 조절에 도움이 된다.
  - 총 열량섭취 중 단백질의 섭취량을 늘리고 탄수화물 섭취를 줄이는 것이 좋으나 당뇨로 인한 케톤증 예방을 위해서 적절한 당질의 섭취는 매우 중요하다(일일 200g 이상 섭취해야 함).

(3) 입덧

입덧의 원인은 정확히 알려져 있지 않지만 임신 호르몬(Hcg)의 농도 증가와 관련되어 있는 것으로 추정된다. 오심과 구토를 줄이는 방법은 다음과 같다.

- 지방 함유량이 적은 식사를 천천히 소량씩 먹는다.
- 주방에 환기시설을 갖추고 실내온도를 너무 높이지 않은 상태에서 식사를 하여 음식냄새를 줄인다.
- 음식냄새가 상대적으로 덜한 차가운 음식, 담백한 음식(비스켓 등)을 주로 선택한다.
- 수분섭취는 식사시간보다 식간에 한다.
- 박하향, 카페인, 신 음식, 고지방 식품, 감귤류, 토마토류는 위장자극 증상이 있으므로 피한다.
- 자리에 눕기 한두 시간 전에는 음식과 음료수 섭취를 하지 않는다.

- 식사 후에 산책한다.
- 느슨한 옷을 입는다.
- 향수나 공기 청정제, 세제 등의 향을 피한다.
- 비타민 B_6 25mg을 하루 3회 섭취한다.

(4) 변비

임신 중 변비는 황체호르몬 증가와 위장관계 평활근 이완 때문에 생긴다. 위장관에 더부룩한 느낌이 들고, 치질이 잘 생기며, 입맛이 떨어진다. 변비에 도움이 되는 방법은 다음과 같다.

- 물, 주스, 우유, 국물 등 수분섭취를 하루 8~12컵 늘린다.
- 섬유질이 많은 잡곡류와 통밀, 콩류, 과일, 채소를 매일 섭취한다. 필요하면 수용성 섬유질이 함유된 음료를 마신다.
- 의사의 지시에 따라 걷기, 저충격 에어로빅, 수영 등의 신체활동을 규칙적으로 한다.
- 철분섭취 후 변비가 심해졌다면 복용 중인 철분 보충제의 종류를 바꾸어 본다.
- 적절한 휴식과 긴장완화를 유지한다.
- 의사의 처방이 없는 한 하제의 사용은 금한다.

■ 금기식품

우리나라에서는 예전부터 오리고기, 닭, 개, 오징어, 토끼, 염소고기 등의 동물성 식품과 녹색 채소, 인삼, 식혜, 율무, 신 김치, 못생긴 과일과 채소 등 임신한 여성에게 금하는 식품이 많았다. 그러나 이러한 금기는 대개 단순한 미신과 습관에 의한 것으로 특별히 이들 식품을 제한할 근거는 없다.

2 영아기의 영양과 건강관리

태어나서 1년까지를 영아기라 하며 이때에는 급속한 성장을 겪으므로 적절한 영양공급이 무엇보다 중요한 시기이다. 이 시기에는 기본적인 신체적인 기능뿐 아니라 심리적 기능도 형성되는 시기이다. 특히 체중의 경우 1년간 약 출생체중의 세 배나 증가하고 생존에 필수적인 발달과정을 거치게 된다. 따라서 적절한 성장과 발달에 필요한 영양소를 공급하는 것이 가장 기본적인 일이다. 영아는 특정 미세 영양소의 결핍이 쉽게 생기므로 각별한 주의를 요하고, 특히 단백질과 같은 영양소는 성인의 필요량과 많은 차이가 있음을 알아야 한다.

1) 영아기의 특성

- 일생 중 가장 성장이 왕성하며, 특히 뇌의 발달이 현저히 나타난다.
- 소화흡수 기능이 미숙하고 면역능력이 약하여 감기 및 소화 불량이 자주 나타난다.
- 성장 · 발달에 있어 개인차가 크게 발생한다.
- 신생아는 촉각이 가장 발달하고 영아기 때는 입술, 혀, 이마, 귀 등이 예민하여 소리에 반응하고 단맛을 좋아하며 후각이 특히 민감하다.

(1) 영아의 신체적 특징

- 출생 시 체중은 약 3.3kg으로 모체의 체격, 임신기간, 분만횟수, 모체의 건강 및 흡연 등의 생활습관에 의해 영향을 받는다.
- 출생 후 3개월 때 체중이 두 배로 증가하며 생후 1년이 되면 출생 시의 약 세 배로 증가한다(평균 10kg 전후).
- 신생아의 생리적 체중감소 : 출생 후 3~5일에 일시적인 체중감소(5~10%) 현

상을 말하며 출생 후 태변, 뇨, 폐 및 피부로부터의 수분상실이 발생하나 이를 보충할 만한 모유분비의 부족으로 일시적으로 체중이 감소하나 모유를 수유함에 따라 곧 회복된다.

- 출생 후 신장은 약 50cm로 생후 1년이 되면 출생 시의 약 1.5배(75cm)가 되며, 체중과 달리 신장은 더디게 성장하여 4세가 되어야 출생 시의 두 배의 신장이 된다.
- 출생 후에는 두위는 흉위보다 크며(두위 34cm > 흉위 33cm), 만 1세가 되었을 때 두위와 흉위의 크기가 같게 되고 만 1세 이후에는 흉위가 두위보다 커진다.

〈표 2-2〉 영아의 주요 성장 특징 & 적절한 이유식품

연 령	신체적 특성	적절한 식품
0~2개월	• 하루 평균 20시간 정도 잠을 잠 • 머리둘레>가슴둘레 • 생후 2~4일 후 황달 증상	• 모유 & 조제분유(처음 3~4일간 40ml, 그 이후에는 80ml)
3~4개월	• 손에 닿는 것을 입으로 가져가는 특성	• 모유 & 철강화조제분유 • 수유간격을 일 5~6회로 조절 • 이유식 시작(미음형태)
5~6개월	• 한쪽으로 뒤집기를 시작 • 손바닥으로 물건을 잡기 시작	• 모유(분유) & 이유식 • 이유식은 하루 1회(오전) • 반유동식(곡류 및 전분류, 채소 및 과일류)
7~9개월	• 혼자서 앉을 수 있고, 앉아서 양손을 자유롭게 움직일 수 있음 • 어금니가 나고 옹알이를 시작	• 모유(분유) & 이유식 • 이유식 2회(오전 & 오후) • 반고형식(생선, 닭고기, 쇠고기 등)
10~12개월	• 체중 3배 증가(약 10kg 전후), 키 1.5배 증가(약 75cm) • 걸음마를 시작	• 모유(분유) & 이유식 • 우유, 유아식(고형식) 시작단계 • 진 밥, 삶은 채소, 계란 등

출처 : 식품나라(http://www.foodnara.go.kr).

2) 영아의 영양섭취기준

〈표 2-3〉 1일 영양섭취기준

연 령	에너지 (kcal)	단백질 (g)	비타민 A (μg RE)	비타민 D (μg)	비타민 E (mg α-TE)	비타민 C (mg)	나이아신 (mg)	리보플라빈 (mg)
영아 0~5(개월)	550	9.5	300	5	3	35	0.2	0.3
영아 6~11(개월)	700	13.5	400	5	4	45	0.3	0.4

연 령	나이아신 (mg NE)	비타민 B_6(mg)	엽산(μg DEF)	비타민 B_{12}(mg)	칼슘 (mg)	인(mg)	나트륨 (mg)	아연 (mg)
영아 0~5(개월)	2	0.1	65	200	100	0.12	0.26	1.73
영아 6~11(개월)	3	0.3	80	300	300	0.37	7	2.5

※ 충분섭취량을 기준으로 작성함
출처 : 한국영양섭취기준, 2010.

(1) 에너지 및 열량영양소

영아는 체격에 비해 단위체중당 체표면적이 크고 활동량이 많아 성인보다 체중당 2~3배 많은 에너지가 필요하다(영아 : 90~120Kcal/kg/day, 성인 : 30~40Kcal/kg/day). 단백질 또한 일생 중에서 생후 1년간이 요구량이 가장 높은데, 그 이유는 성장을 위한 체조직 구성과 효소 및 호르몬 같은 체내 주요 대사물질의 합성에 이용되기 때문이다(영아 : 2.0~2.2g/kg/day, 성인 : 0.8~1.0g/kg/day). 당질이나 지방은 케톤증(ketosis)이나 지방산 결핍을 막을 정도만 섭취하면 되는데 필요한 에너지만 일정하게 섭취한다면 충분하다. 영아에게는 필수 지방산인 리놀렌산이 최소한 총 에너지의 1%정도로 공급해 주는 것이 좋다.

(2) 비타민과 무기질 및 수분

① 비타민 D

최근 모유를 먹고 자란 영아들이 생후 2개월 동안 햇빛에 노출이 없다면 비타민 D가 피부에서 제대로 합성되지 않아 구루병의 위험이 있을 수 있음이 보고되었다. 분유에는 비타민 D가 강화되어 결핍염려가 없으나 모유를 먹는 영아의 경우는 비타민 D의 보충에 신경써야 한다.

② 철분

생후 6개월까지는 필요한 철분이 몸 안에 충분히 저장되어 있으나 그 이후부터는 저장양이 고갈되므로 철분섭취에 주의해야 한다. 모유는 철분 흡수율이 좋아서 철분 함유량이 분유에 비해 낮더라도 철분결핍은 거의 발생하지 않는다. 최근엔 분유의 철분 함유량도 많이 높아져 철분결핍은 많이 감소한 편이다.

③ 수분

단위체중당 수분의 필요량은 성인의 세 배로 높은데 영아는 단위체중당 체표면적이 성인에 비해 크고 체표면적을 통한 열과 수분의 발산이 많기 때문이다. 또한 신장기능이 성인보다 미숙하여 뇨 농축능력이 매우 낮으며, 특히 분유섭취의 경우 단백질 분해산물의 배설이 성인보다 높아 충분한 수분섭취가 필요하다. 권장량은 수분의 경우 kg당 하루에 약 75~100ml 정도로 충분하지만 탈수를 막기 위해서는 약 150ml/kg/day 이상을 권장한다. 모유와 분유를 잘 먹는 아이라면 대부분의 필요량을 채울 수 있으나 설사, 구토 등이 있을 경우에는, 특히 수분을 충분히 섭취하도록 신경써야 한다.

3) 모유영양

모유는 영아에게 가장 완전한 영양을 공급하며, 질병을 예방하는 면역학적 장점과 소화기관의 발달을 촉진하고 엄마와 아이의 정서적인 면에 이르기까지 조제분유보다 우수한 점이 많다.

(1) 모유의 장점

① 영양이 풍부하고 영아에게 가장 좋은 음식이다.
모유에는 유당, 필수지방산, 타우린과 같은 뇌발달에 도움이 되는 단백질이 적당히 들어 있으며 소화하기도 쉽다. 모유에는 글로블린, 비피더스, 리소자임, 락토페린 등의 면역물질이 풍부히 들어 있어 미생물의 침입을 막아주어 조제유를 먹는 아이에 비해 감염율이 낮다.

② 모유는 언제나 줄 수 있고 특별한 준비가 필요없다.
모유는 엄마의 가슴에서 아이의 입으로 직접 전달되므로 조제유처럼 물을 끓이거나 젖병을 소독해야 하는 준비가 필요 없다.

③ 모유는 경제적이다.
조제유는 수유를 위해 조제유를 구입해야 하나 모유는 비용이 들지 않는다. 아기가 자주 빨면 엄마는 더 많은 젖을 만들어 내므로 경제적이다.

④ 모유는 아기의 정서에 도움이 된다.
모유를 수유 시 엄마와 아기 간의 직접적인 따뜻한 접촉이 아기에게 심리적인 안정감을 주어 아이 정서발달에 더 도움이 된다.

⑤ 모유수유는 산모의 건강에도 도움이 된다.
모유수유는 산모의 자궁을 자극하여 수축하게 함으로써 빨리 예전의 형태로 돌아가게 해주며, 체중감소에도 도움이 되는 것으로 알려져 있다. 또한 수유 기간 중에는 월경이 없으므로 자녀의 터울이 자연스럽게 조절된다.

(2) 초유와 성숙유

출산 후 2~3일부터 1주일간의 분비되는 유즙을 말하며 보통 1회 수유 시 2~10ml정도 분비된다. 초유에는 카로틴이 많이 함유되어 있어 색이 노랗게 보인다. 초유는 성숙유보다 단백질, 나트륨, 칼슘, 염소의 함량이 높고 당질은 적게 함유되어 있다. 분만 후 3~6일 사이에는 초유가 이행유로 서서히 변화되며, 이 기간에도 유즙의 단백질 함량은 높다. 분만 후 10일 이후에 분비되는 모유를 성숙유라 하며 시간이 지날수록 단백질 함량이 감소하면서 점차 유당의 농도는 증가하고, 지방함량도 수유가 안정됨에 따라 일정 수준까지 증가한다.

(3) 모유 수유시간 및 간격

모유 수유시간은 15~20분이 적당하며 수유 간격 및 횟수는 자율 수유법(self-demand feeding)을 권장한다. 신생아의 경우 2~3시간 간격, 1~2개월 3시간 간격 그 후 4시간 간격으로 조절하는 것이 권장되며 수면 중에는 주지 않도록 한다.

(4) 모유분비 부족의 원인

- 수유 시 유방을 완전히 비우지 않으면 유즙 분비를 감소한다.
- 너무 일찍 혼합영양으로 이행 시 분비가 감소될 수 있다.
- 한 쪽 유방만 빨게 한다면, 유방은 자극이 부족하여 모유분비능력이 저하된다.
- 모체가 불안하거나 걱정이 많으면 모유분비를 감소한다.
- 과다한 알코올 섭취와 흡연은 모유생성을 감소시킨다.

(5) 모유분비 부족의 판정

- 수유시간이 30분 이상으로 길어지며 수유간격이 짧아진다.
- 성장 · 발육이 부진하며 숙면을 취하지 못한다.
- 변비 또는 설사가 자주 발생한다.

4) 인공영양

모유수유가 바람직하나 출산 후에 젖이 나오지 않거나 직장 등의 이유로 젖을 먹일 형편이 안 되는 경우에 인공영양을 실시한다. 시판되는 조제유들은 거의 모유 성분과 비슷하게 만들어졌으나 면역에 의한 보호기능은 모유와 같은 효과를 기대할 수는 없다.

(1) 인공영양의 종류

- 조제분유 : 전지분유를 모유의 성분에 가깝도록 유당, 단백질, 지질, 비타민, 무기질 등을 첨가하여 만든 것이다. 모유와 전지유의 성분 차이는 다음 표와 같다.

〈표 2-4〉 모유와 조제분유의 차이점

성 분	차이점
단백질, 칼슘	우유에 더 많다
유당, 콜레스테롤	모유에 더 많다
지방	거의 비슷하다.
무기질	우유에 더 많다
비타민 A, C, E, 나이아신	모유에 더 많다
비타민 B_1, B_2, D	우유에 더 많다
단백질의 종류	모유에는 락토알부민, 우유에는 카제인이 많다.

- 두유로 만든 조제분유 : 우유를 소화시킬 수 없는 영아에게 사용하는 것으로 콩을 주 원료로 하여 메티오닌, 콘시럽, 대두유, 비타민 및 무기질이 강화되었다. 또한 콩에 들어있는 단백질 소화 저해효소를 열처리하여 불활성화시켰으므로 단백질 소화가 용이하다.
- 카제인 가수분해 조제분유 : 우유나 모유 모두에게 특이한 반응을 보이는 영아를 위한 것으로 주 단백질 성분인 카제인을 아미노산이나 작은 분자량을 가진 펩타이드로 분해되어 있다. 또한 지방소화를 용이하게 하기 위해 쉽게 소화되는 중간사슬지방산으로 대치해 놓은 것도 있다. 값이 비싸고 맛도 떨어지지만 모유나 우유에 알레르기 현상을 보이는 영아에게는 꼭 필요한 조제유이다.

(2) 인공영양 시 주의할 점

- 조제분유는 지시대로 농도를 맞추어 알맞은 양을 공급할 때 아기의 신장기능에 부담을 주지 않게 된다. 물이 많이 첨가되면 영아의 혈액나트륨 농도가 저하되어 수분중독이 발생하여 영아가 불안이나 혼수상태에 빠질 수도 있다. 또한 정상농도보다 진한 조제유는 열량, 단백질의 농도가 높아서 신장의 배설기능에 부담을 주며, 비만의 가능성과 혈액의 나트륨농도가 높아져 탈수현상이 생길 수 있다.
- 분유를 조제할 때에는 모든 수유기구를 철저히 소독하여 감염성 세균의 증식을 막는 것이 중요하며, 특히 여름철에는 먹고 남은 조제유를 반드시 버린다.
- 영아에게 우유를 먹일 때 수유자는 손을 먼저 씻고 우유의 온도와 젖병의 젖꼭지 구멍이 적당한가를 확인한다. 수유자의 따뜻하고 친밀한 육체적 접촉을 즐길 수 있도록 하는 것이 중요하므로 영아를 반드시 안고 우유를 먹인다. 특히 영아에게 우유병을 주고 혼자 두면 우유를 먹다가 질식할 수 있으므로 주의한다. 영아가 6개월 정도 되면 수유자가 영아를 안고 우유병을 영아 스스로 잡고 먹도록 해도 좋다
- 수유가 끝나면 영아를 앉고 등을 가볍게 쓸어주어 트림을 하게 한다. 트림을 시켜주지 않으면 우유를 먹을 때 함께 들어온 공기로 인하여 우유를 토할 수 있다.

5) 이유기 영양

영아는 점차 성장해감에 따라 수분에서 열량에 이르기까지 영아가 필요로 하는 영양소를 모유나 조제유만으로 얻을 수 없다. 이유식이란 아기가 성장함에 따라 부족한 열량 및 영양소를 모유와 우유 이외에 보충해 주는 음식(반고형식)을 말한다.

(1) 이유의 필요성

- 영양소의 공급 : 유아의 성장은 매우 빠르며 생후 3개월 이후부터는 모유만으로는 영아에게 필요한 영양을 충족시키기 어렵다
- 소화기능발달 촉진 : 생후 3~5개월부터는 음식을 씹어 삼키는 능력을 습득하고 소화기관을 자극하는 훈련이 가능하다.
- 바른 식습관의 확립 : 음식에 대한 첫 인상을 형성하고 다양한 음식의 맛과 향에 익숙해지게 하여 편식을 방지한다.
- 지적 · 정서적 발달 : 다양한 음식을 접함으로써 오감의 발달이 촉진되고 인지발달에도 도움이 된다.

(2) 이유의 시기

이유식의 시작은 아기의 건강상태가 좋을 때 하도록 하는데 너무 빠르면(4개월 이전) 알레르기와 소화불량을 일으킬 수 있다. 또한 이유식의 시작이 너무 늦으면(6개월 이후) 성장저하, 빈혈, 질병에 대한 저항력 약화 및 영양결핍을 초래할 수 있다. 따라서 개인별 차이가 있으므로 아기의 특성을 잘 관찰하여 4~6개월에 시작하도록 한다.

- 영아의 이유시작 시기는 아기의 체중이 출생 시 체중의 두 배가 될 때, 즉 아기의 체중이 6kg정도가 될 때가 바람직하다고 권하고 있다.
- 모유를 먹는 아기의 경우 하루의 수유횟수가 8회 이상으로 수유간격이 3시간 이내로 짧아지는 시기에 이유식을 공급해 준다.
- 조제유를 먹이는 영아의 경우 2일 전체 섭취하는 조제유의 양이 1000cc(1리터)를 넘고 아기가 배고픔을 쉽게 느낄 때 이유식을 준다.

(3) 적절한 이유식품

① 이유 초기(생후 4~6개월)

- 초기에는 하루 1회(오전 중)를 원칙으로 하며 하루에 한 가지 식품을 1숟가락부터 주기 시작하여 영아의 건강상태에 따라 종류와 양을 늘려간다.
- 반 유동식(미음)을 처음 시작 후 1개월 정도 제공하며, 그 후 2~3개월은 고형식(죽)을 제공한다.
- 이유식품으로는 쌀, 보리쌀, 감자, 고구마 등의 곡류 및 전분류, 배 · 사과 수박 등의 과일류, 오이 · 당근 · 호박 등의 채소류가 적당하다.

② 이유 중기 및 후기

- 이유 중기(생후 7~9개월)에는 이유식을 1일 2회에 주며 두세 가지 재료를 섞어서 줄 수 있다. 반고형식으로 으깨지 않은 부드러운 죽, 흰살 생선 및 육류 다진 것, 난백, 야채 삶은 것, 과일은 긁거나 얇게 저며서 공급한다.
- 이유 후기(생후 10~12개월)는 이유식을 1일 3회를 주며 고형식으로 된 밥, 두부, 계란, 잘게 썬 채소, 고기 등을 부드럽게 익혀서 공급한다.

6) 미숙아 영양

미숙아란 엄마의 자궁 내에서 충분히 성장하지 못한 채 출생한 아기를 말하며 분만 예정일 3주 이전 또는 임신기간 37주 미만에 태어난 아기를 미숙아 또는 조산아라고 한다.

미숙아들은 보통 2.5kg 미만의 저출생체중아로 태어난다. 아기들은 엄마 뱃속에서 충분히 자라지 않은 채 태어났기 때문에 아기 스스로 내 · 외적인 환경에 적응하고 조절하는 데 많은 어려움이 있어 아기에 따라서 일정 기간 신생아집중치료실에서 전문적인 치료와 간호가 필요하다. 같은 미숙아로 출생하여도 출생 시 체중, 재태기간, 질병상태에 따라서 다양한 건강과 발달상태를 가지게 된다.

(1) 미숙아의 특징

- 체표면적이 정상아보다 넓으며 땀샘이 덜 발달되어 체온조절기능이 제한되어 있어 쉽게 저체온증이나 고체온증에 빠지기 쉽다.
- 미숙아는 피하지방이 부족하고 근육조직이 발달하지 못했기 때문에 체내 저장된 영양소가 부족하다.
- 미숙아는 위의 크기가 작고, 장운동이 느리며, 소화기능도 미숙하여 소화효소가 제대로 분비되지 않아 소화력도 떨어진다.
- 아기들은 출생 후 수 일 간 약 10%의 체중 감소가 생리적으로 있는데 미숙아 경우는 출생 시 체중의 10~20%의 체중감소가 나타나고 출생 시 체중으로 돌아오는데 2~3주가 걸리며 성숙아의 체중으로 되는데 3년 정도가 걸린다고 한다.

(2) 미숙아의 영양 요구량

- 미숙아의 에너지 필요량은 신생아의 상태나 활동량에 따라 달라지나 정상적인 성장을 위해서는 하루에 체중 1kg당 105~130칼로리가 필요하다.
- 단백질의 요구량은 매우 높으나(단위체중당 3~4g/kg), 신장이 미숙하여 부담이 될 수 있으므로 단백질의 양뿐 아니라 질을 고려해야 한다. 일반적으로 유청 단백질이 카제인보다 더 흡수가 잘되므로 60 : 40으로 비율의 조제유 섭취가 미숙아에게 도움이 된다.
- 지방소화에 필요한 소화효소 및 담즙산 분비가 잘 되지 않으므로 소화흡수가 용이한 MCT(Medium Chain Triglyceride, 중간사슬중성지방)를 첨가하여 지방을 보충한다.
- 무기질 중 칼슘과 나트륨 보충이 필요하며 철분은 생후 2주부터 공급하는 것이 좋다.
- 미숙아는 특히 비타민 E와 비타민 C의 요구량이 훨씬 많은데 비타민 E의 흡수에 필요한 지질의 소변의 배설량이 증가하기 때문에 두뇌발달에 장애를 초래할 수도 있기 때문에, 특히 섭취량에 주의가 필요하다.

3 유아기 영양관리

유아기는 생후 2세부터 6세까지의 시기를 말하며, 심리적, 육체적, 인지적 발달에 있어 큰 변화가 생기는 시기이다. 특히 유아기는 호기심이 많아 끊임없이 새로운 것을 추구하며 좋아하고 싫어하는 것에 대한 자기주장이 강한 시기여서 편식 등의 식생활 문제가 나타나고 또래집단의 식습관이 유아의 음식의 수용과 거부에 큰 영향을 미치기도 한다. 이 시기에는 신체 활동량은 증가하나 개인차가 심하므로 개인의 신체 크기와 활동량 등을 고려하여 영양소 필요량을 정하는 것이 바람직하다. 가장 중요한 것은 유아기에 형성되는 식습관은 일생동안의 식습관과 영양상태에 영향을 주므로 올바른 식습관 형성에, 특히 많은 교육과 관심이 필요한 시기라는 점이다.

1) 유아의 신체적 특징

① 성장속도가 서서히 감소하여 신장의 경우 만 4세가 되어서야 출생 시의 두 배가 된다. 체중도 연간 체중 증가량이 약 2kg 정도에 불과하고 체중보다는 키가 더 빨리 자라 저체중아 비율이 높아진다.

② 체구성에 있어서 체지방 비율은 감소하고 근육의 비율(단백질량)은 증가한다. 그러나 여아의 경우에는 남아보다 체지방이 근육보다 더 많아진다.

③ 두뇌는 2세가 되면 성인의 50%가 발달하고 6세가 되면 성인의 90%, 8~10세가 되면 성인과 비슷한 수준으로 발달한다.

④ 전 단계인 영아기에 비해서 전신에 대한 머리의 비율이 작아져 어른의 신체 비율과 가까워진다.

⑤ 유치생성도 3세경 완료되며 6세 정도가 되면 젖니가 빠지고 간니(영구치)가 나기 시작한다.

⑥ 뼈의 형성도 연골에서 경골로 변하고 척추와 흉곽이 성인과 같은 모양으로 변화하기 시작한다.

2) 유아의 식생활 행동 특징

① 유아기에 식품에 대한 기호가 확립된다

유아들은 연령이 증가하면서 식품에 대한 관심이 많아지고, 환경적 변인에 따라 기호의 변화가 심하다. 일반적으로 영유아들은 씹기 쉽고 단맛이 나는 음식을 좋아하는 반면에 채소류, 특히 강한 냄새, 물컹물컹한 음식, 씹기 힘든 고기 등을 싫어한다. 따라서 영유아들은 눈에 보이는 색깔, 씹히는 느낌에 따라 좋아하는 식품이 결정된다.

② 하루 세 끼 식사 외에 2~3회의 간식이 필요하다

영유아들은 위의 용량이 적어 한 번에 섭취하는 음식의 양도 적고 식사하는 동안에 음식에 집중하는 시간도 짧기 때문에 영유아들은 하루에 필요한 영양 공급량을 여러 번 나누어(5~6회) 소량씩 먹어야 영양섭취가 양호해진다. 따라서 1일 정규 3회 식사와 함께 부족한 부분을 간식에서 보충해야 한다.

③ 식욕이 자주 변한다

영유아들은 식품에 대한 기호의 변화가 매우 심하다. 수시로 좋아하던 음식이 바뀌기도 하고 먹는 양이 많았다 줄었다 하기도 한다. 그러나 병적인 요인이 없다면 부모들이 걱정할 문제는 아니다. 주위환경에 영향을 받기 때문이다.

3) 유아 식행동에 영향을 주는 요인

① 가정환경

유아들은 가정 내에서 늘 함께 생활하는 부모와 그들을 양육하는 사람으로부터 가장 큰 영향을 받는다. 따라서 부모를 비롯한 양육인의 식생활 행동은 영유아들의 식생활 행동을 결정하므로 이들의 식생활 태도나 지식은 매우 중요하다. 특히 가정 내에서는 부모-자녀 간의 관계가 영유아들의 전반적인 생활태도는 물론 식생활 행동에도 주요 영향을 미치는데 부모와 자녀 간의 관계가 원만하고 대화가 많을수록 영유아의 식생활 행동이 올바르게 형성될 수 있다고 한다.

② 모델링이 되는 사람

유아들은 모델링 되는 친구, 선생님, 형제 또는 위인, 연예인 등 좋아하는 사람의 행동을 따라하는 경향이 있으므로 식생활 행동 역시 모방의 습성을 보인다. 따라서 이를 활용하여 편식 등의 식습관이 교정되기도 하므로, 영유아교육기관에서는 영양교육의 좋은 계기로 이용되기도 한다.

③ TV 등 대중매체

유아들은 유행하는 만화와 광고 등 TV에 의한 영향을 받아 특정 식품을 혐오하기도 하고 선호하기도 한다. 또한 TV시청은 영유아들의 생활습관에도 영향을 미쳐 오래 앉아서 TV를 시청하면 활동량이 감소되고 TV를 보면서 섭취하게 되는 당질 식품 때문에 비만을 유발하게 된다. 영유아들의 시청시간에 방영되는 선전 등은 영유아들에게 바람직하지 않은 불필요한 탄산음료와 단순 당식품들에 대한 광고들이 집중되어 불량한 식습관을 유도한다.

4) 유아의 성장단계에 따른 식생활 지도

유아 전기(1~2세)와 후기(3~5세)에 따른 성장의 특징과 식사행동 및 식생활 지도에 대한 내용은 다음 표와 같다.

연령(생후)	성장 특징 및 식사행동	식생활 지도
1~2년	• 2세가 되면 뒷어금니를 제외한 모든 젖니가 형성되고 뛰어다닐 수 있게 됨 • 젖병보다는 컵을 더 선호함 • 숟가락을 사용하려 함 • 양 손이나 한 손으로 컵을 들고 마심 • 음식을 기다릴 줄 아는 욕구통제능력이 생김	• 식사는 세 끼 규칙적으로 하며 다양한 음식을 제공하여 편식에 주의 • 식사시간은 30분 정도로 천천히 먹도록 함 • 간식은 적은 양을 주어 규칙적인 식사를 하게 함 • 식사는 소화가 잘되고 식욕을 돋울 수 있는 것이 적당 • 1회 분량은 우유 한 컵, 계란 1/5개, 식빵 1/2쪽 정도가 적당 • 정상 발육아의 경우 1일 1,200kcal, 단백질 35g, 칼슘 600mg, 철분 10~15mg 정도를 섭취
3~5년	• 생후 30개월이 되면 전부 발치됨 • 평균체중은 13.7kg로 생후 출생 시 체중의 4배가 됨 • 신장은 91.5cm로 여아보다 남아가 더 크게 됨 • 식습관이 형성되는 시기임 • 젓가락질을 하고, 음식을 잘 씹어 먹을 수 있음 • 운동기능의 발달로 식욕이 증가함 • 식사예절을 습득함 • 식사하면서 가족과의 대화가 가능함	• 간식은 우유, 요구르트, 과일 등 영양의 균형을 고려하고 소화가 잘되는 것이 적당 • 간식은 하루 총 열량의 10~20%가 적당 • 식욕이 없거나 편식을 하더라도 무리하게 먹이지 않도록 함 • 잘 먹지 않는 유아는 적은 양을 여러 번 나누어 줌 • 아기가 좋아할 수 있는 다양한 조리법을 적용함

5) 유아의 영양 섭취기준

연 령	에너지 (kcal/일)	단백질 (g/일)	비타민 A (μgRE/일)	비타민 D (μg/일)	비타민 E (mg α-TE/일)	비타민 K (μg/일)
1~2세 3~5세	1,000 1,400	15 20	300 300	5 5	5 6	25 30
연 령	**비타민 C(mg/일)**	**티아민 (mg/일)**	**리보플라빈 (mg/일)**	**니아신 (mg NE/일)**	**비타민 B_6 (mg/일)**	**엽산 (μg DFE/일)**
1~2세	40	0.5	0.6	6	0.6	150
3~5세	40	0.5	0.7	7	0.7	180
연 령	**비타민 B_{12} (μg/일)**	**칼슘 (mg/일)**	**나트륨(g/일)**	**철(mg/일)**	**아연(mg/일)**	**셀레늄(μg/일)**
1~2세	0.9	500	0.7	6	3	20
3~5세	1.1	600	0.9	7	4	25

- 에너지 : 필요추정량
- 단백질, 비타민 A, 수용성 비타민, 칼슘, 철, 아연, 셀레늄 : 권장섭취량
- 비타민 D, E, K, 나트륨 : 충분섭취량

① 에너지 & 열량영양소

이 시기에는 신체크기와 발육상태에 따라 필요량을 결정하도록 하며 에너지필요량은 기초대사량, 성장, 활동량 등을 고려하여야 한다. 이 시기의 에너지권장량은 아주 가벼운 활동을 하는 성인의 권장량과 같은 수준이므로 유아의 신체크기를 고려한다면 에너지 밀도가 높은 말린 과일, 견과류, 치즈, 고지방식품의 보충이 필요하다. 단백질은 부족하면 성장과정에 장애를 일으킨다. 에너지원의 성분은 탄수화물이 50~60%, 지방은 25~30%, 단백질은 10~15%정도가 가장 바람직하다. 단백질필요량은 신체크기와 구성성분의 변화, 성장속도를 고려하여 계산하는데 1~2세의 경우 0.96g/kg, 15g/일, 3~5세는 0.88g/kg, 20g/일으로 급격한 성장기인 영아기보다는 체중당 단백질권장량이 적다.

② 철분

철분은 혈액을 통해 산소 및 영양소를 운반하는 역할을 하므로 정상적인 성장을 위해서 꼭 필요한 영양소이다. 동물성 식품(육류, 우유 및 유제품)이 소화 흡수율이 높으며 비타민 C(오렌지 주스)와 같이 섭취하면 흡수율이 더욱 높아진다. 3세 이하의 유아는 특히 철결핍성 빈혈이 걸리기 쉬으므로 이 시기에는 철분 보충을 위해 양질의 단백질 식품을 충분히 섭취하는 것이 필요하다.

③ 칼슘

뼈의 성장과 무기질화를 위해 반드시 필요한 영양소로 1~2세의 경우 500mg/day, 3~5세는 600mg/day을 필요로 한다. 유제품이 칼슘의 급원식품이며, 흡수율은 떨어지지만 녹색채소, 견과류에도 다량 함유되어 있다. 우유에 알레르기가 있는 유아에게는 칼슘이 강화된 두유를 섭취하게 하여 칼슘섭취가 부족하지 않도록 주의해야 한다.

④ 아연

아연은 단백질 합성과 정상적인 성장에 반드시 필요한 영양소로 부족했을 경우에 성장부전이나 식욕부전, 미각의 소실이나 상처가 잘 낫지 않는 증상이 나타난다. 1~2살의 경우에는 3mg/day, 3~5세의 경우에는 4mg/day이 권장된다. 아연은 해산물과 고기에 많기 때문에 이런 음식의 섭취가 부족한 경우 결핍이 생길 수 있다.

⑤ 비타민 D

비타민 D는 칼슘의 흡수와 뼈에 칼슘이 붙게 하는데 중요한 작용을 하는데, 특히 영유아의 경우 비타민 D 부족으로 인해 구루병이 유발될 수 있다. 이를 예방하기 위해서는 비타민 D 급원식품을 충분히 섭취하거나 햇볕에 의해 피부에서도 만들어지므로 매일 적당하게 햇볕을 쪼이는 것이 구루병을 예방하는 방법이다. 성인 기준으로 하루 200IU가 필요한데 이는 하루 20정도 햇볕을 쬐면 생성되는 양이다. 식품으로는 연어나 정어리 같은 생선유, 비타민 D 강화우유, 아침식사용 시리얼이 비타민 D의 좋은 급원식품이다.

CHAPTER 03

영유아의 식품안전과 위생관리

1. 식품안전의 개념과 중요성

2. 식중독

3. 화학물질에 의한 위해

4. 식품의 품질인증제도

CHAPTER 03

영유아의 식품안전과 위생관리

우리나라의 식생활은 과거에 비해 많이 변화하였다. 곡류위주의 식생활에서 점점 육류 및 패스트푸드와 같은 고지방 섭취가 증가하고 있으며, 가정식사보다는 외식 및 단체급식 형태의 식사가 증가하고 있다. 또한 식품가공기술의 발달로 많은 종류의 식품들을 가공식품 및 인스턴트 식품의 형태로 계절변화에 상관없이 일 년 내내 섭취할 수 있게 되었고, 수입식품 개방으로 인해 저렴한 가격으로 다양한 식품들을 선택 할 수 있는 기회가 증가하였다. 그러한 이러한 변화는 방부제, 식품첨가물, 화학비료와 농약, 환경호르몬 등의 식품안전문제를 증가시켜 국민의 건강을 위협하고 있다. 이 장에서는 영유아에게 새로운 식품의 선택에 올바른 정보를 제공하고 안전한 식생활을 위한 방법을 모색하기 위해서 '식품안전' 의 중요성, 위해요소 및 특징 등 전반적인 문제에 대해서 살펴보고자 한다.

1 식품안전의 개념과 중요성

1) 식품안전의 개념

세계보건기구인 WHO(World Health Organization)에서는 질적으로 우수한 식품을 안전성(Safety), 건전성(Soundness), 완전성(Wholesomeness)이 구비된 식품이라 정의하고 있다. 안전성이란 인체에 유해한 물질이 들어가지 않는 것을 말하며,

건전성이란 통상적으로 사용하는 식용을 원료로 사용해야 하는 것을 말하며, 완전성이란 영양소를 골고루 갖추고 있어야 함을 의미한다. 식품안전(food safety)이란 식품의 안전성, 건전성, 완전성을 확보하도록 하여, 해당 식품이 건강에 유익하도록 하는 것을 말한다. 우리의 식생활 수준이 선진화되고 식품의 위생 및 안전에 대하여 과거 어느 때보다도 신경을 쓰고 있음에도 불구하고 식품안전관련 사고는 끊이지 않고 발생하고 있다. 우리의 식생활 안전 위험이 증가하고 있는 이유는 다음과 같다.

2) 식품안전 위협 증가요인

① 수입식품의 지속적 증가

우리나라는 세계 5위의 식품수입국으로 총섭취열량의 50% 이상을 수입품에 의존하고 있다. 2005년 대비 2007년에 전체 수입 식품량이 약 2배 증가하였는데, 특히 중국산은 2005년 대비 2007년 4배 증가하였고, 현재 중국산 식품 수입규모는 수입식품시장의 1/3을 차지하고 있다. 식품수입으로 국내 소비자들에게 다양한 식품을 보다 더 저렴한 가격으로 공급할 수 있게 된 반면 다음과 같은 문제점을 낳고 있다.

- 국내 농업기반의 약화
- 식량 자급률의 저하
- 장기간 수송, 유통, 보존을 위한 살충제, 보존제, 식품첨가물의 남용

② 기후의 온난화

지구의 평균온도가 전체적으로 상승하고 있고, 평균기온이 상승함에 따라 식품분야에서는 식중독 발생 증가 등이 예측되고 있는데, 일반적으로 2050년에 2007년 대비 평균기온이 1.2℃ 상승하면 식중독 발생률은 약 6% 증가할 것으로 예측되고 있다. 이러한 현상은 2000년 이후 리스테리아 등 새로운 저온성 병원성 바이러스에 의해 식중독 발생이 증가로 나타나고 있으며, 특히 여름철에 집중되던 식중독

발생인 노로바이러스 등에 의해 겨울철에도 식중독이 빈번히 발생하고 있는 것도 한 예라고 할 수 있다.

③ 외식 및 단체급식의 증가

여성들의 취업기회가 많아지고 자녀 수가 감소하며 소득이 증대됨에 따라 외식화가 두드러지게 증가하는 추세를 보이고 있다. 외식의 증가는 외식산업을 발전시키고 또한 직장 및 학교에서의 단체급식이 확대되는 계기가 되었지만 또한 집단 급식소 및 학교급식에서의 식중독 발병률을 증가시키는 요인으로 나타나고 있다. 특히 학교급식에서 발생하는 식중독 발생비율이 전체 집단급식소 식중독 발생건수의 60~80%를 차지하고 있다.

④ 가공식품의 증가

간편성을 추구하는 사회변화에 따라 인스턴트 식품, 냉동식품, 간이식품, 편이식품 등이 발달하였으나 대량 가공 · 유통에 따라 식품에 첨가된 발색제, 방부제, 항산화제 등 식품첨가물의 유해성 여부, 포장재에서의 유해성분 용출, 이물질의 검출 등 끊임없이 문제가 발생하고 있다.

⑤ 환경오염의 심화

공장에서 배출되는 매연과 폐수, 자동차 배출가스, 각종 생활쓰레기, 소각장에서 나오는 공해물질 등은 수질, 토양, 대기 등을 오염시키고 최종적으로 식품원료까지도 오염시켜 인류의 건강을 위협하는 심각한 상황이다.

3) 식품의 위해요소

식품안전을 위협하는 요소를 식품의 위해요소라 하며 식품의 위해(risk)란 식품 중에 유해요인이 존재하여 인체건강에 악영향이 발생할 확률 또는 유해물질이 인간에 노출될 가능성을 일컫는다. 미생물학적 위해는 세균, 바이러스 등에 의한 식중독이 대표적이며 화학적 위해는 농약, 항생물질, 중금속, 환경호르몬 등 만성 위해원인이라 할 수 있고 물리적 위해는 플라스틱, 칼날, 애벌레 등 식품 내 이물 삽입에 의한 위해를 의미한다(표 3-1).

〈표 3-1〉 식품 위해물질의 분류

분 류			원인물질
미생물학적 위해	세균성	감염형	병원성 대장균, 살모넬라, 장염비브리오균, 캠필로박터, 리스테리아 여시니아, 바실러스 세레우스
		독소형	포도상구균, 보툴리누스
	바이러스성	공기, 접촉, 물 등의 경로로 전염	노로바이러스, 로타바이러스
화학적 위해	자연독	식물성	감자독, 버섯독
		동물성	복어독
		곰팡이 독소	아플라톡신, 황변미독, 맥각독
	화학적	의도적 사용	식품첨가물
		비의도적으로 잔류, 혼입	잔류농약, 중금속, 동물용 약품, 다이옥신
		조리 · 가공 · 저장 중에 생성	아크릴아미드, 벤젠, 벤조피렌, 에틸카바메이트
물리학적 위해	금속성 이물질, 유리조각, 애벌레 등 식품에 이물질 삽입 위해		

2 식중독

1) 식중독의 정의 및 발생현황

(1) 식중독의 정의 및 종류

식중독은 음식이 세균, 기생충, 독소, 화학물질 등의 유해물질에 오염된 경우 생길 수 있는 질환으로 설사, 구토, 복통 등의 증상을 일으키는 상태를 말한다. 식중독의 70%가 세균성 식중독이며 감염형과 독소형 식중독으로 구분한다. 특징은 다음과 같다.

〈표 3-2〉 감염형 식중독과 독소형 식중독의 특징

	감염형 식중독	독소형 식중독
원 인	균이 식품과 장 내에서 증식	세균이 생산한 독소 섭취
잠복기	길다	짧다
발열현상	있다	없다
가열효과	있다	없다
환자발생	오랜 기간에 걸쳐 발생	급격히 발생하고 빨리 끝남
종 류	살모넬라균, 장염비브리오균	포도상구균, 보툴리누스균
공통증상	메스꺼움, 구토, 복통, 설사 등	

(2) 식중독의 발생현황

연도별 식중독 발생건수를 살펴보면 최근 5년간 식중독 발생이 감소 추세이나, '10년에는 '09년에 비해 건수 및 환자 수 모두 1.2배 증가하였다(그림 3-1). 2009년도에는 신종플루 영향으로 식중독 발생 건수 및 환자 수가 일시적으로 감소하는 경향을 보였다. 시설별 식중독 발생현황은 음식점(전체 건의 49.6%) 식중독 발생률이 가장 높으며, 학교, 기업체 등 집단 급식소 식중독 환자비율은 계속적으로 증가경향을 보이고 있다(그림 3-2). 특히 학교 식중독 건당 환자 수는 54.4명('07) → 76.5명('08) → 69.6명('09) → 83.6명('10)으로 점점 늘어나고 있으며 학교급식에서 발생하는 식중독 발생비율이 전체 집단급식소 식중독 발생건수의 60~80%를 차지하고 있어서 성장기 학생들을 위한 안전한 급식체제가 무엇보다 중요한 것으로 나타났다.

원인균으로는 병원성 대장균과 노로바이러스가 가장 높았으며, 특히 2005년 이후 노로바이러스(norovirus)가 급격히 증가하고 있으며(그림 3-3), 그 다음으로 병원성 대장균, 살모넬라, 황색포도상구균 식중독 등이 완만한 증가양상을 보이고 있다. 노로바이러스 식중독은 계절 구분 없이 연중 지속 발병하고 있으므로 노로바이러스에 대한 지속적 관리가 필요하다. 원인식품별 식중독 발생현황은 어패류에 의한 식중독이 급격히 증가하고 있고 육류와 복합조미식품에 의한 식중독이 꾸준히 증가세를 보이고 있다(그림 3-4). 음식점은 김밥 지단 등 계란, 육류 조리식품 섭취로 인한 살모넬라 식중독이 가장 많이 발생(19건, 14.2%)하였고, 학교 기업체 등 집단급식소는 병원성 대장균과 노로바이러스에 의한 식중독이 주로 발생하였다.

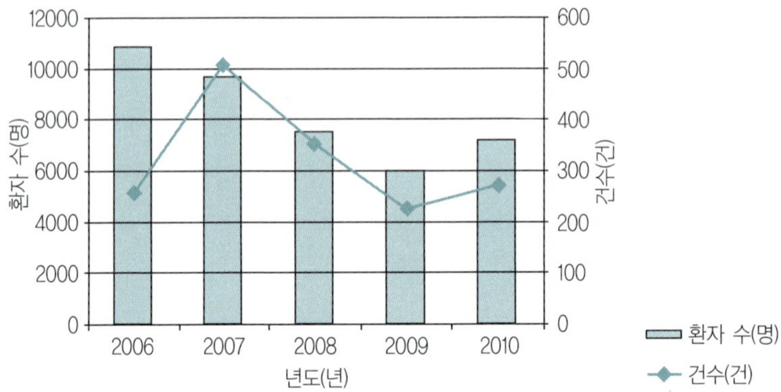

| 그림 3-1 | 연도별 식중독 발생현황

출처 : 식품의약품안전청(2010).

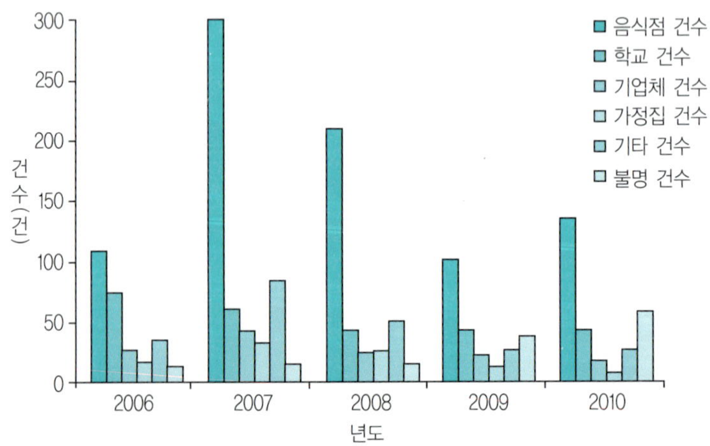

| 그림 3-2 | 시설별 식중독 발생현황

출처 : 식품의약품안전청(2010).

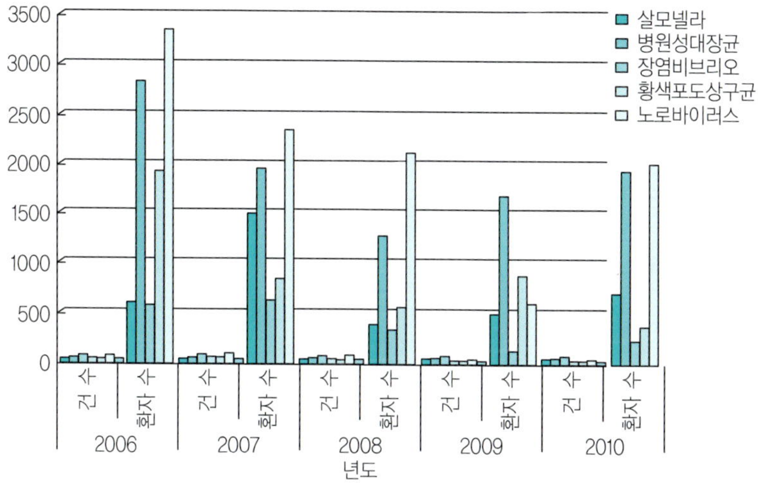

| 그림 3-3 | 원인균별 식중독 발생현황

출처 : 식품의약품안전청(2010).

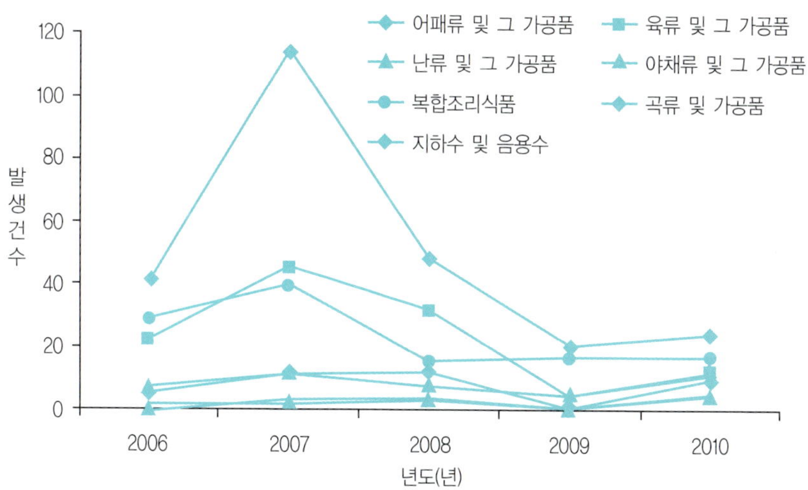

| 그림 3-4 | 원인식품별 식중독 발생현황

출처 : 식품의약품안전청(2010).

2) 감염형 식중독

① 살모넬라 식중독

한국에서 가장 흔한 식중독균으로, 살모넬라 엔터라이티디스(Salmonella enteritidis), 살모넬라 티피수이스(Salmonella typhimurium)가 주 원인균이다. 살모넬라 식중독의 주요 증상은 위장염과 구토, 복통, 설사, 발열 등이며 감염의 주된 원인식품은 육류, 유제품, 어패류, 난(卵)가공품 등이다.

■ 예방법

- 살모넬라균은 62~65℃에서 20분 정도 가열하면 사멸되므로 의심식품은 반드시 가열 후 섭취한다.
- 식육, 계란 등을 다룬 손이나 조리기구는 충분히 세척하고 소독한다.
- 식품 취급장소에 방서, 방충 설비를 철저히 하여 쥐, 바퀴, 파리 등을 구제한다.

② 장염 비브리오(Vibrio) 식중독

비브리오 헤모리티쿠스(Vibrio parahaemolyticus)가 원인균이며 7~9월에 해안을 따라 발생한다. 식중독의 주요 증상은 구토, 설사와 복통 등이다. 비브리오 식중독의 주요 감염경로는 어패류, 오징어, 낙지 등의 해산물이다.

■ 예방법

- 생선회용 어패류의 경우는 전처리 단계에서 충분히 세척하고 냉장한 후 섭취한다.
- 횟감용 칼, 도마는 구분하여 사용하며 오염된 조리기구는 세정, 열탕 처리하여 2차 오염을 방지하여야 한다.
- 가능한 한 생식을 피하고, 이 균은 55℃~60℃에서 5~10분 가열로써 쉽게 사멸하므로 반드시 식품을 가열한 후 섭취한다.

③ 병원성 대장균 식중독

유아에게 전염성 설사증이나 성인에게 급성장염을 일으키는 대장균이 있는데 이것을 병원성 대장균(Pathogenic E. coli)이라고 한다. 병원성 대장균은 잠복기간이 3~5일로 길며 감염력이 강하여 얼마 안 되는 균(몇 개~수 백 개정도)의 섭취로도 발병이 가능하다. 주로 오염된 물이나 사람에서 사람으로 변을 매개로 2차 감염이 일어난다. 햄, 치즈, 소시지, 채소샐러드, 분유, 두부, 음료수, 어패류, 도시락, 급식 등이 주요 원인식품이다.

■ 예방법

- 대장균 식중독은 철저한 손씻기 등의 위생규칙 준수에 의해 예방할 수 있다.
- 야채 등은 잘 씻고, 식육은 중심부까지 충분히 가열한다(74℃ 1분 이상 가열).
- 냉장고 안의 식품은 자주 점검하고 생육과 조리된 음식을 구분하여 보관한다.
- 식칼, 도마, 접시, 식기 등의 주방용품의 구분 사용으로 2차 오염을 방지한다.

3) 독소형 식중독

① 포도상구균 식중독

스테퍼러코커스(Staphylococcus aureus)가 원인균이며, 균이 식품 중에서 증식하여 생산한 장독소(enterotoxin)를 함유한 식품을 섭취할 때 일어나는 독소형 식중독균이다. 4~5개 정도의 구균이 모여 있는 경우가 많아 포도상구균이라 부른다. 주된 오염경로는 청결하지 않은 환경에서 조리한 김밥, 도시락, 식육 및 어육 가공품 등을 통해서이다.

■ 예방법

- 포도상구균은 80℃에서 10분 동안 가열하면 사멸되나 독소는 강한 내열성으로 210℃에서 30분 가열 시 파괴된다.
- 손가락의 세정과 소독을 충분히 하며 손가락에 베인 상처나 화농이 있는 사람은 조리하지 않는다.

② 보툴리누스(Botulinus)균 식중독

클로스토리듐 보툴리누스(Clostridium botulinum)이 원인균이며 이 균은 지금까지 알려진 가장 강한 독소균으로 혐기적 조건에서 치사율이 30~80%에 달하는 신경독을 생산한다. Botulinus균 식중독의 주요 증상은 위장염, 신경증상, 시력장애, 마비 등이며 이에 이어 사망에 이르게 된다. 주된 오염경로는 병조림, 통조림과 같은 밀봉식품이다.

■ 예방법

- 먹기 전에 반드시 가열(80℃에서 15분간)하여 섭취하면 독소는 완전파괴되므로 안전하다.
- 조리 후 식품을 가능한 한 신속히 섭취하도록 하며 남은 음식은 5℃ 이하 저온 보관한다.

③ 세레우스(Cereus)균 식중독

바실루스 세레우스(Bacillus cereus)는 독소 이외에 내열성 포자를 아울러 생성하므로 가열해도 죽지 않으나, 독소는 60℃에서 20분간 가열하면 파괴된다. 감염경로는 설사를 일으키는 경우에는 육류 가공품, 스프나 바닐라소스가 원인이며 반면 구토를 유발하는 경우는 쌀밥이나 볶음밥의 식품이 주요 감염경로이다.

■ 예방법

- 조리(볶음밥) 후 바로 냉각(10℃ 이하)하거나 고온(50℃)에 보존한다.
- 식은 음식을 다시 먹을 때는 반드시 재가열(70℃ 이상)해서 섭취한다.

4) 알레르기성 식중독

단백질 식품에 프로테우스 모르가니균(Proteus morganii)이 번식하여 생성된 부패물질인 히스타민(histamine), 티라민(tyramine)에 의해 식중독이 발생된다. 발열, 두드러기와 두통, 설사 등의 증상을 나타내나 1일 이내에 회복된다. 고등어, 꽁치, 정어리 및 그 가공품 등이 주 원인식품이며 항히스타민제 투여로 치료한다.

5) 자연독 식중독

유독성분의 생성량은 동·식물체가 생육하는 계절과 환경 등에 따라 영향을 받으며, 독성작용은 개인차에 따라 다른 경우가 많다.

■ 자연독에 의한 식중독의 발생경위

- 유독 동·식물체를 식용 동·식물과 오인하여 섭취하였을 때(독꼬치, 독버섯)
- 일반적으로 식용되는 동·식물이 어떤 특수한 조건하에게 유독화되어 이것을 모르고 섭취하였을 때(바지락, 맥각)
- 동·식물체의 특수한 부위나 기관에 한정되어 독성물질을 함유하고 있는데 이것을 완전히 제거하지 않고 섭취하였을 때(복어, 감자)

① 독버섯

식용버섯과 혼동되어 많은 사고가 발생되고 있다. 독버섯에 들어 있는 유독성분은 무스카린(muscarin), 무스카리딘(muscariridine), 콜린(coline), 뉴린(neurine), 팔린(phaline), 아마니타톡신(amanitoxin), 아가리신산(agaricicacid) 등이며 독버섯을 일정량 이상 섭취할 경우 사망할 수 있다.

■ 일반적인 독버섯의 감별법

① 버섯의 살이 세로로 쪼개지는 것은 무독하다.
② 생이 아름답고 선명한 것은 유독하다.
③ 악취가 나는 것은 유독하다.
④ 쓴맛, 신맛을 가진 것은 유독하다.
⑤ 유즙을 분비하든가 점성의 액이 나오거나 또는 공기 중에서 변색되는 것은 유독하다.
⑥ 버섯을 끓였을 때 나오는 증기에 은수저를 넣었을 때 흑색이 되는 것은 유독하다.

② 감자

감자의 발아부위와 녹색부위에는 솔라닌(solanin)이라는 배당체가 생성되어 이 부분을 제거하지 않고 섭취할 경우 식중독이 일어난다. 이 성분은 복통, 위장장해, 현기증, 졸음 등의 증상을 일으키며, 어린이의 경우에는 사망에 이를 수 있다.

③ 청매, 살구 씨

덜 익은 매실이나 살구 씨에는 아미그달린(amygdalin)이라는 배당체가 만들어지며 이것이 청산을 생성하여 식중독을 유발한다. 주요 증상은 두통, 소화불량, 구토 등의 증상과 중추신경의 자극과 마비 등이다.

④ 독미나리

독미나리 뿌리에는 시큐톡신(cicutoxin)이란 독성분이 다량으로 함유되어 있다. 독미나리 섭취 후 2시간 이내에 동통, 구토, 경련, 현기증의 증상이 나타나며 중증일 때는 호흡마비로 사망한다.

⑤ 콩

대두 등의 두류에는 단백질 분해효소인 프로테아제 액티비티(protease activity)를 억제하는 물질을 함유하고 있는데, 주요 증상은 소화불량 등이다.

⑥ 복어

복어에 들어 있는 유독성분은 테트로도톡신(tetrodotoxin)이며 치사율이 약 50%로 높다. 중독증으로 인해 혀의 마비, 손발의 통증, 사지의 마비, 호흡곤란, 의식불명에 이어 사망에 이르게 된다.

⑦ 조개류

삭시톡신(saxitoxin) 중독은 검은조개, 섭조개, 대합조개에 의해 나타나며 주요 중독증상으로는 안면마비, 사지마비, 언어장해에 이어 호흡마비로 사망하게 된다.

베네루핀(venerupin) 중독은 모시조개, 굴, 바지락에 의한 중독으로 구토, 두통, 미열 등이 나타나며, 시간이 지나면 내장출혈이 나타난다. 중증인 경우 의식혼탁, 토혈, 혈변을 일으킨다.

6) 바이러스에 의한 식중독

과거에는 식중독이 주로 세균에 의한 것으로 여름철에 많이 발생하였지만 최근에는 노로바이러스에 의한 식중독사고가 빈번함에 따라 계절에 관계없이 발생하는 것으로 나타났다. 노로바이러스 이외에 식중독을 유발하는 바이러스로는, 로타바이러스, 아스트로바이러스, Hepatitis A virus가 대표적이며, 그 중 노로바이러스에 의한 중독이 가장 빈도가 높다. 국내에서는 2006년에 단체급식소에서 1,500명의 중독이 발생하였으며 유아에서 발생하는 위장염은 대부분이 바이러스성이라고 생각되며, 성인에서도 경증이나 불현성감염을 포함하면 적지 않은 위장염 바이러스의 감염을 받고 있는 것으로 추측된다.

① 노로바이러스

오심, 구토, 설사, 복통을 주 증상으로 대부분의 경우 증상은 경미하며 1~2일 지나면 자연 회복되며 만성 보균자는 없다. 잠복기는 24~48시간이며, 감염자의 대변 혹은 구토물이 있는 바이러스가 음식, 물을 오염시키거나 혹은 감염자의 손이나 접촉한 물건 등이 오염되어 이를 먹거나, 마시거나, 접촉함으로써 바이러스가 입(경구)으로 들어오게 된다. 소량의 바이러스만 있어도 쉽게 감염될 수 있을 정도로 쉽게 전파되며 전염성은 증상의 발현기에 가장 심하며 회복 후 3일에서 최장 2주일까지 가능하다.

매개식품으로는 굴 등 해산물, 과일, 야채, 냉동 빵 제품, 샐러드, 샌드위치, 상품화된 얼음, 물 등이 보고된 바 있다. 또한 음식물을 취급하는 조리자가 감염되어 있는 경우나 과일이나 야채를 세척하는 과정에서 음식에 노로바이러스가 오염될 경우 집단감염을 일으킬 수 있으며, 우물이나 지하수, 광범위한 상수도 오염 시 폭발적인 유행이 발생할 수 있다.

■ 예방법

- 사람의 분변에 오염된 물이나 식품에 의해 발생하므로 손씻기 등 개인위생을 철저히 한다.
- 오염된 지역에서 생산된 패류는 생식을 금지하고 가급적 가열 후 섭취한다(85℃, 1분 이상).
- 채소류 전처리 시 수돗물을 사용하고 지하수 사용시설은 주변 오염원(화장실 등) 관리를 철저히 한다.

참 고

세균과 바이러스의 차이

	세 균	바이러스	비 고
특 성	균에 의한 것 또는 균이 생산하는 독소에 의하여 식중독 발병	크기가 작은 DNA 또는 RNA가 단백질 외피에 둘러쌓여 있음	
증 식	온도, 습도, 영양성분 등이 적정하면 자체 증식 가능	자체증식이 불가능하며 반드시 숙주가 존재하여야 증식 가능	
발병량	일정량(수백~수백만) 이상의 균이 존재하여야 발병 가능	미량(10~100)개체로도 발병가능	
증 상	설사, 구토, 복통, 메스꺼움, 발열, 두통 등	메스꺼움, 구토, 설사, 두통, 발열 등	증상 유사함
치 료	항생제 등을 사용하여 치료가능하며 일부 균은 백신이 개발되었음	일반적 치료법이나 백신이 없음	
2차 감염	2차 감염되는 경우는 거의 없음	대부분 2차 감염됨	

전염병과 식중독의 차이

전염병이란 간단히 요약하면 질병 중 전염이 가능한 질병을 말한다. 특정 병원체나 병원체의 독성물질로 인하여 발생하는 질병으로 감염된 사람으로부터 감수성이 있는 숙주(사람)에게 감염되는 질환을 의미한다. 전염병 병원체의 종류로는 세균, 바이러스, 기생충, 곰팡이, 원생동물 등이 있으며, 임상 특성으로는 호흡기계 질환, 위장관 질환, 간질환, 급성 열성질환 등이 있다. 전파방법은 사람 간 접촉, 식품이나 식수, 곤충매개, 동물에서 사람으로 전파, 성적 접촉 등에 의한다. 이에 반하여 식중독이란 식품의 섭취로 인하여 인체에 유해한 미생물 또는 유독물질에 의하여 발생하는 감염형 또는 독소형 질환을 의미하며, 전염성이 없는 경우가 일반적이나 노로바이러스와 같이 사람과 사람 간의 전염성이 있는 경우도 있다.

* 우리나라의 경우 질병관리본부에서는 수인성 전염병 및 식품 매개질환에 대하여 전반적으로 관리하고 있으며, 식중독의 경우에는 식품의약품안전청에서 식품위주로 관리하고 있다.

출처 : 식약청 http://www.kfda.go.kr

3 화학물질에 의한 위해

잔류농약이나 중금속, 환경호르몬, 식품첨가물 등에 의한 화학적 위해요인에 의해서도 식중독이 발생한다. 중금속이나 환경호르몬은 화학공장의 폐수와 생활하수에 포함되어 있는데, 이들이 농토나 하천, 해양 등에 흘러들어 여기에서 수확되는 농작물, 수산물에 축적되고 생태계의 먹이사슬을 통해 축산물에도 고농도로 농축된다. 이것을 사람이 과다 섭취하거나 지속적으로 섭취하면 식중독이 유발된다. 특히 환경호르몬은 식품첨가물, 식품 포장 및 용기 등에서 존재하고 있어 식생활을 통한 노출이 가장 크며 지방이 많은 식품을 섭취할 때 많이 유입된다. 오염된 어패류, 육류, 유제품 등의 섭취를 통하여 유입될 수 있고, 극히 미량이지만 호흡기 또는 피부를 통하여 노출될 수도 있다.

1) 농 약

농산물의 생산성과 품질의 향상, 병충해 방지 및 노동력 절감 등의 이유로 농약의 사용량은 계속 증가하고 있다. 농약은 사용목적에 따라 병원미생물을 제거하는 데 이용되는 살균제, 살충제, 제초제, 식물생장조정제 등으로 구분한다. 농약은 맹독성, 보통 독성, 저독성으로 나눌 수 있으나, 어떤 경우에도 토양을 오염시키며 소비자의 건강에 문제를 일으킬 수 있다. 농약을 쉽게 제거하는 방법들은 다음과 같다.

① 농약은 농산물의 표면에 잔류하는 양이 많으므로 많은 양의 물에 담가 비벼 씻은 후, 흐르는 물에 몇 차례 씻으면 쉽게 제거된다. 채소, 과일을 깨끗한 물에 약 5분 정도 담근 후 흐르는 물에 약 30초 정도 문질러 씻기만 해도 채소류의 약 50% 정도, 과일류의 약 33% 정도의 잔류농약이 제거된다.

② 사과 같은 과일의 경우는 물로 씻은 후 껍질을 제거하면 평균 90%정도 제거

할 수 있다. 그러나 지나친 세척 및 박피는 오히려 비타민 등 영양소가 손실될 우려가 있으므로 적당한 세척 및 박피가 바람직하다.

③ 데쳐 먹는 채소류의 경우 끓는 물에 2분간 데칠 경우 잔류농략의 83%정도가 제거된다. 양배추, 배추와 같은 엽채류의 경우는 농약은 주로 바깥부분에 묻어 있으므로 바깥쪽의 잎을 떼어버리고 물로 몇 차례 씻으면 상당량의 농약이 제거된다. 동물성 식품의 경우 농약은 주로 지방성분에 잔류하고 있으므로 가능한 껍질과 지방을 제거하고 섭취하는 것이 농약을 적게 섭취하는 방법이다.

2) 환경호르몬

내분비장애물질이라고도 하는 환경호르몬(environmental hormone)은 우리 주변환경에 노출된 화학물질이 몸 안으로 들어와 마치 호르몬처럼 작용한다는 의미에서 만들어진 합성어이다. 환경호르몬은 특별한 화학물질이라기보다 자연환경으로 배출되는 산업폐기물, 농약, 플라스틱, 세정제, 또는 일상생활에서 흔히 접할 수 있는 생활용품에 들어있는 합성 화학물질들로 소량으로도 인체 내에서 대사장애를 일으킬 뿐만 아니라 생식능력을 감소시킨다. 아울러 암, 발육이상, 신경계 이상 등 건강에도 악영향을 준다.

환경호르몬 중 우리에게 잘 알려진 것으로는 다이옥신이 있다. 다이옥신은 유기염소 화합물을 총칭하는 것으로 약 210종류가 있고 PVC와 같은 유기염소화합물을 포함한 도시쓰레기를 소각할 때 발생하여 오염된 대기를 호흡함으로써 인체 내에 들어와 호르몬의 대사이상을 초래한다. 그 외 쓰레기 매립지에서와 같이 땅 속에 폐기된 다이옥신은 지역농지 등으로 퍼져나가 우리의 건강을 위협하고 있다. 기타 내분비장애물질로는 각종 산업용 화학물질(원료물질), 살충제 및 제초제 등의 농약류, 유기중금속류, 식품포장재 속에 함유된 물질 등이 있다.

〈표 3-3〉 화학물질 위해의 오염원 및 인체에 미치는 효과

위해물질	오염원	효 과	노출감소
비 소	• 오염된 음식 · 음용수 • 오염된 공기	• 소량 : 구역질, 구토, 적혈구와 백혈구 감소, 혈관손상 등 • 다량 : 호흡곤란, 사망	• 오염지역 · 토양 접촉주의 • 정수된 음용수 섭취
납	• 오염된 음식 · 음용수 • 납함유페인트 등	• 중추신경계손상, 신장 및 생식기 손상 등 • 다량 : 백혈병, 뇌손상 등 (어린이 치명적) • 소량 : 정신적 · 육체적 성장장애 • 발암성 물질	• 납 함유 페인트 물질 섭취 주의 • 음용이나 요리 시 사용되는 물 15~30초 흘린 뒤 사용 • 어린이 손과 얼굴의 세정
수 은	• 오염된 생선, 패류 • 공기 · 토양 (의료기기 · 산업현장)	• 신경계 손상 • 다량 : 뇌, 신장 영구 손상 • 과량 : 구토, 구역질, 설사, 피부 발진 등 • 발암성 물질 • 어린이에게 치명적	• 수은온도계 사용주의 • 오래된 의료기기 사용주의 • 수질오염지역 어패류 섭취 주의
카드뮴	• 오염된 공기(광산 등) • 오염된 식품 · 음용수 (패류, 간, 신장부위육)	• 다량 : 폐손상, 사망, 구토, 설사 등 • 소량, 장기노출 : 신장장애 • 발암성 물질	• 카드뮴 전지 관리주의 • 균형식을 통한 배출
DDT	• 토양(잔류농약) • 오염된 식품(야채류, 어류, 고지방함유육, 가금류 등) • 오염된 수입식품 • 오염된 공기 · 음용수 • 모유를 통한 유아전이	• 불안감, 발작 등 신경계장애 • 발암성 물질	• 오염된 식품 섭취 주의 • 가열조리 • 과일/ 야채의 충분한 세척 • 오염지역 해산물 소비주의
Dieldrin	• 환경에 소량 분포 • 농약(현재 EPA 금지) • 식품 · 공기 · 토양 (어류 등)	• 다량 섭취 : 발작 및 사망 • 두통, 졸음증, 구토, 근육이상 • 동물실험 시 신경계 손상 • 발암성 물질	• 오염된 지역의 수입농산물 이용주의

출처 : www.atsdr.dcd.gov

3) 유전자재조합 농산물

유전자재조합 농산물[Genetically Modified Organism(GMO) food]은 일반적으로 기존의 식품종자에 유용한 유전자를 인위적으로 결합시켜 제초제 저항성, 병충해 내성 및 품질 우수성을 지니도록 만든 농산물을 의미한다. 1996년 미국의 식품회사에서 유전자변형 콩을 상품화하면서 일반에 알려지기 시작하였고 그 이후 옥수수, 감자, 토마토 등 품목과 사용비율이 급속하게 늘어났다. 유전자변형농산물이 우리에게 주는 유익성으로는 농산물의 수확량이 증가하므로 식량난이 해소되고 병충해에 강하므로 농약 사용량이 줄어들어 환경보전에 기여함을 들 수 있다. 반면에, 유전자변형식물의 유해성이라면 유전자 농산물에서 생성된 새로운 단백질이 인체에 알러지(allergy)를 유발할 수 있고 장기간 섭취할 경우에 인체에 미치는 유해성 여부가 확실히 검증되지 않았으며 GMO 품종으로 인하여 생태계가 교란될 수 있다는 점 등이다. 소비자에게 GMO에 대한 올바른 정보를 제공하여 알고 선택할 수 있도록 하기 위하여 유럽, 일본, 미국, 중국 등에서는 GMO 표시제를 실시하고 있고 우리나라도 2001년 7월부터 표시제를 시행하고 있으며 2008년 12월 현재 우리나라에서 안전성 심사를 거쳐 승인된 것은 7개 농산물(콩, 옥수수, 면화, 카놀라, 알팔파, 사탕무, 감자)로 되어 있다.

〈표 3-4〉 우리나라에서 승인된 유전자변형 농산물(7종)

농산물(품목 수)	특 성
콩(3), 옥수수(29), 면화(13), 알팔파(1), 사탕무(1)	해충저항성 또는/ 및 제초제내성
감자(4)	해충 또는/ 및 바이러스저항성
카놀라(6)	제초제내성 또는/ 및 응성불임

출처 : 식품의약품안전청.

〈표 3-5〉 유전자재조합식품의 표시규정

	표시를 해야 하는 경우	표시를 하지 않는 경우
농산물 (농산물품질관리법)	식약청이 승인한 모든 GM 농산물	• non-GM 농산물 - 구분유통증명서 또는 정부증명서 제출 ※ 3% 이하는 비의도적 혼입치로 인정
가공식품 (식품위생법)	GM 농산물을 주요 원재료로 사용하여 제조·가공한 모든 식품	• non-GM 농산물을 사용한 경우 - 구분유통증명서 또는 정부증명서 제출 ※ 3% 이하는 비의도적 혼입치로 인정 • GM 농산물을 사용하였어도 - GM 농산물이 함량 5순위에 해당되지 않는 경우 - 최종제품에 GM 성분이 남아 있지 않는 경우 (간장, 식용유, 전분당 등)

출처 : 식품의약품안전청.

4) 식품첨가물

식품첨가물은 가공식품의 제조에 있어 식품의 관능적 특성 증진, 식품의 저장성 향상, 영양가의 보강 등의 목적으로 사용된다. 식품첨가물은 영양적으로 풍부하고 간편하며 각양각색의 기호를 충족시킬 수 있는 다양한 식품을 저렴한 가격으로 안전하게 유통시킬 수 있는 이점들이 있다. 식품첨가물은 법으로 사용이 허용된 종류, 사용이 가능한 식품, 사용량 등이 정해져 있다. 그러나 한 가지 식품에서 섭취하는 첨가물의 양이 안전기준치를 넘지 않는다하더라도 여러 종류의 가공식품을 섭취하다보면 과잉섭취가 될 수 있고, 또 음식물을 통해서 장기간 섭취하면 유해성이 누적되어, 특히 어린이 천식, 알레르기, 피부병, 식중독의 원인이 된다.

〈표 3-6〉 식품첨가물의 종류 및 역할

분 류	역 할	종 류
보존료(방부제)	식품의 변질이나 부패 방지	DHA, 소르빈산, 안식향산
살균제	세균사멸	차아염소산나트륨
산화방지제	산화작용 억제	BHT, BHA, 아스코르빈산 나트륨
착색료	식품의 색깔 향상	타르 색소, 아나토, β-카로틴
발색제	식품성분과 반응하여 색을 안정화 또는 발현	아질산나트륨, 질산칼륨
표백제	식품을 무색 또는 백색으로 탈색	메타중아황산칼륨, 아황산나트륨
조미료	식품의 맛을 증진	MSG, 이노신산나트륨
산미료	신맛 부여, 청량감, pH 조절	구연산, 초산
감미료	단맛 부여	사카린, 소르비톨
착향료	향 강화	멘톨, 바닐린, 시트랄
강화제	영양성분 보충	비타민, 무기질
유화제	물과 기름의 혼화	인지질, 글리세린 지방산에스테르
호 료	식품의 점착성 증가	알긴산 나트륨, 카제인
품질개량제	맛과 품미 개선	인산염, 중합인산염

4 식품의 품질인증제도

소비자들이 안심하고 먹을 수 있도록 생산자들은 보다 안전한 농산물과 식품 생산이 무엇보다도 중요한데, 정부에서는 고품질의 안전한 농식품을 생산 · 공급하기 위하여 다양한 정책을 실시하고 있다. 예를 들어, HACCP제도를 도입하여 식품 안전 기준을 강화하였고 농산물 위생 안전 관리를 위해 GAP 및 이력추적관리제도(Traceability)를 실시하고 있으며, 또한 안전한 식품을 국민이 안심하고 소비할 수 있도록 특정 기준에 부합하는 농축산물에 대해 여러 인증제도를 시행하고 있다.

(1) 우수농산물관리제도(Good Agricultural Practices : GAP)

농산물의 안전성을 확보하기 위하여 농산물의 생산단계부터 수확 후 포장단계까지 토양, 수질 등의 농업환경 및 농산물에 잔류할 수 있는 농약, 중금속 또는 유해생물 등의 위해요소를 관리하는 기준으로 그 관리사항을 소비자가 알 수 있게 하는 제도이다.

(2) 농산물 이력추적관리제도

농산물의 생산 · 유통 · 판매까지 각 단계별로 정보를 관리하여 농산물의 안전성 등에 문제가 발생하는 경우 해당 농산물을 추적하여 원인규명 및 필요한 조치를 하고 소비자는 이를 통해 안전하게 농산물을 구입할 수 있도록 하는 제도다. 농산물 이력추적 홈페이지에서 모든 농산물의 이력이 추적가능하고 구매한 제품의 비료나 농약에 관한 사항까지 세세하게 열람할 수 있다. 이 제도는 쇠고기에도 시행하고 있기 때문에 쇠고기 구입 시 참고하면 안전하게 구입이 가능하다.

(3) 친환경농산물인증제도

친환경농산물이란 화학비료 및 사료첨가제 등을 전혀 사용하지 아니하거나, 최소량만을 사용하여 생산한 농산물을 말하며 그 안정성을 인증해 주는 제도가 친환경농산물인증제도이다.

- 유기 농산물 : 2~3년 이상을 유기 합성농약과 화학비료를 전혀 사용하지 않고 재배한 농산물
- 저농약 농산물 : 화학비료는 권장량의 50% 이내를 사용하나 유기합성 농약은 전혀 사용하지 않고 재배한 농산물
- 무농약 농산물 : 유기합성 농약은 전혀 사용하지 않고, 화학비료는 권장량의 30% 이내를 사용하여 재배한 농산물

또한 수산물과 축산물도 각각 친환경수산물 품질인증제도 및 친환경축산물인증제도가 마련되어 있다.

(4) 지리적 표시제도(Geographical Indication)

우수한 지리적 특성을 가진 농산물 및 가공품에 지역명 표시를 할 수 있도록 하여 지리적 특산품 생산자를 보호하고 소비자에게 충분한 제품구매정보를 제공하고자 하는 제도이다.

(5) HACCP(Hazard Analysis Critical Control Points, 축산물위해요소중점관리제도)

HACCP는 전 세계적으로 가장 효과적이고 효율적인 식품안전관리체계로 인정받는 제도이며, 식품의 원재료로부터 제조, 가공, 보존, 유통, 조리단계를 거쳐 최종소비자가 섭취하기 전까지의 각 단계에서 발생할 우려가 있는 위해요소를 규명하고 이를 중점적으로 관리하기 위한 중요 관리점을 결정하여 자율적이며 체계적이고 효율적인 관리로 위해를 사전에 차단하는 예방체계로써 이 마크가 부착되어 있으면 안전성을 보증하는 제도이다. 국내에서는 1998년 HACCP를 도입하여 축산식품 전 분야와 쇠고기, 돼지고기, 닭고기, 햄, 소시지, 우유, 치즈, 버터, 아이스크림 등 유가공품에서 알가공품까지 다양한 품목에 적용되고 있으며 2006년 의무적용 병행체계로 확대하고 있다.

(6) 유기가공식품인증제도

유기농산물을 원료 또는 재료로 하여 제조 · 가공 · 유통되는 유기가공식품인증제도로 유기가공식품은 3년 이상 농약과 화학비료를 사용하지 않은 토양에서 재배된 농산품을 주 원료로 가공한 식품으로 규정하고 있다.

(7) 가공식품 KS인증제도

가공식품 KS인증은 가공식품에 적용되는 국가표준규격으로써 일정한 품질을 갖춘 식품인지를 판단하고 이를 소비자가 안심하고 구입할 수 있도록 하는 제도다.

〈표 3-7〉 식품인증제도의 종류 및 정의

	GAP (우수농산물 관리제도)	농산물의 생산, 수확, 포장단계까지 철저한 관리를 통해 소비자가 안전한 농산물을 먹을 수 있게 인증해 주는 제도
	친환경농산물 인증제도	화학자재를 전혀 사용하지 않거나 최소량만을 사용하여 생산한 농산물에 부여하는 인증제도
	지리적 표시제도	우수한 지리적 특성을 가진 농산물 및 가공품에 지역명을 표시하도록 하는 제도
	HACCP	자율적이고 체계적이며 효율적인 관리로 위해를 사전에 차단하는 예방체계로써 안전성을 보증하는 제도
	유기가공 식품인증제도	인증받은 유기농산물을 원료 또는 재료로 하여 제조·가공·유통되는 유기가공식품에 부여하는 인증제도
	가공식품 KS인증제도	일정한 품질을 갖춘 가공식품에 부여하는 인증제도

CHAPTER 04

영유아교육기관에서의 급식관리

1. 급식의 의의 및 효과

2. 영유아교육기관의 급식관리 운영지침

3. 유아의 급식관리의 실제

4. 유아식사의 기본계획

5. 식단작성요령

6. 식단작성의 실제

7. 영유아의 급식 위생관리

CHAPTER 04

영유아교육기관에서의 급식관리

1 급식의 의의 및 효과

1) 급식의 의의

최근 사회가 경제적으로 발전하면서 여성의 학력과 전문성이 높아지고 자아실현의 욕구를 충족시키기 위한 여성의 사회진출이 더욱 증가하였는데, 이러한 전체 여성 취업률의 증가와 함께 기혼여성의 취업률도 증가추세를 보이면서 영유아기 자녀를 둔 취업여성의 경우에는 양육과 교육을 담당할 전문적인 영유아교육기관을 필요로 하게 되었다.

이에 따라 영유아의 건전한 보육과 교육 수요에 능동적으로 대처하기 위해서 1991년 보건사회부가 영유아보육법을 제정 · 공포하여 어린이집 운영을 통한 종일제 프로그램을 확산하게 되었다.

유아교육기관의 프로그램에 참여하는 유아의 경우 적어도 1일 4~12시간을 교육기관에서 보내게 되므로 유아들의 수면시간을 빼면 대부분의 시간을 유아교육기관에서 보내게 된다. 차츰 유아교육기관에 위탁되는 유아의 수와 시간이 늘어남에 따라 유아의 교육뿐만 아니라 육아에 대한 비중이 높아지고 있다.

유아는 바람직한 체위와 체격, 건강한 체질 및 올바른 식습관의 형성을 위해 양적, 질적으로 우수한 식사를 공급받아야 한다.

유아교육기관에서 제공하는 급식은 영양관리 차원에서도 매우 중요하지만 영유아들이 친구들과 함께 식사를 하면서 올바른 식습관을 형성하고, 교사나 윗사람들에게 예의를 지킬 수 있도록 돕고, 음식을 제공해 주신 분들에게 감사하는 마음을 갖게 하는 등 올바른 기본 생활습관을 형성할 수 있도록 돕는 교육적인 측면에서도 그 중요성은 간과할 수 없다. 그러므로 영유아에게 양적 · 질적인 측면에서 풍부하고 균형있는 영양을 섭취하게 하고 바른 식습관을 형성할 수 있도록 지도하려면 영유아교육기관에서의 급식관리는 매우 중요하다 하겠다.

2) 유아교육기관에서의 급식의 효과

첫째, 성장과 발달에 맞은 영양공급과 영양개선의 효과가 있다

유아의 성장에 필요한 영양을 공급함으로써 체격과 체질 향상에 도움을 준다.

둘째, 따뜻한 음식을 즐거운 마음으로 먹을 수 있다

보온 도시락이나 기타 도시락을 준비했을 경우 음식이 식어 본래의 맛을 느낄 수 없어 맛있게 먹을 수 없다.

셋째, 실천을 통한 예절교육으로 식생활 예법과 생활규칙을 익히고 바른 생활예절을 알게 된다

단기적 교육의 효과는 교육기관을 통한 효과가 가장 좋다. 따라서 가정에서 이루기 어려운 규칙 등은 교사와 또래들과 함께 교육기관에서 교육이 이루어질 때 가장 좋은 효과를 볼 수 있다.

넷째, 인간관계의 개선과 협동정신을 기를 수 있다

유아 스스로 식사준비를 하고 뒷마무리를 하게 함으로써 독립심을 기를 수도 있고, 또래끼리 협력하여 식사를 하게 되어 협동심도 길러 줄 수 있다. 또한 자신이 어려운 일을 했다는 성취감을 느끼게 하여 유아에게 자신감도 줄 수 있다.

다섯째, 또래 간의 위화감을 없앨 수 있다

다른 유아가 준비해 온 음식의 질이나 선호도에 따라 마음의 부담을 느끼는 유아가 있을 수 있다. 그러나 급식을 실시하면 같은 음식을 같은 분위기에서 식사함으로써 이와 같은 심리적 부담을 느끼지 않아도 된다. 다른 음식 분위기의 환경은 유아들로 하여금 남과 다르다는 우월감이나 남보다 못하다는 수치심을 가지게 할 수 있으므로 잘 구성된 식사를 함께 할 수 있게 함으로써 위화감을 없앨 수 있고 공동체 의식을 가질 수 있게 한다.

여섯째, 부모의 시간과 노력을 줄일 수 있으며 급식의 단가를 낮출 수 있다

도시락을 준비해야 하는 부모들의 주된 고민은 아이가 잘 먹을 수 있는 좋은 음식을 매일 다양하게 준비하는 일이다. 급식은 부모의 이와 같은 고민을 덜어 줄 뿐만 아니라 대량 구입 및 조리로 개별식대를 줄일 수 있는 장점이 있다.

일곱째, 유아들을 무거운 짐으로부터 해방시킬 수 있다

교육기관에 가지고 가야 되는 준비물이 기관에 따라 다르지만 많은 경우 유아에게 부담을 준다. 더욱이 도시락의 무게는 부담을 가중시키며 또한 음식이 쏟아지거나 냄새로 인해 유아에게 심리적 부담을 준다.

여덟째, 효과적인 영양교육을 실시할 수 있다

편식을 심하게 하던 유아도 또래와 함께 식사를 하면 경쟁적으로 잘 먹는 경우가 많다. 집에서는 먹지 않던 음식을 외식을 할 때나 다른 집에서는 먹는 경우를 종종 볼 수 있는데 이러한 특징을 이용하여 영양교육의 효과를 볼 수 있다.

유아들에게는 교육기관에서의 교사의 말이나 행동이 절대적인 영향을 줄 수 있으므로 유아교육기관에서 급식을 통한 영양교육과 식사예절, 위생교육을 실시하여 보다 좋은 식습관을 가질 수 있도록 하고 보다 건강하게 자랄 수 있도록 도와주어야 한다.

2 영유아교육기관의 급식관리 운영지침

1) 영양관리 목표

● 최적의 성장, 발육 활동을 위해서 균형있는 영양식을 제공한다

영유아의 성장, 발육에 필요한 영양이 질적으로, 양적으로 충분한 균형이 잡힌 식사를 주어야 한다. 발육기의 식사는 건강을 유지하기 위해서만이 아니며, 성장, 발육에 필요한 영양공급이 중요하다.

● 영유아의 정신적 발달을 도모한다

사회생활과 조화를 이루어 다양한 음식을 맛보고 즐기며 친한 사람들과의 식사 시간을 즐기도록 하며 스스로 식사하는 법을 배우도록 한다.

● 긍정적인 식습관, 좋은 식습관을 조장한다

유아기는 감수성이 예민한 시기이므로 식사라는 체험을 통해서 식사에 대한 이해와 습관 및 음식의 기호를 몸에 익히게 하는 시기이므로 간식 및 급식 시간을 통해 유아의 사회성을 육성하는 한편, 식사에 대한 올바른 이해와 습관을 기른다.

〈표 4-1〉 영 · 유아의 급식관리

레시피 관리	• 각 기관별 레시피 관리는 향후 체계적인 영유아 단체급식의 기초 자료가 된다. – 레시피 : 각 메뉴별 1인 분량 조리법, 1회 제공량, 폐기물, 사용식기, 기타 특이사항을 정리한 자료
구매관리	• 식재료는 당일 입고, 당일 소진을 기본으로 산출한다. • 작성 시 물건의 정확한 용량을 표기하고 단위도 정확하게 표기한다. • 연령별로 개수를 정해서 주는 경우에는 발주 전에 연령별로 개수를 정하고 약간의 폐기량을 고려하여 정해야 재고가 남지 않는다.
조리계획표 관리	• 레시피 자료를 근거로 한 조리계획표를 작성하고 당일의 특이사항을 기록함으로써 체계적으로 급식을 관리한다.
배식관리	• 급식량 관리 : 각 메뉴에 따른 급식량(배식량) 계획표를 미리 설정해 두면 새로운 메뉴의 급식량 결정에도 도움이 되고 적정량이 제공되는지도 평가할 수 있다. 해마다 연령별 급식량의 계획표를 작성하고 실제 영유아들이 먹은 양을 작성해 둔다면 영양관리에 좋은 지표가 될 수 있다. • 급식방법 결정 : 각 메뉴별로 유아들이 잘 섭취하는 배식방법을 정하여 관리하면 섭취량이 달라질 수 있고, 아이들의 편식습관도 교정될 수 있다. 새로운 형태로 배식을 했을 경우에는 꼭 평가한다.

출처 : 식품의약품안전청 영양평가팀(2009).

3 유아의 급식관리의 실제

유아교육기관에서의 급식은 성장발육기의 영유아에게 심신의 발달에 필요한 영양을 공급하며 합리적인 식생활에 관한 지식과 태도를 길러주기 위하여 일정한 지도목표 아래 계획적으로 실시하는 단체급식을 의미한다. 영유아들에게 충분한 영양을 주는 것으로 영유아들의 성장과 신체 유지, 회복을 위해서 필수적인 것이라고 지적하고, 이에 대해 부모와 교사가 일반적으로 생각해야 할 목표를 다음과 같이 제시하고 있다.

- 균형잡힌 영양식을 먹도록 한다.

- 친한 사람들과의 식사시간을 즐기도록 한다.
- 다양한 음식들을 즐기고 맛보도록 한다.
- 스스로 식사하는 법을 배우도록 한다.
- 식탁에 앉아 식사예절을 익히도록 한다.
- 좋은 음식이 건강하고 튼튼하게 성장하는 데 관련이 있음을 알게 한다.
- 가정에서 먹는 음식과 학교에서 먹는 음식 사이에는 서로 관련이 있음을 알게 한다.

■ 급식 시 고려할 사항

- 식사량을 고려하여 한꺼번에 많이 주지 말고 먹고 싶으면 더 먹도록 한다.
- 잘 먹지 않는 음식을 줄 때에는 조금씩 먹어 보게 한다.
- 축하일과 생일을 위한 특별식단을 계획한다.
- 같은 음식은 계속 주지 않도록 한다.
- 영유아들이 좋아하는 방식으로 음식을 주도록 한다.
- 영유아의 기호도를 반영한 급식이 되도록 한다. 즉, 같은 재료를 이용하되 여러 가지 조리법으로 만든 음식, 향긋한 채소, 과일주스, 너무 뜨겁거나 너무 차지 않은 음식, 느낌이 좋은 음식 등으로 급식한다.
- 신체, 정서적으로 안락하고 조용한 분위기를 조성해 준다.
- 교사의 식습관이나 먹는 행동이 모델이 될 수 있도록 한다.
- 영유아들에게 알맞은 식사도구를 사용하도록 한다.
- 음식을 줄 때 너무 오래 기다리지 않도록 한다.
- 식사 전에는 조용한 시간을 갖도록 한다.
- 식사시간을 즐겁게 유지할 수 있도록 한다.

출처 : 중앙보육정보센터(2001).

4 유아식사의 기본계획

1) 유아기 식사의 기본계획

영유아기는 식욕이 저하되기 쉽고 기호의 변화가 심하지만 새로운 것을 학습하고 경험하고자 하는 욕구도 매우 크다. 따라서 영유아의 행동과 심리적 변화를 관찰하고 영양지식을 활용하면 심리적으로 만족한 식사를 제공할 수 있고, 성장을 돕고 바른 식습관을 형성하는 데 도움을 줄 수 있다.

성장에 필요한 영양소를 충분히 제공하고, 소화하기 쉽고, 즐거운 식사가 되도록 하기 위해 다음과 같은 점을 고려하여야 한다.

(1) 영유아의 영양필요량을 만족시키도록 한다

연령별, 성별 영양필요량은 성장과 건강의 유지, 소화흡수율 등을 고려하여 권장되고 있다.

〈표 4-2〉 유아를 위한 식사계획 및 식사평가를 위한 영양 섭취기준

연 령	에너지 (kca)	단백질 (g)	칼슘 (mg)	나트륨 (g)	철 (mg)	비타민 A (mg RE)	타아민 (mg)	리보플라빈 (mg)	나이아신 (mg NE)	비타민 C (mg)
1~2세	1000	12	300	0.8	5	200	0.4	0.5	5	30
3~5세	1400	15	400	1.0	5	210	0.4	0.6	5	30

출처 : 한국영양학회(2005). 한국인 영양섭취기준.

(2) 식품의 배합을 다양하게 한다

자연상태에 존재하는 각각의 식품은 한 가지의 영양소로 구성되어 있는 것이 아니고, 여러 가지 영양소가 복합적으로 함유되어 있다. 그러나 우리 몸이 필요로 하

는 영양소를 골고루 모두 함유하고 있는 완전한 식품은 없다. 그러므로 모든 영양소의 균형있는 섭취를 위해서는 한두 가지 식품으로 한정하지 말고 식품의 종류를 다양하게 섭취하여 필요 영양소에 대한 충족도를 높여야 한다. 특히 미량 영양소의 경우 보다 효과적인 섭취가 가능하다. 게다가 유아에게 있어 다양한 음식에 대한 경험을 가능하게 하기도 한다.

(3) 칼슘과 단백질이 충분히 함유된 식단을 구성한다

유아의 성장과 발육에 필요한 영양소 중 특히 칼슘과 철분, 단백질의 섭취가 중요하다. 그러나 우리나라에서 생산되는 식품과 식사형태로는 이들 영양소의 필요량을 충족시키기 어려운 경우가 많다. 성장과 발육에 절대적인 역할을 하는 영양소임에도 불구하고 우리의 식사에서는 급원식품이 다양하지 못하기 때문이다. 예를 들어, 어육류보다 곡류와 채식위주의 식사를 하는 경우 칼슘이나 철분의 흡수율이 낮아 이들의 필요량을 충족시키는 데 어려움이 있다. 유아기에는 단백질 1일 권장량의 2/3 정도를 동물성 단백질로 하고 나머지는 양질의 식물성 단백질로 구성한다. 우유, 치즈, 요구르트 등 유제품은 좋은 단백질 급원이 될 뿐만 아니라 칼슘이 풍부하여 소화 흡수율도 높은 식품이므로 매일 공급한다.

(4) 계절별 혹은 월별 주기식단으로 구성한다

유아는 어른에 비해 단순한 맛을 선호하기는 하지만, 같은 음식을 계속해 줄 경우 싫증을 내게 된다. 뿐만 아니라 아무리 좋은 식단이라 하여도 완벽한 영양공급을 할 수 있는 식단은 없으므로 계절별로 신선한 재료를 사용하여 다양한 식품을 공급함으로써 부족하기 쉬운 부분의 영양소를 공급할 수 있게 한다. 그렇다고 매일 다른 식단을 공급하는 것은 급식관리 측면에서 어려움이 따르므로 7~10일 단위로 같은 음식을 제공하는 주기식단이 적당하다.

(5) 소화하기 쉽고 자극성이 적은 음식을 제공한다

유아는 씹기 쉬운 음식을 좋아하며 입에서 바삭바삭하게 나는 소리를 좋아한다.

고기는 씹기 힘들므로 잘게 썰거나 다진 형태로, 또는 푹 익혀 조리한다. 채소의 경우는 부드럽게 익힌 채소보다는 생채소를 좋아하고 콩나물이나 시금치 같은 채소는 작게 잘라 주어야 씹고 삼키기 쉽다. 마른 음식은 수분이 있는 음식이나 음료와 함께 주도록 한다. 유아들은 여러 가지 식품이 들어가 있는 혼합된 맛보다는 간단하고 단순한 맛을 더 좋아한다. 또한 음식을 먹는 동작이 서투르므로 쉽게 먹을 수 있는 형태의 조리법이 도입되어야 하며, 스스로 음식을 만지고 느끼면서 식사를 한 것에 대한 성취감을 느낄 수 있도록 도와 주도록 한다.

일반적으로 유아들은 맛이나 향이 강한 음식은 싫어한다. 파, 미나리, 양파, 부추, 샐러리 등의 채소와 짠 음식, 매운 맛, 신 맛이 강한 음식, 조직이 미끈한 음식 등을 싫어한다. 그러므로 파, 마늘, 식초 등의 과다 사용을 금하고 화학조미료 사용을 금해야 하며 조리하는 어른의 입맛에 맞추지 않도록 주의한다.

(6) 색, 질감, 형태, 조리법, 맛에 있어서 조화로운 식단을 구성한다

식품의 재료를 다양하게 선택하고 다른 식품과의 조화를 고려하여 색상을 화려하게 선택한다. 조리방법에 있어서도 다양한 맛과 형태를 지닌 특색 있는 식단이 되도록 고려하여야 식욕을 잃는 경우가 적다. 예를 들어, 시금치 된장국에 시금치 나물을 놓는다든가, 배추김치에 깍두기를, 고깃국에 불고기 등 같은 재료나 같은 조리법을 사용한 음식을 함께 주는 것은 바람직하지 못하다. 식욕을 돋우는 색깔은 빨강, 노랑, 초록 등이므로 매일 식사에 다양한 색깔의 식품을 선택하고 질감도 부드럽고, 거칠고, 유연하고, 단단한 식품을 조화롭게 제공해야 한다. 또한 음식의 형태도 다양한 모양으로 구성해 보고 맛도 여러 가지 맛을 느낄 수 있는 식단을 구성하도록 한다.

(7) 식사시간과 식사량을 규칙적으로 배분한다

유아가 성장하는 데 필요한 영양소는 많지만 섭취할 수 있는 양이 한정되어 있다. 그러므로 음식을 소량씩 나누어 공급하여야 하며, 이것은 영유아에게 간식이 필요한 이유이기도 한다. 그러나 간식에 있어 간식을 제공하는 시간과 양이 합리적이지 못하면 정규식사에 지장을 주므로 유의하여야 한다.

오전 간식은 오전 10시경, 오후 간식은 오후 2~3시경이 적당하며, 한꺼번에 많은 음식을 주게 되면 부담감을 느껴 먹는 것을 포기할 수도 있고 식욕이 떨어지기도 한다. 식욕부진 현상이 있는 유아의 대부분이 간식의 섭취나 식사시간의 불규칙 등의 문제가 있는 것으로 나타났다.

(8) 식사환경과 식기류에도 세심한 배려가 필요하다

유아는 편안하고 심리적으로 안정되면 식욕이 증가되고 즐거운 마음으로 식사를 할 수 있다. 유아의 식욕은 음식을 먹고 싶다는 욕구가 생겨야 하며 다른 관심을 불러일으키는 요소가 있으며 식사에 대한 흥미가 떨어지게 된다. 유아 식사시간에 만화와 같은 프로그램이 진행된다든가 놀이또래가 밖에서 기다리고 있게 되면 유아의 관심이 그곳으로 쏠리기 때문이다. 유아의 옷이 비활동적이라든가 부담을 주는 것도 피하도록 한다. 뿐만 아니라 식탁의 위치나 배열에 있어서도 배려가 있어야 하고 식기나 숟가락의 선택에 있어서도 유아가 사용하는 데 어려움을 느끼지 않을 수 있어야 한다. 유아의 키에 맞지 않는 식탁은 유아가 숟가락질을 하는데 어려움을 줄 수 있으며 식기나 숟가락이 유아의 능력에 맞지 않으면 유아는 식사하는 행동 자체를 부담스럽게 여기게 된다. 시각적으로 모양과 색상에 있어서도 고려되어야 한다. 색상이나 모양은 음식 자체의 맛만큼 식욕을 일으키는 데 중요한 역할을 한다.

■ 영유아들의 식사를 도울 수 있는 기본 원칙

- 유아식을 시작하면 분유를 완전히 끊고 생우유나 두유를 하루에 500ml가 넘지 않도록 간식으로 준다.
- 한 끼 양은 유아용 공기로 한 공기, 반찬 한 공기 정도가 적당하며 국과 반찬에 조금씩 간을 한다(엄마가 먹어봐서 아주 싱거울 정도로만).
- 인공조미료 대신 멸치, 다시마, 새우, 양배추, 양파 등을 넣어 끓인 물을 사용한다.
- 밥과 반찬을 골고루 갖춰 주면서 꼭꼭 씹어 먹게 한다(꼭꼭 씹어 먹으면 소화가 잘 되고 두뇌발달에 도움이 된다).
- 밥을 국에 말아 주지 않도록 한다(침 속의 소화효소가 묽어져 소화흡수가 잘 되지 않는다).
- 잘 먹지 않는다고 성인이 쫓아 다니면서 음식을 떠먹이지 않도록 한다. 성인의 적극적인 행동에 강화를 받아 계속적으로 반복된 행동을 하기 때문에 올바른 식생활 습관을 형성하기 위해서 기본적인 식사예절을 지키면서 먹도록 한다.

5 식단작성요령

일반적으로 식단을 작성하는 순서와 요령은 다음과 같다(신은수 외 2009, 정미라 외 2008).

(1) 1일 영양소를 결정한다

유아기의 1일 열량 및 단백질량에 근거하여 1/3 정도는 점심식단에서 공급해 줄 수 있도록 하고 1일 필요에너지의 1/10~2/10 정도는 1회 간식을 통해 공급해 주도록 한다. 유아들의 하루 필요열량의 에너지 배분내용은 〈표 4-3〉과 같다.

〈표 4-3〉 유아 1일 필요열량의 에너지 배분

식사구분	에너지 배분	열 량	단백질	식단구성의 유의사항
오전 간식	10~15%	100~150kcal	2g	아침 결식 영유아에게는 간식의 열량비중을 높인다.
점심	30%	300~500kcal	7~10g	오전 간식과 점심식사 시간의 간격이 최소 2시간이 되도록 한다.
오후 간식	10~15%	100~150kcal	2g	비타민과 무기질 등 수분함량이 많은 간식을 제공하도록 한다.

(2) 열량에 맞는 식품 교환 수를 선택한다

식품교환표의 특징은 영양소 성분이 비슷한 식품끼리 묶여 있어, 각 식품군마다 열량, 당질, 단백질, 지방의 함유량이 비슷한 식품의 양을 1단위로 정하여 놓고, 같은 식품군 안에서 같은 교환량끼리 서로 바꾸어 먹을 수 있도록 한 것이다. 이러한 식품교환표를 이용하다 보면 쉽게 식단을 작성할 수 있고, 먹은 음식에 대한 평가도 쉽게 할 수 있을 뿐만 아니라 영양적으로 균형잡힌 식사를 다양하게 할 수 있다. 열량별 식품 교환 단위 수는 〈표 4-4〉와 같다.

〈표 4-4〉 열량별 식품 교환 단위 수

열 량	곡 류	어육류	채 소	과 일	우 유	지 방
1,400kcal	3	3	2	1	2	2
1,500kcal	4	4	3	2	2	2
1,600kcal	4	4	3	2	2	2
1,700kcal	4	4	3	2	2	3
1,800kcal	4	4	4	2	2	3
1,900kcal	5	5	4	2	2	3
2,000kcal	5	5	5	2	2	3

〈표 4-5〉 곡류군의 식품 교환표

식 품	무게(g)	눈어림치	식 품	무게(g)	눈어림치
쌀 밥	70	1/3공기	시루떡	50	
보리밥	70	1/3공기	인절미	50	3개(3×2.5×1.5cm)
백 미	30	3큰술가락	마른 국수	30	1/2공기
현 미	30	3큰술가락	삶은 국수	90	
찹 쌀	30	3큰술가락	메밀국수	30	
보리(쌀보리)	30	3큰술가락	당면(마른 것)	30	
미숫가루	30	5큰술가락	냉면(마른 것)	30	
밀가루	30	5큰술가락	도토리묵	200	1/2모
율 무	30	3큰술가락	메밀묵	200	
차수수	30	3큰술가락	녹두묵	100	
차 조	30	5큰술가락	감자	130	중 1개
팥(붉은 것)	30	3큰술가락	고구마	100	중 1/2개
녹말가루	30	5큰술가락	토란	130	1컵
머핀(옥수수)	35	중 1/2개	옥수수	50	1/2개
모닝빵	35	중 1개	밤(생것)	60	중 6개
바게트빵	35	중 2쪽	은행	60	
식 빵	35	1쪽	오트밀	30	1/3컵
햄버거빵	35	1쪽	콘프레이크	30	3/4컵
가래떡	50	썰은 것 11개	크래커	20	5개

출처 : 신은수 외(2009).
*쌀밥 1/3공기나 모닝빵 한 개, 고구마 1/2개, 옥수수 1/2개, 인절미 3개, 도토리묵 1/2 모는 같은 열량을 갖고 있다.

〈표 4-6〉 저지방 어육류군의 식품교환권

식 품	무게(g)	눈어림치	식 품	무게(g)	눈어림치
닭고기 (껍질, 기름 제거한 살코기)	40	소 1토막 (탁구공 크기)	굴 비	15	1/2토막
닭 간	40		멸치(잔 것)	15	1/4컵
돼지고기 (기름기 전혀 없는 살코기)	40	로스용 1장 (12×10.3cm, 탁구공 크기)	뱅어포	15	1장
소고기	40	로스용 1장 (12×10.3cm)	북 어	15	1/2토막
소 간	40	96mg	쥐치포	15	
개고기, 토끼고기	40		어묵(튀긴 것)	30	중 1장(6×8.5cm)
칠면조(껍질 제거)	40		어묵(찐 것)	50	
육 포	15		물오징어	50	150mg
가자미, 광어	50	소 1토막	새우(중하)	50	3마리 75mg
대구, 동태	50	소 1토막	새우(깐 것)	50	1/4 75mg
병어, 복어	50	소 1토막	꽃 게	70	소 1마리
연어, 적어	50	소 1토막	굴	70	1/3컵
조기, 참도미	50	1토막	낙 지	100	1/2컵
참치, 홍어	50	소 1토막	멍 게	70	1/3컵
명란젓	40	소 1토막	미더덕	100	3/4컵
창란젓	40	136mg	문 어	70	1/3컵 95mg
건오징어채	15	147mg	전 복	70	소 2개 98mg
			조갯살	70	1/3컵
			해 삼	200	1과 1/3컵
			홍 합	70	1/3컵

출처 : 신은수 외(2009).
*쇠고기 40g은 대구 1토막, 멸치 15g, 새우 50g, 물오징어 50g, 뱅어포 1장, 전복 2개와 같은 열량을 갖고 있다.

〈표 4-7〉 중지방 어육류군의 식품 교환권

식 품	무게(g)	눈어림치	식 품	무게(g)	눈어림치
돼지고기(안심)	40	구이용 1장 (12×10.3cm)	전갱어, 준치	50	소 1토막
소고기(등심, 안심)	40		청어, 갈치	50	소 1토막
소곱창	40		달 걀	55	중 1개
햄(로스)	40		메추리알	40	5개 188mg
고등어, 꽁치	50	1쪽(6×8×0.8cm)	검정콩	20	2큰숟가락
도루묵, 민어	50	소 1토막	두 부	80	1/6모
삼치, 임연수어	50	소 1토막	순두부	200	1컵
장 어	50	소 1토막 100mg	연두부	150	1/2개

출처 : 신은수 외(2009).
*돼지고기 안심구이용 1장은 삼치 1토막과 갈치 1토막, 달걀 1개, 두부 1/6모와 같은 열량을 갖고 있다.

〈표 4-8〉 고지방 어육류군의 식품 교환권

식 품	무게(g)	눈어림치	식 품	무게(g)	눈어림치
닭고기(껍질포함)	40		프랑크소시지	40	1과 1/3개
돼지족, 돼지머리	40		참치통조림	50	1/3컵
삼겹살	40		고등어 통조림	50	1/3컵
소갈비	30	소 1토막	꼬치통조림	50	1/3컵
소꼬리, 우설	40		뱀장어	50	소 1토막 99mg
런천미트	40	5.5×4×1.8(cm)	치 즈	30	1.5장
			유 부	30	유부 6장

콜레스테롤이 많이 함유된 식품임(1교환단위당 함량)
포화지방이 많이 함유된 식품임
출처 : 신은수 외(2009). 전게서, p.336.
*고등어 통조림 1/3컵은 뱀장어 1토막과 치즈 1/5장, 유부 6장, 삼겹살 40g과 동일한 열량을 갖고 있다.

〈표 4-9〉 채소군의 식품 교환권

식 품	무게(g)	눈어림치	식 품	무게(g)	눈어림치
가 지	70	지름 3×길이10(cm)	김	2	
깻 잎	20	익혀서 1/3컵	돌미역	70	
고구마순, 근대	70		상추, 양상추	70	
고비(삶은 것)	70		샐러리	70	6cm 길이 6개
고사리(삶은 것)	70	1/3컵	숙주, 쑥갓	70	익혀서 1/3컵
고춧잎(생것)	25	1/2컵	쑥, 아욱	50	
냉 이	50		시금치	70	익혀서 1/3컵
단무지	70		채소주스	200	1컵
달 래	70		양배추	70	익혀서 2/5컵
당 근	70	지름 4×길이 5(cm)	양파, 연근	50	
더 덕	25	중 2개	열무, 오이	70	
도라지(생것)	50	1/2컵	우 엉	50	
두 릅	50		죽순, 취(생것)	70	
마늘종	25		치커리, 콜리플라워	70	
머 위	70		케 일	70	잎넓이 30cm 1장 반
무, 미나리	70	익혀서 1/3컵	콩나물	70	익혀서 2/5컵
무말랭이	10	불려서 1/3컵	풋고추	70	중 7~8개
무 청	50		풋마늘	50	
느타리, 싸리버섯	70		피 망	70	중 2개
표고버섯(생것)	50	대 3개	호 박	70	지름 6.5×두께 2.5(cm)
양송이	70		단호박	40	
부 추	70	익혀서 1/3컵	깍두기	50	
브로콜리	70		포기김치	70	

출처 : 신은수 외(2009).
*무청 50g은 도라지 1/2컵, 야채주스 1컵, 오이 70g, 풋고추 7~8개, 감 2g, 표고버섯 3개와 동일한 열량을 갖고 있다.

〈표 4-10〉 지방군의 식품 교환권

식 품	무게(g)	눈어림치	식 품	무게(g)	눈어림치
들기름, 미강유	5	1작은숟가락	마요네즈	7	1.5작은숟가락
옥수수기름	5	1작은숟가락	베이컨	7	1조각
유채기름	5	1작은숟가락	땅 콩	10	10개(1큰숟가락)
콩기름, 참기름	5	1작은숟가락	아몬드	8	7개
카놀라유	5	1작은숟가락	잣, 참깨	8	1큰숟가락
라이드, 쇼트닝	5	1.5작은숟가락	피스타치오	8	10개
마가린	6	1.5작은숟가락	해바라기씨	8	1큰숟가락
버 터	6	1.5작은숟가락	호 두	8	대 1개
땅콩버터	7	1.5작은숟가락			

포화지방이 많이 함유된 식품임
출처 : 신은수 외(2009).
*들기름 한 숟가락은 버터 1숟가락, 베이컨 1조각, 땅콩 10개, 아몬드 7개, 호두 1개와 동일한 열량을 갖고 있다.

〈표 4-11〉 우유군의 식품 교환권

식 품	무게(g)	눈어림치
우 유	200	1컵(1팩)
탈지분유	200	1컵(1팩)
저지방우유(2%)	200	1컵(1팩)
두유(무가당)	200	1컵(1팩)
무당연유	100	1/2컵
전지분유, 조제분유	25	5큰숟가락
탈지분유	25	5큰숟가락

출처 : 신은수 외(2009).
*우유 1컵은 두유 1컵과 조제분유 5숟가락, 무당연유 1/2컵, 탈지분유 5숟가락과 동일한 열량을 갖고 있다.

〈표 4-12〉 유제품의 열량

제품명	포장단위 1개(g)	열량(kcal)	식 품	무게(g)	열량(kcal)
요플레(딸기)	110	120	요델리(딸기)	110	100
꼬모(딸기)	110	115	다농(딸기)	110	115
비피더스(딸기)	110	85	바이오거트(딸기)	100	100
요델리 플레인	110	100	바이오거트(플레인)	100	95
한국야쿠르트	65	80	파스퇴르 요구르트	145	85
불가리스	150	150	덴마크 드링킹 요구르트	180	69

출처 : 신은수 외(2009).

〈표 4-13〉 과일군의 식품 교환권

식 품	무게(g)	눈어림치	식 품	무게(g)	눈어림치
단 감	80	중 1/2개	수 박	250	대 1쪽
연 시	80	소 1개	앵 두	120	
귤	100	중 1개	자 두	80	대 1개
금 귤	60	7개	참 외	120	소 1/2개
오렌지	70	대 1/2개	키 위	100	대 1개
자 몽	150	중 1/2개	토마토	250	대 1개
대추(말린 것)	20	8개	방울토마토	250	중 20개
대추(생것)	60	8개	파인애플	100	
딸 기	150	10개	파파야	100	
멜론(머스크)	120		포 도	100	19개
바나나	60	중 1/2개	포도(거봉)	100	11개
배	100	중 1/4개	사과주스	100	1/2컵
복숭아(황도)	150	중 1/2개	오렌지주스(무가당)	100	1/2컵
복숭아(천도)	200	소 2개	파인애플주스	100	1/2컵
살 구	150		토마토주스	200	1컵
사과(후지)	100	중 1/3개			

출처 : 신은수 외(2009).
* 단감 반 개는 귤 1개와 금귤 7개, 대추 8개, 딸기 10개, 바나나 1/2개, 수박 1쪽, 자두 1개, 키위 1개, 방울토마토 20개, 사과주스는 1/2컵과 동일한 열량을 갖고 있다.

(3) 교환단위를 끼니별로 나누어 둔다

〈표 4-14〉 식품군별 교환단위

식품군	계	아침식사	점심식사	저녁식사	간 식
1. 곡류군	7	2	2	2	1
2. 어육류군	3	1	1	1	–
3. 채소군	2	0.5	0.5	1	–
4. 지방군	2	0.5	1	0.5	
5. 우유군	2	1	–	–	1
6. 과일군	2	–	1	1	

(4) 식품의 종류와 양을 고려하여 단위주기를 결정한다

반복이 되는 식단의 주기를 기본적으로 하여 밥과 부식을 어떤 것으로 할 것인지 고려한다. 예를 들어, 찰밥은 며칠에 한 번, 현미밥과 잡곡밥은 며칠에 한 번 주기가 돌아가는지 고려하고, 동일한 야채나 해조류의 종류도 1주일 정도의 주기를 두고 반복해서 주도록 고려한다.

(5) 식단을 작성한다

명절이나 계절, 생일 등을 고려하여 주식의 형태를 결정한 후 국이나 찌개종류를 선택한다. 주식과 부식은 유아의 기호나 조리법을 고려하여 선택할 수 있다.

① 주식을 선택한다

주식이 밥, 빵 혹은 일품요리인지를 결정한 후, 밥이면 잡곡밥인지 흰밥인지를 결정한다.

〈표 4-15〉 주식의 종류

밥	흰밥 잡곡밥 채소밥	쌀밥, 찰밥 보리밥, 콩밥, 차조밥, 차수수밥, 오곡밥, 밤밥 감자밥, 고구마밥, 콩나물밥, 김치밥, 무밥, 미역볶음밥, 굴(무)밥, 쑥밥
면	온면 냉면 수제비	국수장국, 칼국수, 어묵국수, 짬뽕, 짜장면, 라면, 스파게티 냉면(동치미냉면, 열무김치냉면, 비빔냉면, 물냉면), 콩국수, 깻국냉면 수제비, 만두국, 만두
빵		샌드위치, 햄버거, 핫도그, 식빵, 기타 빵
떡		떡국, 떡볶음, 약밥, 기타 떡
일품요리		비빔밥, 볶음밥, 덮밥, 카레라이스, 하이라이스, 오므라이스, 김밥, 유부초밥, 생선초밥

출처 : 대한영양사협회(1992). 가족건강을 위한 바른 식생활.

② 국이나 찌개의 종류를 선택한다

주식이 밥으로 결정되면 다음 순서로 국이나 찌개를 어떤 재료로 어떤 조리법을 이용할 것인가를 결정한다.

〈표 4-16〉 국이나 찌개의 종류

고기국	쇠고기	설렁탕, 곰탕, 갈비탕, 도가니탕, 육계장, 내장탕, 해장국, 우거지국
생선국	닭고기	영계백숙, 삼계탕, 닭곰탕
된장국	돼지고기 생선 조개	감자탕 조기국, 준치국, 동태국, 북어국, 추어탕 굴국, 모시조개국, 대합국, 홍합국, 바자락국 시래기국, 시금치된장국, 아욱국, 근대국, 재치된장국, 무된장국, 배추된장국, 냉이국, 쑥국
맑은국		콩나물국, 가지국, 감자국, 김치국, 미역국, 달걀국, 두부국
찌개/ 전골	쇠고기 돼지고기 닭고기 생선 콩제품 기타	쇠고기두부전골, 곱창정골, 쇠고기채소찌개 김치찌개, 돼지고기비지찌개 닭감자찌개 생선매운탕, 생선찌개 된장찌개, 고추장찌개, 청국장찌개, 두부전골, 순두부찌개, 비지찌개 햄 · 소시지전골, 모듬전골

③ 어육류 반찬과 채소 반찬의 종류를 선택한다

찬으로 어육류 반찬과 채소를 이용한 반찬을 각각 한 가지 이상씩 포함시키고 조리법을 변형시켜 본다. 구이, 볶음, 튀김, 무침, 생것 등 다양하게 선택할 수 있다.

〈표 4-17〉 어육류 반찬

구분	조리법	반찬
쇠고기	구이	불고기, 장산적, 갈비구이, 등심구이
	전	쇠고기완자전, 간전
	조림	장조림, 장똑똑이
	볶음	쇠고기채소볶음, 양 · 곱창볶음
	찜	갈비찜, 사태찜
	튀김	쇠고기튀김
돼지고기	무침	편육무침
	구이	돼지불고기, 삼겹살구이
	전	돼지고기완자전
	조림	돼지고기장조림, 돼지고기완자케첩조림
	볶음	돼지고기(김치)볶음, 돼지고기고추장볶음, 돼지고기채소볶음
	찜	돼지갈비찜
	튀김	탕수육
닭고기	구이	닭양념구이
	전	닭고기간전
	조림	닭감자조림, 닭양념조림
	볶음	닭볶음
	찜	닭찜
	튀김	닭튀김, 깐풍기, 라조기
	무침	닭냉채, 닭살샐러드
생선 조개류 (어패류)	구이	생선구이
	전	동태전, 대구포전, 생선전유어, 굴전, 새우전, 홍합전
	조림	생선조림, 건어물(북어, 새우멸치, 오징어, 양미리, 마른 갈치) 조림
	볶음	오징어(낙지)볶음, 건어물볶음
	찜	생선찜, 미더덕찜, 아구찜, 대합찜, 게찜
	튀김	생선뫼니에르, 잔생선튀김, 새우(오징어)튀김, 탕수어
	무침	오징어무침, 홍어무침, 꽃게무침
	회	생선회, 숙회(오징어, 낙지, 문어 등)
달 걀	전	달걀부침, 달걀말이
	조림	달걀(메추리알)장조림
	찜	달걀찜, 달걀명란찜, 달걀새우젓찜
	튀김	스코치에그

두부 · 콩	전	두부전, 빈대떡
	조림	두부조림, 콩조림
	볶음	두부김치볶음, 두부고추장볶음, 마파두부
	찜	연두부찜
어육가공품	구이	소시지(햄)구이
	전	소시지(햄 · 어묵)전
	조림	소시지(햄 · 어묵)케첩조림, 소시지(햄 · 어묵)채소조림
	볶음	소시지(햄)채소볶음, 어묵(마늘쫑, 채소)볶음, 어묵잡채
	무침	햄냉채, 게맛살냉채, 참치샐러드

〈표 4-18〉 야채반찬의 종류

무 침	숙채	시금치(숙주, 콩나물, 근대, 풋마늘, 실파, 냉이, 취나물, 산나물, 미나리, 쑥갓, 비름, 가지)무침 · 나물
	생채	오이(무, 더덕, 도라지, 노각, 쑥갓, 미나리, 부추, 미역, 파래) 생채 · 무침
	냉채	해파리냉채, 삼색냉채, 오이냉채, 탕평채
	샐러드	과일샐러드, 채소샐러드, 콩샐러드, 감자샐러드, 마카로니샐러드
볶 음		가지(고구마줄기, 호박, 도라지, 감자, 버섯, 마늘쫑, 미역줄기, 시래기)볶음, 잡채, 떡볶음
조 림		감자(깻잎, 무, 우엉, 연근, 토란, 통마늘)조림
전		부추전, 호박전, 깻잎전, 파전, 풋고추전, 감자전, 김치전, 버섯전
튀 김		채소튀김, 감자(고구마)튀김, 감자크로켓
부각/튀각		깻잎(들깨송이, 고추, 김)부각, 다시마부각
구 이		김구이, 더덕(통도라지)구이, 송이구이, 감자구이
쌈		상추(쑥갓, 배추속대, 양배추, 호박잎, 물미역)쌈
회		두릅회, 미나리회, 파강회
찜		꽈리고추(감자, 가지)무름, 깻잎찜

④ 김치의 종류를 선택하면 된다

〈표 4-19〉 김치의 종류

장아찌	오이지, 마늘(쫑)장아찌, 절임고추무침, 단무지, 깻잎(무, 더덕)장아찌
젓갈	명란젓, 창란젓, 새우젓, 어리굴젓, 조개젓, 오징어젓, 꼴뚜기젓
김치	배추김치, 동치미, 겉절이, 열무김치, 물김치, 오이소박이, 파김치, 갓김치

⑤ 간식과 후식을 결정한다

끝으로 간식이나 후식을 결정한다. 유아에게 줄 수 있는 1회 간식량은 150kcal 전후가 적당하다.

〈표 4-20〉 50kcal을 공급하는 간식식품

식품명	분량(g)	목측량
바나나	60	보통 크기 1/2개
사 과	110	중간 크기 1/2개
귤	120	중간 크기 1 1/2개
딸 기	130	보통 크기 7알
포 도	70	15알
감	80	중간 크기 1/2개
파인애플 통조림	80	1쪽
토마토	250	중간 크기 1개
참 외	120	중간 크기 1/2개
과즙음료	80	약 1/2컵
과즙 첨가음료	80	약 1/2컵
치 즈	15	3/4장
요구르트	65	1병
아이스크림	35	1/2 scoop(식품 예 : 브라보콘 1/2개 정도)
고형 요구르트	50	1/2통(식품 예 : 요플레, 요거트 1/2 등)
고구마	40	중간 크기 1/5개
감 자	65	중간 크기 1/2개
비스킷	10	작은 것 3장, 큰 것 1장 (식품 예 : 에이스 3장, 다이제스티브 1장, 건빵 5개)
셈베이	13	5cm 크기 2개
웨하스	10	3개
새우깡	10	20개
감자칩	10	10장
콘플레이크	10	약 1/3 대접(식품 예 : 콘플레이크 1통 100g)
팝 콘	10	약 1/2 대접
초콜릿	10	약 1/3개 (식품 예 : 가나초콜릿 1개 25g, 매치매치바 1개 24g)
사 탕	13	3개
건포도식빵	20	1/2쪽
샌드위치식빵	20	11/3쪽
팥 빵	15	1/4개
소보로빵	15	1/4개
카스텔라	12	5×5×1cm 크기 1쪽
핫도그	12	1/5개

⑥ 식단 작성이 끝난 다음 음식의 전체적인 조화를 살펴본다

음식의 온도, 색 등 미각, 시각적인 부분도 반드시 고려한다.

⑦ 음식의 식단이 정해지면 식품의 필요량을 산출한다

⑧ 작성된 식단표를 검토한다

- 반복 주기식단을 이용함에 있어 주식과 부식이 중복되지 않도록 한다.
- 여섯 가지 기초 식품군이 골고루 사용되었는가?
- 식품의 구입 가능성과 가격, 계절식품 등이 적당하게 사용되었는가?
- 색, 맛, 질감, 형태, 조리법, 온도 등이 조화로운가?
- 특정 식품이나 조리법이 너무 자주 사용되지 않았는가?
- 유아들이 쉽게 먹을 수 있도록 배려하였는가?
- 하루에 필요한 열량이 충족되었는가?

등을 검토하고 급식이 진행되는 도중에도 잔식량 조사나 기호도 조사로 평가하고 조정하여야 한다.

6 식단작성의 실제

(1) 조리방법별 음식의 예

〈표 4-21〉 조리방법별 음식의 예

구분	음식의 예
밥 류	강낭콩밥, 기장밥, 밤밥, 백미밥, 보리밥, 검정콩밥, 옥수수밥, 완두콩밥, 율무밥, 차수수밥, 차조밥, 팥밥, 현미밥, 흑미밥, 단호박영양밥 콩나물밥, 비빔밥, 새싹비빔밥, 삼색볶음밥, 참치야채볶음밥 하이라이스, 오므라이스, 카레라이스, 자장밥 류산슬덮밥, 불고기덮밥, 오징어덮밥, 잡채덮밥
면 류	바지락칼국수, 닭칼국수, 잔치국수, 유부우동, 어묵우동 비빔국수, 쫄면, 자장면 미트볼스파게티, 크림소스스파게티, 해물스파게티 떡국, 떡만두국, 물만두
빵 류	식빵, 모닝빵, 마늘빵
국 류	근대된장국, 냉이된장국, 달래된장국, 봄동된장국, 배추된장국, 시금치된장국, 아욱된장국, 팽이미소국, 두부미소국 콩나물국, 재첩국, 바지락맑은국, 모시조개국 감자국, 달걀국, 북어채국, 쇠고기무국, 어묵무국, 오징어무국 쇠고기미역국, 홍합살 미역국, 들깨 미역국, 들깨무채국, 들깨우거지국 갈비탕, 사골뼈국, 닭계장, 육개장, 시래기국 감자스프, 양송이크림스프, 브로콜리크림스프, 쇠고기크림스프, 야채스프
찌개류	김치찌개, 두부찌개, 된장찌개, 청국장찌개, 콩비지찌개 알탕, 대구탕, 동태찌개, 불고기버섯전골
나물류	돌나물, 무생채, 봄동겉절이, 두릅초무침, 달래오이무침, 도라지생채, 파래무무침 가지나물, 고사리나물, 고추잎나물, 도라지나물, 무나물, 숙주나물, 시금치나물, 쑥갓나물, 오이나물, 참나물, 취나물, 콩나물, 원추리나물, 호박나물 과일샐러드, 야채샐러드, 양배추샐러드, 콘샐러드, 삼색피클, 오이피클, 단무지
무침류	도토리묵무침, 청포묵김무침, 메밀묵김치무침 냉이나물, 고구마순된장무침, 얼갈이된장무침, 고구마순들깨무침 진미채무침, 꼬막무침
전 류	감자전, 김치전, 부추전, 애호박전, 연근전, 완자전, 동태전, 두부구이 김달걀말이, 야채달걀말이, 연두부달걀말이, 참치달걀말이, 달걀후라이
튀김류	야채튀김, 연근튀김, 닭튀김 돈까스, 치킨까스 두부탕수, 생선살탕수, 탕수육 김부각, 다시마튀각
찜 류	날치알달걀찜, 새우살달걀찜, 달걀찜 돼지갈비찜, 닭찜, 떡사태찜, 우사태찜

구이류	돼지고기불고기, 쇠고기불고기, 닭갈비, 떡갈비구이, 폭찹, 햄버거스테이크 갈치구이, 삼치구이, 삼치카레구이 임연수구이, 자반고등어구이, 조기구이, 삼치데리야끼구이 김구이, 뱅어포구이
조림류	갈치조림, 고등어조림, 고등어김치조림, 삼치조림, 코다리무조림 감자조림, 두부조림, 미트볼케첩조림 돼지고기장조림, 쇠고기장조림, 메추리알장조림
볶음류	쇠고기잡채, 부추쇠고기잡채, 돼지고기피망잡채 가지쇠고기볶음, 쇠고기피망볶음, 돈육새송이볶음 닭살양송이볶음, 비엔나소시지볶음, 어묵볶음, 오징어볶음, 쭈꾸미야채볶음 감자채볶음, 새송이애호박볶음, 브로콜리야채볶음, 미역줄기볶음 가래떡야채볶음, 카레떡볶음, 오징어떡볶음 건새우마늘쫑볶음, 마늘쫑진미채볶음 멸치볶음, 멸치땅콩볶음, 뱅어포잔멸치볶음, 흰콩잔멸치볶음, 콩자반
김치류	배추김치, 백김치, 열무김치, 오이소박이, 깍두기, 총각김치

출처 : 식품의약품안전청 영양평가팀. 단체급식의 표준식단(2008).

(2) 계절식품의 예

〈표 4-22〉 계절식품의 예

식품군별	봄(3~4월)	초여름(5~6월)	여름(7~8월)	가을(9~11월)	겨울(12~2월)
채소류	달래, 미나리, 상추, 양송이버섯, 우엉, 유채봄동, 더덕, 두릅, 당근, 쪽파, 팽이버섯, 도라지, 양상추, 냉이, 머위, 참나물, 비름, 쑥, 원추리, 죽순, 취나물	감자, 아욱, 두릅, 도라지, 우엉, 쪽파, 근대, 토마토, 양배추, 깻잎, 부추, 오이, 완두, 참취, 더덕, 파, 마늘, 쑥갓, 아스파라거스, 적채, 가지, 마늘쫑, 고구마순, 토란줄기	오이, 가지, 호박, 토마토, 깻잎, 옥수수, 상추, 호박잎, 쪽파, 열무, 아욱, 근대, 애호박, 노각, 피망, 고추, 표고버섯, 고춧잎, 강낭콩, 고구마	가지, 토란, 씀바귀, 시금치, 고구마, 표고버섯, 송이버섯, 배추, 무, 샐러리, 얼갈이, 생강, 호배추, 고들빼기, 브로콜리, 팥	시금치, 연근, 당근, 마늘, 우엉, 배추, 무, 고비, 느타리버섯, 산마, 대파, 순무
어육류	가자미, 조기, 삼치, 숭어, 굴, 패류, 꽃게, 낙지, 바지락, 아귀, 해삼, 방어, 전어, 중하, 임연수, 대합	우럭, 정어리, 꽁치, 병어, 잔새우, 멍게, 참치, 멸치, 숭어, 꽃게, 미더덕, 생태, 갑오징어, 삼치	병어, 장어, 갈치, 홍합, 전갱이, 해파리, 오징어, 민어, 전복, 성게	연어, 청어, 꽃게, 고등어, 병어, 오징어, 갈치, 소라, 삼치, 미더덕, 농어, 쭈꾸미	가자미, 도미, 게, 홍어, 개조개, 삼치, 갑오징어, 대구, 방어, 조기, 굴, 정어리, 꼬막, 생태
해조류	물미역, 톳	–	–	–	김, 미역
과일류	딸기, 금귤	앵두	자두, 복숭아, 수박, 포도, 참외, 버찌	포도, 감, 사과, 배, 밤, 무화과, 석류	귤, 레몬, 참다래

출처 : 신은수 외(2009).

(3) 계절식단의 예

다음은 유아원에서 이용할 수 있는 사계절 점심식단의 실제이다.

〈표 4-23〉 계절별 점심식단의 예

〈봄〉 식단							
	분류/요일	월	화	수	목	금	토
1주	오전 간식	꿀호떡 요구르트	씨리얼 저지방우유 (시리얼)	팬케이크 요구르트	삶은 달걀	모닝빵 주스	삶은 달걀 쌀음료
	점심 식단	현미밥 무국 고등어구이 달래오이무침 배추김치	기장밥 오징어국 돼지고기장조림 시금치나물 깍두기	백미밥 미소국 생선가스 과일샐러드 배추김치	차조밥 냉이된장국 어묵볶음 채소샐러드 열무김치	검정콩밥 쇠고기국 쭈꾸미볶음 감자조림 오이소박이	우동 닭강정 깍두기 인절미
	오후 간식	바나나	떡볶이	방울토마토	우유	백설기	비스킷, 코코아
2주	오전 간식	롤빵 오렌지주스	인절미 요구르트	삶은 감자 호두우유	미숫가루	요구르트 (호상)	
	점심 식단	보리밥 쑥국 돼지불고기 양배추쌈 배추김치	수수밥 미역국 닭볶음 김가루무침 깍두기	비빔밥 달걀국 땅콩조림 배추김치	율무밥 김치국 갈치구이 콩자반 무생채	잡곡밥 근대국 쇠갈비찜 마늘쫑볶음 배추김치	자장밥 콩나물국 달걀후라이 단무지
	오후 간식	팬케이크	주먹밥	찐옥수수	귤	카스텔라 코코아	
3주	오전 간식	핫도그	모닝빵 우유	꿀호떡 요구르트	토스트 주스	삶은 달걀 요구르트	저지방우유
	점심 식단	팥밥 어묵국 메추리알장조림 가지나물 배추김치	현미밥 시금치국 탕수육 오이무침 깍두기	볶음밥 배추국 채소튀김 배추김치	완두콩밥 버섯된장국 미트볼조림 깻잎찜 열무김치	찹쌀밥 순부두찌개 감자채볶음 꽁치조림 배추김치	스파게티 크림스프 마늘빵 오이피클 채소샐러드
	오후 간식	롤빵	팬케이크	귤, 비스킷	우유	바나나	
4주	오전 간식	사과	두유	비스킷 미숫가루	씨리얼 우유(씨리얼)	약과 주스	두유
	점심 식단	검정콩밥 만두국 다시마튀김 잡채 배추김치	기장밥 육개장 뱅어포구이 감자채볶음 깍두기	자장밥 배추국 달걀후라이 배추김치	흑미밥 북어국 오징어볶음 땅콩조림 오이소박이	수수밥 감자국 돼지불고기 연근조림 깍두기	김치볶음밥 콩나물국 과일샐러드 물만두 요구르트
	오후 간식	카스텔라 식혜	샌드위치	키위	요구르트 (호상)	삶은 고구마	

출처 : 식품의약품안전청 영양평가팀(2009). 영유아 단체급식의 표준식단(http://nutrion.kida.go.kr/kidgroup).

〈표 4-24〉 계절별 점심식단의 예

〈여름〉 식단

	분류/요일	월	화	수	목	금	토
1주	오전 간식	크림스프	쿠키 요구르트	백설기	시리얼 저지방우유	미숫가루	닭죽
	점심 식단	보리밥 두부된장찌개 돼지불고기 무생채 배추김치	차조밥 오징어국 닭채소조림 김구이 상추겉절이	볶음밥 배추국 콩자반 오이소박이	수수밥 어묵국 닭볶음 파래부침 깍두기	기장밥 된장국 쇠갈비찜 콩나물무침 배추김치	수제비 쇠고기메추리알 장조림 오징어채무침 배추김치
	오후 간식	모닝빵 쌀음료	떡볶이	삶은 달걀	수박	절편 호두우유	요구르트 (호상)
2주	오전 간식	샌드위치 쌀음료	꿀호떡 요구르트	시리얼 우유	토스트 저지방우유	두유	토스트 호두우유
	점심 식단	잡곡밥 된장국 코다리조림 쫄면채소무침 배추김치	흑미밥 미역국 잡채 쭈꾸미숙회 깍두기	비빔밥 미소국 오징어볶음 달걀후라이	검정콩밥 근대국 떡볶이 삼치튀김 열무김치	율무밥 육개장 닭찜 가지나물 배추김치	오므라이스 미소국 마늘빵 오이피클 과일샐러드
	오후 간식	비스킷, 키위	절편	오렌지	비스킷 매실차	인절미	
3주	오전 간식	채소죽	머핀	바나나	모닝빵 저지방우유	검은콩우유	약과
	점심 식단	현미밥 북어국 돼지갈비찜 양배추쌈 배추김치	팥밥 감자국 참치채소전 진미채조림 무생채	자장밥 달걀국 두부조림 단무지	잡곡밥 버섯된장국 닭강정 우엉조림 깍두기	완두콩밥 미역국 소시지채소볶음 콩자반 배추김치	카레라이스 채소샐러드 콩자반 배추김치
	오후 간식	핫도그	수박	삶은 달걀	꿀호떡	백설기, 매실차	
4주	오전 간식	우유	카스텔라 오렌지주스	바나나	물만두	모닝빵 우유	저지방우유
	점심 식단	찹쌀밥 김치국 쇠고기장조림 애호박볶음 열무김치	검정콩밥 무국 돼지고기강정 감자채볶음 배추김치	백미밥 시금치국 돈가스 숙주나물 배추김치	기장밥 미역국 탕수육 어묵볶음 깍두기	보리밥 아욱된장국 돈사태찜 청포묵무침 배추김치	김치볶음밥 두부탕수 과일샐러드 요구르트
	오후 간식	비스킷, 토마토	키위	삶은 감자	바나나	꿀호떡	

출처 : 식품의약품안전청 영양평가팀(2009). 영유아 단체급식의 표준식단(http://nutrion.kida.go.kr/kidgroup).

〈표 4-25〉 계절별 점심식단의 예

〈가을〉 식단							
	분류/요일	월	화	수	목	금	토
1주	오전 간식	시리얼, 우유	쇠고기죽	두유	샌드위치	바나나	요구르트(호상)
	점심 식단	기장밥 시금치국 돈사태찜 취나물무침 배추김치	현미밥 미역국 닭채소조림 오징어채무침 오이소박이	카레라이스 미소국 어묵조림 배추김치	고구마밥 순두부찌개 떡볶이 멸치볶음 열무김치	수수밥 갈비탕 오이무침 부추전 깍두기	볶음밥 배추국 콩자반 채소샐러드 깍두기
	오후 간식	포도 쿠키	토스트 주스	미숫가루	찐 옥수수 방울토마토	삶은 달걀	
2주	오전 간식	두유	닭죽	시리얼 저지방우유	삶은 감자	꿀호떡 방울토마토	약과 주스
	점심 식단	검정콩밥 대구탕 북어찜 고구마튀김 깻잎찜	차조밥 쇠고기국 갈치구이 잡채 배추김치	비빔밥 콩나물국 소시지채소볶음 배추김치	보리밥 오징어국 돼지불고기 도라지오이생채 깍두기	팥밥 두부된장찌개 진미채조림 돼지고기편육 배추김치	백미밥 감자국 치킨가스 시금치나물 배추김치
	오후 간식	사과	팬케이크 코코아	떡볶이	주먹밥	두유	
3주	오전 간식	롤빵	브로콜리스프 토마토	요구르트 (호상)	팬케이크	쿠키 사과	송편 식혜
	점심 식단	완두콩밥 된장국 닭찜 도라지오이생채 열무김치	율무밥 꽃게탕 연두부찜 돼지불고기 배추김치	김치볶음밥 북어국 오징어튀김 오이소박이 채소샐러드	기장밥 어묵국 꽁치조림 콩나물무침 깍두기	잡곡밥 육개장 달걀말이 열무된장무침 배추김치	국수 닭강정 배추김치 부추전 요구르트
	오후 간식	머핀	바나나	약식	저지방우유	시리얼 저지방우유	
4주	오전 간식	삶은 달걀 귤	샌드위치	우유	약식	오렌지	두유
	점심 식단	잡곡밥 콩나물국 탕수육 도라지나물 배추김치	밤콩밥 시금치국 닭찜 참치채소전 백김치	백미밥 달걀국 생선가스 마파두부 배추김치	흑미밥 북어국 쇠불고기 오징어채무침 깍두기	찹쌀밥 김치국 메추리알장조림 건새우볶음 오이소박이	자장밥 달걀국 잡채 단무지
	오후 간식	꿀호떡	찐 옥수수	미숫가루	인절미, 매실차	쿠키, 요구르트	

출처 : 식품의약품안전청 영양평가팀(2009). 영유아 단체급식의 표준식단(http://nutrion.kida.go.kr/kidgroup).

〈표 4-26〉 계절별 점심식단의 예

〈겨울〉 식단							
	분류/요일	월	화	수	목	금	토
1주	오전 간식	삶은 달걀 요구르트	두유	쇠고기죽	요구르트 (호상)	우유	삶은 고구마
	점심 식단	기장밥 콩나물국 돼지갈비찜 도라지나물 배추김치	흑미밥 아욱된장국 닭튀김 과일샐러드 열무김치	비빔밥 무국 진미채조림 달걀후라이 깍두기	현미밥 감자국 달걀장조림 잡채 배추김치	백미밥 육개장 연두부찜 채소튀김 깍두기	오므라이스 콩나물국 돼지불고기 단무지
	오후 간식	바나나	귤	키위	인절미, 수정과	샌드위치	
2주	오전 간식	머핀	백설기	팬케이크 매실차	우유	토스트	스크램블드에그
	점심 식단	완두콩밥 어묵국 닭볶음 취나물무침 배추김치	보리밥 쇠고기국 삼치구이 청경채버섯무침 오이소박이	백미밥 배추국 치킨가스 열무된장무침 배추김치	수수밥 된장국 쇠고기장조림 청포묵무침 오이소박이	찹쌀밥 대구탕 돈사태찜 청경채버섯무침 깍두기	비빔밥 열무된장무침 연근튀김 깍두기 요구르트(호상)
	오후 간식	사과	두유	삶은 감자	꿀호떡	인절미	
3주	오전 간식	시리얼 우유	카스텔라	생선죽 토마토	팬케이크	삶은 달걀 코코아	고구마맛탕
	점심 식단	팥밥 김치국 돼지불고기 연근조림 상추겉절이	율무밥 육개장 잡채 감자조림 배추김치	김치볶음밥 미소국 탕수육 열무김치	잡곡밥 오징어국 고등어찜 달걀말이 깍두기	현미밥 콩나물국 오징어볶음 쫄면채소무침 오이소박이	칼국수 돼지고기강정 배추김치 핫도그
	오후 간식	사과	두유	쿠키, 쌀음료	절편	주먹밥	
4주	오전 간식	요구르트(호상)	키위, 절편	쇠고기죽	모닝빵, 주스	저지방우유	찐 옥수수
	점심 식단	백미밥 어묵국 땅콩조림 연두부찜 배추김치	검정콩밥 근대국 꽁치조림 명란달걀찜 깍두기	카레라이스 된장국 만두튀김 배추김치	차조밥 쇠고기국 꽁치조림 청경채버섯무침 열무김치	기장밥 된장국 달걀말이 버섯볶음 김가루무침	볶음밥 미소국 달걀찜 깍두기 요구르트(호상)
	오후 간식	약과, 귤	두유	쿠키, 쌀음료	닭죽	삶은 감자	

출처 : 식품의약품안전청 영양평가팀(2009). 영유아 단체급식의 표준식단(http://nutrion.kida.go.kr/kidgroup).

〈표 4-27〉 식품의 목측량 및 칼로리

음 식	1인량		총열량 (kcal)	음 식	1인량		총열량 (kcal)
	눈대중	중량(g)			눈대중	중량(g)	
갈비찜		30	160	바람떡	2개	50	140
감자고로케	1인분		150	배	1/2개	200	100
감자튀김	1인분	70	200	백설기	2쪽	50	100
강냉이	1접시	20	20	베이컨구이	1쪽	20	100
건 빵	6개	15	60	볶음밥	1접시		510
달걀후라이	1개		100	브라보콘	1개	70	150
고구마튀김	3점	130	270	불낙전골	1인분		160
과일 샐러드	1접시	150	180	빈대떡	2장	180	410
과일화채	1컵	200	100	불고기	1인분		170
귤	1개	100	50	비빔밥	1그릇		470
김 밥	1줄		250	비엔나소시지볶음	7개		320
김 치	1접시	100	30	비후까스	1인분		460
김치볶음밥	1그릇		390	사 과	1개	200	100
꿀 떡	4개	60	140	사발면	1개		400
냉 면	1그릇		410	삶은 달걀	1개	60	75
단팥빵	1개	80	220	새우깡	1봉지	85	440
단팥죽	1공기	200	250	새우케첩볶음	1접시		110
닭튀김	다리 1개		230	생선구이	1토막	70	100
도 넛	1개	40	200	생크림 케이크	1쪽		300
돈까스	1인분		460	소보로빵	1개	60	220
된장찌개	1대접		120	소시지(대)	2개		200
두 유	1봉	200	125	수정과	1그릇		200
딸 기	12개	200	50	수제비	1그릇		320
땅 콩	15알	18	80	순 대	1인분		250
떡 국	1대접		420	슈크림빵(소)	5개		290
떡볶이	5개	50	100	스파게티	1접시		610
라면(컵)	1개	65	300	시금치된장국	1대접		40
마른 오징어	반 마리	30	100	시루떡	2쪽		250
만둣국	5개		210	식 혜	1그릇		140
만두튀김	5개		300	아몬드	10개		60
맛살조림	5쪽		200	아이스크림	1개	60	100

〈표 4-28〉 식품의 목측량 및 칼로리

음 식	1인량		총열량 (kcal)	음 식	1인량		총열량 (kcal)
	눈대중	중량(g)			눈대중	중량(g)	
맛 탕	2개	70	220	애플파이	1개		280
무지개떡	2쪽	50	120	양념치킨	1쪽	100	400
밀크쉐이크	1잔	240	190	양배추샐러드	1인분	90	80
양상추샐러드	1인분	90	80	치 즈	1장	20	80
에이스 크래커	5개		100	치즈버거	1개		310
오뎅국	1인분		220	치토스	1/2봉지	25	130
오렌지 주스	1잔		100	카레라이스	1인분		440
오므라이스	1접시		670	카스텔라	1개	85	320
오이피클	5쪽	20	3	케이크	1쪽	65	200
오징어튀김	5점	80	370	콘플레이크	1인분	30	110
요플레	1개		130	콜 라	1잔	200	80
우 동	1그릇		450	콩 밥	1공기		300
우 유	1봉		125	크림빵	1개	60	270
유부초밥	1개	30	50	탕수육	5점	240	340
자 몽	1개		100	파르페	1인분		340
자장면	1그릇		540	팝 콘	1/2봉지	22	120
자장밥	1그릇		510	팥 밥	1공기		300
잡 채	1인분		200	팥빙수	1인분		220
족 발	1인분		200	패스츄리	1개	60	270
찐 감자	1개		100	포테이토칩	1/2봉지	30	170
찐 만두	10개		390	푸 딩	1개	130	160
찐 옥수수	1개	240	200	하이라이스	1인분		420
참 외	1개		100	핫도그	1개	100	280
참치 김치찌개	1인분		120	핫케이크	1장	70	150
참치 샌드위치	빵 2쪽		510	햄구이	1쪽	50	140
찹쌀도넛	1개	70	180	햄버거	1개		270
초코우유	1봉	200	160	호 떡	1개	45	210
초코파이	1개	40	140	호박죽	1공기	150	150

7 영유아의 급식 위생관리

1) 급식시설의 위생관리

최근 여성들의 사회 참여도가 높아지면서 많은 영유아들을 교육기관에 보내게 되었고 사회활동에 참여하지 않은 여성들까지도 자녀들의 조기교육의 중요성을 인식하여 어릴 때부터 유아교육기관에 보내고 있다.

이러한 이유로 영유아들이 유아교육기관에서 오랜 시간 머물게 되면서 수반되는 문제는 여러 가지가 있겠지만 영유아들에게 적절한 영양공급과 유아교육기관, 급식환경의 위생관리는 무엇보다 중요하다고 하겠다. 그러므로 유아교육기관은 각 기관의 운영 특성을 고려하여 영양, 기호, 위생을 충족시킬 수 있도록 급식환경의 위생관리를 올바르게 계획하고 운영해야 한다. 급식환경에서는 급식 종사원과 식재료, 조리시설 및 기구 등이 모두 음식의 오염원이 될 수 있으므로 식재료의 품질을 최적으로 유지하면서 위생적으로 저장할 수 있도록 적절한 관리를 해야 하며 올바른 식재료 보관과 더불어 청결한 조리과정과 배식이 이루어져야 한다. 또한 대부분의 식품은 자체적으로 위해요인을 가지고 있으므로 이러한 식재료의 위해가 영유아에게 최종적으로 배식되는 급 · 간식으로 전달되지 않도록 급식환경의 위생관리를 철저히 하여 식재료를 입고 시부터 저장, 전처리, 조리, 운반 및 배식 단계에 이르기까지 온도와 시간관리를 준수하고 개인위생을 철저하게 실천함으로써 안전한 먹거리를 제공해야 한다. 이 장에서는 주요한 급식단계인 시설 및 기구의 위생관리와 작업위생관리, 개인위생관리에 대해서 구체적으로 살펴보고자 한다(전남련 외, 2009).

(1) 시설 및 기구의 위생관리

- 조리장은 식재료로 인한 교차오염을 방지하기 위해 원재료를 취급하는 일반구

역과 조리식품을 취급하는 청결구역으로 나누어 작업이 이루어지도록 한다.

- 조리실의 바닥, 벽 및 천장은 불연성이며 세척이 용이한 내수성 재질로 마감하고, 파손된 부분 없이 청결하게 유지 · 관리한다.
- 조리실의 온도 및 습도 관리를 위하여 냉 · 난방시설 및 환기시설 등이 용량을 갖추도록 한다.
- 조리장의 후드는 발생되는 열 및 증기가 즉시 배출되고, 응축수가 식품에 직접 떨어지지 않는 구조로 만들어야 한다.
- 조리에 적절한 220룩스 이상의 조명을 확보한다.
- 조리실, 식당 등의 출입문과 창문에 방충, 방서설비가 적정하게 되어 있고 파손된 곳은 없도록 유지한다.
- 창의 유리는 파손 시 유리조각이 조리장 내로 흩어지거나 식품에 혼입되는 것을 방지할 수 있는 재질로 설치한다.
- 조리장에 손 씻는 시설이 잘 구비되어 있어야 하고 올바른 손 세척방법에 대한 안내문을 부착하도록 한다.
- 종업원 전용 탈의실 또는 옷장, 전용 신발장 등을 구비하며, 청결하게 관리한다.
- 화장실은 수세식이며, 조리장과 분리되어 있고 청결히 유지하며, 수세시설을 잘 구비한다.
- 냉장, 냉동시설은 적정용량을 구비하며, 내부용량의 70% 이하를 채워 공기순환이 잘 되도록 하며, 냉장은 5℃, 냉동은 −18℃ 이하의 온도를 유지하는지 정기적으로 확인한다.
- 식기, 행주는 열탕소독(100℃, 30초 이상)이나 증기소독(110~120℃, 30분 이상)이 가장 안전하다.
- 도마, 작업대는 차아염소산나트륨용액(락스)으로 소독한다.
- 창고는 조리실보다 바닥을 높게 하며, 장기저장식품(쌀, 잡곡류, 장류, 유지류 등)의 운반이 용이하도록 외부 및 내부 출입문을 만들고 환기시설을 설치한다.
- 조리실과 급식실에는 소화기를 비치하여 종사원에게 사용방법을 익히도록 한다.

- 급식실 바닥과 벽면은 음식물 찌꺼기로 인하여 곰팡이가 생기기 쉬우며 미끄러질 수 있으므로 매일 청소를 한다. 1주일에 한 번씩 세제를 이용하여 깨끗이 닦아 준다(방충, 방서소독 : 2개월마다 1회 실시).
- 배수구를 통해 찌꺼기가 나가지 않도록 배수트랩에 걸러 버린다.
- 배수통에 음식 찌꺼기가 남아 있으면 악취가 나고 쥐가 서식할 수 있으므로 주의한다.

〈표 4-29〉 유치원 급식 설비 · 가구 선정 시 착안사항

품 목	설비 · 기구 선정 시 착안사항
손 세척시설	• 전자감응식 또는 페달식으로서 손을 사용하지 않고 조작이 가능하여야 한다. • 냉 · 온수가 공급되어야 한다.
손 소독시설	• 자동식으로 소독액이 분무되거나 손을 담글 수 있는 소독조이어야 한다.
냉장 · 냉동고	• 외부에서 읽을 수 있는 0.1℃ 단위의 온도계가 부착되어 있어야 한다. • 냉장 · 냉동 식재료 보관 및 조리식품의 냉각에 충분한 용량이어야 한다.
쓰레기통	• 재질은 스테인리스스틸로 하며, 뚜껑이 있는 페달식으로서 손을 사용하지 않고 조작이 가능하여야 한다.
식기소독보관고	• 내부 선반은 물 빠짐을 위해 타공된 것이어야 한다. • 적정 온도 관리를 위해 소독고 문에 설치된 고무패킹 부분은 기밀성이 있어야 한다.
식품전용 탐침온도계	• 사용이 간편하고 방수가 되는 것을 선택한다.
세정대	• 냉 · 온 수도시설(원터치식)을 설치한다. • 세정대의 배수구는 적절한 크기어야 하며, 배수관과 직선으로 연결되는 구조이어야 한다.
작업대	• 재질은 스테인리스스틸로 하며, 급식인원 수를 고려한 충분한 크기로 한다.
선 반	• 재질은 스테인리스스틸로 하며, 맨 아래 선반은 바닥으로부터 30cm 이상 띄워야 한다.
밥/ 반찬 배식대	• 보온 · 보냉 기능이 있어야 한다.
조리용구	• 내수성 및 내부식성 재질로 세척이 쉽고 소독 · 살균이 가능한 것이어야 한다.
저 울	• 전자저울로 설치하되 급식인원 수를 고려하여 적정한 측정범위의 저울을 선택한다.
발판소독조	• 재질은 스테인리스스틸로 하며, 출입문의 크기를 고려하여 제작한다.

출처 : 교육인적자원부(2007). 유치원급식 운영관리 지침서.

(2) 작업 위생관리

- 식품을 구입할 때는 각 식품의 출하시기, 가격, 신선도, 용기의 위생상태를 확인한다.
- 육류, 어류 및 달걀 등은 신선도가 높은 것을 구입하고 당일 사용한다.
- 각 식품의 감별법을 알고 신선한 식품을 구입한다.
- 구입한 식품은 육류, 어패류, 채소류 등으로 분류하여 불순물이나 이물질 등이 섞이지 않도록 한다.
- 채소 및 과일류는 농약, 기생충 알 등이 붙어 있을 수 있으므로 깨끗한 물로 씻어 제거한 다음 중성세제에 찌꺼기가 없도록 헹군다.
- 손과 도마 등의 용기를 청결히 하여 음식물이 조리과정에서 오염되지 않도록 한다.
- 식품을 조리할 때는 가능한 한 손으로 만지지 말고 젓가락이나 집게 등 기구를 사용하고, 손으로 취급할 때는 위생장갑을 사용한다.
- 조리된 음식물은 2차 감염이 되지 않도록 위생적인 용기에 뚜껑을 덮어서 보관한다.

〈표 4-30〉 보존식 관리

<table>
<tr><th>보존식 관리</th><th colspan="2">보존식 기록지</th></tr>
<tr><td rowspan="6">• 보존식은 배식 직전에 소독된 전용 용기에 음식의 종류별로 매회 1인분 분량을 담아 −18℃ 이하에서 144시간(식품위생법 개정으로 09. 08. 07부터 시행) 냉동보관한다.
• 완제품을 제공하는 식재료는 원상태(포장상태)로 보관한다.
• 식중독 발생 시 원인규명 시료로 활용한다.</td><td colspan="2">년 월 일 요일(조 · 중 · 석식)</td></tr>
<tr><td>식단명</td><td></td></tr>
<tr><td>채취일시</td><td></td></tr>
<tr><td>폐기일시</td><td></td></tr>
<tr><td>채취자</td><td></td></tr>
<tr><td>비고(특이사항)</td><td></td></tr>
</table>

출처 : 교육인적자원부(2007). 유치원급식 운영관리 지침서.

(3) 개인 위생관리

- 조리 종사원의 정기적인 건강검진을 실시하고 결과서를 보관한다.
- 조리 종사원은 작업 전 건강상태를 일일점검하고, 문제발생 시 대책을 수립한다.
- 조리 종사원은 매니큐어, 장신구 착용을 피하며, 손청결 등의 기준을 준수한다.
- 조리 종사원은 조리장 내에서 위생복장(위생복, 위생화, 위생모 등)을 항상 착용하고 청결하게 유지한다.
- 조리 종사원이 손에 상처가 있는 경우 조리작업을 금지하고 부득이한 경우 적절한 조치를 취한 후 작업에 임하도록 한다.
- 조리 종사원은 작업 중 흡연, 식사, 껌을 씹는 행위를 하지 않는다.
- 조리된 식품을 맨손으로 취급하지 않는다.
- 조리 종사원은 작업 전후, 오염물질 접촉 시 반드시 손세척과 소독을 실시한다.
- 조리장 내에서 손으로 머리, 입, 코, 피부 등을 가능하면 만지지 않아야 한다. 만약 접촉한 경우 식품을 취급하기 전에 손을 소독하도록 한다.

〈표 4-31〉 정기건강진단항목 및 그 횟수(제4조 관련)

대 상	건강진단항목	횟 수
식품 또는 식품첨가물(화학적 합성품 또는 기구 등의 살균·소독제를 제외한다)을 채취·가공·조리·저장·운반 또는 판매하는 데 직접 종사하는 자. 다만, 영업자 또는 종업원 중 완전 포장된 식품 또는 식품첨가물을 운반 또는 판매하는 데 종사하는 자는 제외	1. 장티푸스(식품위생 관련영업 및 집단급식소 종사자에 한한다) 2. 폐결핵 3. 전염성 피부질환(한센병 등 세균성 피부질환을 말한다)	1회/ 년

〈표 4-32〉 손을 씻어야 하는 경우

- 작업 시작 전
- 화장실을 이용한 후
- 작업 중 미생물 등에 오염되었다고 판단되는 기구 등에 접촉한 경우
- 쓰레기나 청소도구를 취급한 후
- 일반 작업구역에서 청결 작업구역으로 이동하는 경우
- 육류, 어류, 난각 등 미생물의 오염원으로 우려되는 식품과 접촉한 후
- 귀, 입, 코, 머리 등 신체 일부를 만졌을 때
- 감염증상이 있는 부위를 만졌을 때
- 음식찌꺼기를 처리했을 때 또는 식기를 닦고 난 후
- 전화를 받고 난 후
- 담배를 피운 후
- 식품검수를 한 후
- 코를 풀거나 기침, 재채기를 한 후 등

(4) 위생지도 및 점검

급식을 실시하는 기관은 자체점검과 정기점검을 통하여 식중독 등 위생사고를 사전에 방지하기 위하여 위생지도 점검을 받고 있다. 자체점검은 자체적으로 일일 위생안전점검표의 내용을 매일 점검기록 후 보관하며, 정기 위생지도 점검의 내용은 다음과 같다(이종숙 외, 2009).

〈표 4-33〉 정기 위행지도 점검

구 분	주관(협조)	시행시기	점검대상
집단급식소 신고대상	시 · 군 · 구청 (교육청 등)	연 2회 (학기별 1회)	신고대상 유치원
집단급식소 신고 미대상	교육청	연 2회 (학기별 1회)	신고 미대상 유치원
위탁급식소	시 · 군 · 구청 (교육청 등)	연 2회 (학기별 1회)	유치원급식 공급업소

※ 각 지역교육청은 관할 지역교육청 내의 시 · 군 · 구청과 협의하여 연 2회의 유치원급식 위생지도 점검이 반드시 이루어질 수 있도록 한다.
출처 : 교육인적자원부(2007). 유치원급식 운영관리 지침서.

CHAPTER

05

유아교육기관에서의 영양 및 식생활 지도

1. 유아기 영양관리
2. 유아의 영양문제
3. 유아의 식사관리
4. 유아의 식사예절
5. 영유아의 식생활 지도

CHAPTER 05

유아교육기관에서의 영양 및 식생활 지도

1 유아기 영양관리

1) 유아의 발달과 영양관리

유아기는 영아기 이후부터 아동기 전까지의 시기로 성장속도는 영아기에 비해 비교적 완만하나 여전히 성장발육은 왕성하다. 신체조절능력, 운동능력, 사회인지능력, 지능, 정서적인 면에서 보다 복잡한 기능을 수행할 수 있을 뿐 아니라 학습과 탐구 및 사회활동이 시작되는 시기이다. 또한 자아가 확립되어 식생활도 점차 독립적으로 발전한다. 유아 스스로 음식을 선택하는 능력이 생기고 좋고 싫음의 의사표시가 분명하여 식품에 대한 기호도가 결정되는 등 식습관의 기초가 형성된다. 그러나 소화, 흡수 및 대사 기능은 아직 성인보다 미숙하여 식품선택에 있어 충분한 배려가 필요하며, 사회활동이 시작됨에 따라 또래집단의 식생활 행동에 영향을 받을 수 있으므로 식사 시 교사나 부모의 세심한 관심과 지도를 통해 좋은 식습관이 형성되어야 한다. 유아기는 신체크기에 비해 많은 영양소를 필요로 하지만 소화기능 및 저장능력이 충분히 발달되어 있지 않아 세 끼의 식사로 필요한 영양소를 모두 섭취하고자 하면 소화기에 부담이 생긴다. 그러므로 이 시기에는 간식의 중요성이 더 커지며, 연령, 활동량, 유아의 식욕 등을 고려하여 하루에 1~2회 정도 간식을 더 주어야 한다(이명희 외, 2009).

(1) 유아의 발달 특징

유아기는 성장과 발달이 빠르게 진행되고 운동량이 많기 때문에 체중의 단위면적당 영양소요량과 필요열량이 높다. 또한 여러 연구에서 정상적인 신체의 성장이나 정신발달과 적절한 영양공급이 높은 상관관계를 가지고 있다고 지적하고 있으며, 특히 만 4세경에는 뇌세포가 90%까지 형성되므로 필수 영양소의 공급이나 균형된 영양섭취는 그 어느 시기보다 중요하다. 이 시기에 충분한 영양이 제공되지 않는다면 유아는 자주 짜증을 내고 산만해지며, 무기력하고 병에 대한 저항력도 약해진다. 즉, 영양결핍으로 최상의 건강상태를 유지하지 못한 유아는 개별적, 사회적 발달 측면에서 방해를 받게 된다.

유아 초기의 영양부족에 의한 가장 치명적인 결과 중 하나는 지적 발달의 손상으로 이 기간 동안의 영양결핍은 정신적 잠재력에 부정적인 영향을 미칠 수 있다. 영양결핍에 의한 부정적 영향은 성장 후의 신체적, 정신적인 상태에 직접적인 영향을 미친다. 즉, 유아기에 적당한 영양을 공급받지 못하면 성인기에 시력감퇴, 치아약화, 그 밖의 다른 신체적인 문제가 발생한다. 이와 같이 유아기 영양은 건강한 신체발달과 정신발달에 중요한 요인으로 작용하여 큰 영향을 미친다.

(2) 유아의 섭식행동 발달

유아는 일반적으로 3세에서부터 5세까지의 아동기 이전의 시기로 구분된다. 이 시기에는 하루 세끼 식사 사이에 영양가 있는 간식이 제공되어야 한다. 식사 때마다 음식 섭취량이 다르지만 하루 전체의 식사를 생각하면 필요한 영양소 섭취는 충족시킬 수 있다. 그러나 한 가지 음식이나 우유나 주스 등과 같은 음료에만 의존하면 영양적으로 불균형이 초래될 수 있으므로 다양한 여러 가지의 음식을 경험하게 해주어야 한다. 또한 영아기에 비해 성장이 느리므로 먹는 양이 줄어드는데 이것을 식욕이 줄어들었다고 잘못 생각하는 경우가 있으며, 음식에 대한 기호도 갑자기 바뀔 수 있어 오늘 좋아하던 음식도 내일이면 싫어하게 되는 수가 있다. 그러므로 이 시기의 식생활 행동의 특징을 올바로 이해하여 양호한 식생활 행동을 할 수 있도록 해야 한다.

2) 유아의 식생활 관리

(1) 유아의 식사지침

유아기는 신진대사가 왕성하므로 섭취해야 할 영양소의 절대량은 성인에 비해서 적지만 체중 1kg당 에너지, 단백질, 수분의 필요량은 훨씬 크다. 따라서 영양섭취의 질과 양에 대해 충분히 유의하여 공급하여야 한다. 유아기에 음식에 대한 기호가 발달하면서 점차 좋아하는 식품만을 가려 먹으려는 성향이 나타나며 영아기에 비해 성장속도의 둔하로 식욕이 다소 저하되나, 자기 스스로 식품을 선택하고 먹으려는 경향이 높아지므로 다양한 음식을 접할 수 있게 하며 유아가 스스로 먹을 수 있는 적당한 1회 분량을 인식시키는 것이 중요하다. 유아가 한번에 먹을 수 있는 음식의 분량은 성인보다 훨씬 적다.

다음의 〈표 5-1〉은 연령별 유아의 각 식품 1일 섭취횟수와 1인 분량이다.

〈표 5-1〉 유아를 위한 각 식품군의 적정 1일 급식빈도 및 1회 분량

식품군	1일 급식빈도	연령 및 1회 분량		
		만 1~2세	만 2~3세	만 4~5세
우유 및 유제품	4회	우유 1/2컵 떠먹는 요구르트 1/2컵 떠먹는 치즈 20g	우유나 떠먹는 요구르트 1/2~3/4컵 치즈 20~30g	우유나 떠먹는 요구르트 3/4컵 치즈 20~30g
육류, 생선, 달걀 등	3회	육류 · 생선 · 가금류 30g 달걀 1개 익힌 콩 1/2컵, 땅콩버터 2t	육류 · 생선 · 가금류 30g 달걀 1개 익힌 콩 1/2컵, 땅콩버터 2t	육류 · 생선 · 가금류 30~60g 달걀 1개 익힌 콩 1/2~3/4컵
곡류 및 빵류	4회	빵 · 국수 등 1/4컵 빵 1/2쪽 시리얼 1/3컵	빵 · 국수 등 1/3컵 빵 1쪽 시리얼 1/2컵	빵 · 국수 등 1/2컵 빵 1쪽 시리얼 3/4컵
비타민 C가 들어있는 과일 및 채소류	1회	과일주스 1/4컵 작은 과일 1개 익힌 채소 2t	과일주스 1/4컵 작은 과일 1개 익힌 채소 1/4컵 생채소 1/2컵	과일주스 1/2컵 작은 과일 1개 익힌 채소 1/4컵 생채소 1/2컵
청록색 · 녹황색 채소 및 과일류	1회	작은 과일 1개 익힌 채소 2t	작은 과일 1개 익힌 채소 1/4컵 생채소 1/2컵	작은 과일 1개 익힌 채소 1/4컵 생채소 1/2컵
기타 과일 및 채소류	2회	과일주스 1/4컵 작은 과일 1개 익힌 채소 2t	과일주스 1/4컵 작은 과일 1개 익힌 채소 1/4컵 생채소 1/2컵	

출처 : 김은경 · 남혜원 · 명춘옥 · 박영심 · 이기완(2008). 생애주기 영양학.

일반적으로 유아에게 권장되고 있는 1일 식품군별 섭취횟수는 우유 및 유제품류는 4번, 어육류는 3번, 곡류 및 빵류는 4번, 비타민 C가 많이 들어있는 과일 및 채소군은 1번, 청록색 및 녹황색 채소, 과일류는 1번, 기타 과일 및 채소류는 2번 제공이 되는 것이 바람직하다고 본다.

제1식품군인 우유 및 유제품은 골격과 치아의 형성에 필요한 칼슘과 인의 우수

한 공급원이다. 유아기는 지속적인 성장 · 발달이 이루어지는 시기이므로 무기질의 공급이 매우 중요하다.

1~5세의 영유아는 매일 3컵의 우유를 마시는 것이 바람직하다. 2컵정도를 마셔도 필요한 칼슘을 충족시킬 수 있다. 우유뿐 아니라 치즈나 요구르트의 유제품을 통한 영양소의 공급도 가능하다.

제2식품군인 단백질 식품의 경우 1~2세의 유아는 씹기 어려운 질긴 육류음식보다는 부드럽게 조리된 달걀, 뼈를 제거한 생선, 닭고기, 콩류 등과 같이 씹기 쉬운 식품으로 주고 육류는 곱게 갈아서 만든 완자나 햄버거 등의 형태가 적당하다.

제3식품군인 과일 및 채소류는 무기질 및 비타민의 공급원으로 매우 중요하기 때문에 잘게 다지거나 쉽게 씹을 수 있도록 잘게 잘라서 준다든지 익혀서 부드럽게 만들어 주는 것이 좋다. 그러나 너무 부드러운 음식만 주면 씹기를 싫어하는 식습관을 가질 수 있으므로 다양한 질감의 채소를 선택하여 조리하도록 한다. 다양한 종류의 과일과 채소를 이용한 음식을 통하여 유아에게 식품의 맛과 질감, 색의 다양성을 경험하게 함으로써 편식의 습관을 예방할 수 있다.

제4식품군인 곡류식품은 하루에 4번정도의 급식이 권장된다. 곡류식품도 씹기 쉽고 조리하기도 쉬우므로 다른 식품들보다 그 요구량을 충족시키기가 용이하다. 그러나 곡류식품에 대한 유아들의 기호도가 비교적 높기 때문에 밥보다 빵이나 곡류음식만 먹으려고 하는 유아들도 있기 때문에 다른 음식과 균형을 이루어 제공함으로써 바른 식습관을 형성하도록 한다.

〈표 5-2〉 식품군별 대표식품의 1인 1회 분량

	식품군	1인 1회 분량	
유지, 견과 및 당류 →	유지, 견과 및 당류	식용유 1작은술(5g), 버터 1작은술(5g), 마요네즈 1작은술(5g), 땅콩(10g), 설탕 1큰술(10g)	
우유 및 유제품 →	우유 및 유제품류	우유 1컵(200g), 치즈 1장(20g)*, 호상 요구르트 1/2컵(110g), 액상 요구르트 3/4컵(150g), 아이스크림 1/2컵(100g)	
고기, 생선, 달걀, 콩류 →	고기, 생선, 달걀, 콩류	육류 1접시(생 60g), 닭고기 1조각(생 60g), 생선 1토막(생 50g), 달걀 1개(50g), 두부 2조각(80g), 콩(20g)	
채소류 | 과일류 →	과일류	사과(중) 1/2개(100g), 귤(중) 1개(100g), 참외(중) 1/2개(200g), 포도(중) 15알(100g), 오렌지주스 1/2컵(100g)	
채소류 | 과일류 →	채소류	콩나물 1접시(생 70g), 시금치나물 1접시(생 70g), 배추김치 1접시(40g), 오이소박이 1접시(60g), 버섯 1접시(생 30g), 물미역 1접시(생 30g)	
곡류 및 전분류 →	곡류 및 전분류	곡류 Ⅰ (300kcal)	밥 1공기(210g), 국수 1대접(건면 100g), 식빵(대) 2쪽(100g)
		곡류 Ⅱ (300kcal)	떡 2쪽(절편 50g), 밤(대) 3개(60g), 시리얼 1접시(30g)

*치즈의 열량은 우유의 1/2

〈표 5-3〉 1~2세 유아를 위한 1일 식사구성의 예(1,000kcal)

	음식명	분 량	곡류 및 전분류 Ⅰ	고기, 생선, 달걀, 콩류	채소류	곡류 및 전분류 Ⅱ	과일류	우유 및 유제품	유지, 견과 및 당류
아침	흰 쌀밥	1/3공기	65g(0.3)						
	쇠고기무국			6g(0.1)	15g(0.2)				
	두부조림	5×6×1㎝ 1쪽		40g(0.5)					3g(0.6)
	배추김치	2쪽			16g(0.4)				
간식	찐 감자	중 1/2개				50g(0.5)			
	우유	200mL						200mL (1.0)	
점심	검정콩밥	1/3공기	85g(0.4)	2g(0.1)					
	맑은 장국	팽이버섯			6g(0.2)				
	불고기			35g(0.6)					
	오이나물				35g(0.5)				2g(0.35)
간식	핫케이크	1/4쪽				15g(0.5)			
	호상 요구르트	1통						200mL (1.0)	
저녁	흑미밥	1/3공기	65g(0.3)						
	시금치 된장국				15g(0.2)				
	생선전	2쪽		35g(0.7)					2g(0.35)
	배추김치	넉넉히 2쪽			20g(0.5)				
간식	귤	중 1개					100g (1.0)		

〈표 5-4〉 3~5세 유아를 위한 1일 식사구성의 예(1,400kcal)

	음식명	분 량	곡류 및 전분류 Ⅰ	고기,생선 달걀,콩류	채소류	곡류 및 전분류 Ⅱ	과일류	우유 및 유제품	유지, 견과 및 당류
아침	보리밥	1/2공기	100g(0.5)						
	콩나물국				15g(0.2)				
	달걀찜	달걀 1개		50g(1.0)					
	삼색 초절임	당근			30g(0.4)				
		오이			30g(0.4)				
		무			30g(0.4)				
간식	잼식빵	식빵 1쪽 버터 1작은술 딸기잼 1작은술	50g(0.5)						5g(1.0) 5g(0.5)
	우 유	1컵						200mL (1.0)	
점심	잡곡밥	1/2공기	100g(0.5)	2g(0.1)					
	갈비탕	작은 것 1토막		30g(1.0)					
	멸치볶음			5g(0.3)					1g(0.2)
	배추김치	3쪽			30g(0.75)				
	귤	중 1개					100g(1.0)		
간식	액상 요구르트	1통						100g(1.0)	
저녁	흰 밥	1/2공기	100g(0.5)						
	감자국	중 1/2개				65g(0.5)			1g(0.2)
	삼치구이	작은 것 1/2토막		30g(0.6)					
	배추김치	3쪽			30g(0.75)				
간식	사 과	중 1/2개					100g(1.0)		

(2) 유아간식

간식은 정규식사만으로는 모자라는 영양소 및 에너지를 보충하고 피로회복, 기분전환 등을 위해 정규식사 사이에 먹는 음식으로, 영유아기는 성장 · 발달이 활발히 진행되는 시기로 영양 필요량은 많으나 소화가 용량이 작고 소화기능이 미숙하여 1회에 먹을 수 있는 분량이 적으므로 조금씩 여러 번 나누어 주도록 하고 있다. 그러므로 유아에게는 보통 3회의 정규식사에 1~2회의 간식을 통해 영양보충을 해야한다.

또한 간식을 통하여 영유아들은 음식에 대한 기호와 태도, 식사예절 등 바람직한 식습관을 형성하게 된다.

① 간식계획 시 고려할 점

- 비타민, 무기질이 풍부한 음식
- 위에 오래 머무르지 않는 소화되기 쉬운 식품
  지방이나 단백질이 너무 많은 음식 등은 쉽게 소화되지 않아 다음의 정규식사에 지장을 줄 수 있으므로 부적당하다.
- 수분을 충분히 공급해 주는 식품
- 시각적 · 미각적 감각을 만족시킬 수 있는 음식
  간식은 영유아들이 좋아할 수 있도록 맛과 색과 모양으로 만들어진 것이어야 한다.
- 신선한 계절식품
  간식은 제철에 나는 과실류, 옥수수, 감자, 콩류 등의 자연식품을 주는 것이 좋다.
- 당분이 많은 음식이나 자극적인 음식은 간식으로 적당하지 않다.
  영양가는 거의 없으면서 열량만을 공급하는 식품을 emptycalorie 식품이라 하는데 사탕, 설탕, 초콜릿, 캬라멜, 꿀, 탄산음료 등이 여기에 속한다. 이런 식품들은 비만, 당뇨, 충치의 원인이 되어 유아간식으로 적합하지 않으므로 이러한 식품은 적게 섭취하여야 한다.

※ 유아의 간식을 줄 때는 1일 필요열량의 15~20% 이상이 되지 않도록 하는 것과 유아 전반에는 오전 10시와 오후 3시경에 1일 2회 정도 주고, 유아기 후반기인 3~6세에는 오후 3시경 1회가 바람직한데, 간식은 다음 정규식사까지 2시간 정도의 간격은 있어야 한다는 것을 잊지 말아야 한다.

② 간식으로 적당한 식품

〈표 5-5〉 간식으로 적당한 식품

에너지 급원식품	비스킷, 쿠키, 샌드위치, 밀전병, 감자, 고구마, 카스텔라, 밤, 옥수수, 주먹밥, 떡볶이, 핫케이크 등
단백질 및 칼슘 급원식품	우유, 요구르트, 치즈, 여러 종류의 달걀요리, 푸딩, 두유, 콩가루 섞인 미숫가루, 삶은 콩, 땅콩, 소시지, 핫케이크 말이, 두부구이, 햄카나페 등
비타민 급원식품	과일주스류, 과일쉐이크, 사과, 귤, 포도, 배, 복숭아, 감, 토마토, 참외, 수박, 채소나 과일샐러드, 야채모듬전, 오이와 당근 등의 생야채 스틱 등

■ 간식제공 시 점검사항

- 1일 2회 이상의 간식이 오전, 오후로 계속되어 제공되고 있는가?
- 영유아들의 영양을 고려하여 비타민과 무기질이 풍부한 제철과일, 견과류, 채소류 등의 자연식품이 주 3회 이상 포함, 제공되고 있는가?
- 간식으로 제공되는 식품은 식사와 중복되지 않고, 식사에 방해되지 않는 양과 내용으로 적당히 제공되는가?
- 고칼로리 식품이나 인스턴트 식품, 지나치게 영유아들의 기호만을 존중한 음식, 같은 조리법의 음식이 지나치게 많이 제공되지 않는가?

(3) 유아의 식생활 행동

유아기에는 각종 기능이 발달됨에 따라 기본적 생활습관이 형성되는 시기이다. 식사도 점차 자립해서 스스로 할 수 있게 되는 동시에 소화기능도 발달되어 성인식과 유사한 식품을 섭취할 수 있고, 음식수용의 폭이 넓어진다. 이때에 편식, 식욕부진 등의 문제가 생기기 쉬우므로 깊은 이해를 가지고 좋은 식사습관을 발달시키도록 지도한다. 어린이들의 독특하고, 비정상적인 섭식행동인 편식, 폭식, 거식 등은 많은 부모들이 문제를 삼고 있으나 대부분은 일시적으로 나타났다가 사라진다. 그러나 부모가 유아들이 거부하는 음식을 먹도록 강요하거나, 특정 음식을 먹지 못하도록 할 때, 혹은 그러한 행위를 문제 삼게 되면 그때부터 유아의 특정한 식행동 자체는 심각한 문제로 나타날 수 있다.

부모나 유아교사는 이와 같은 유아의 독특한 섭식행동을 잘 이해하여 식생활을 바르게 지도하고 식생활과 관련된 문제의 발생을 예방하도록 한다(정미라 외, 2009).

① 식품기호

유아의 식생활에서 식품기호의 변화가 심한 것은 보통 있을 수 있는 현상이다. 같은 식품이라도 조리법 여하에 따라 달라지거나 지금까지 좋아하던 식품이 싫어지거나 싫어하던 식품을 좋아하게 되는 등 한 식품에 대한 기호성이 매일 또는 매우 달라지기도 한다. 그러므로 어떤 특정 식품을 싫어하여 거의 먹지 않게 되면 편식이 될 우려가 있으므로 주의해야 한다. 식품의 기호가 나타나는 것은 남녀 모두 자아의식이 발달되면서 심리적 변화가 많은 3세 전후에서 7세 전후의 유아에게서 많다. 그러나 여아가 남아보다는 좀더 자주 일어나고 신경질적인 육아태도나 과잉보호가정의 유아에게 더 자주 나타난다.

유아의 음식에 대한 기호도는 식품이 지닌 원래의 맛 이외에도 색채, 온도, 혀와 입 안에서의 감각, 음식의 크기나 모양 등 음식 먹기의 편이성에 따라 많이 달라지게 된다. 일반적으로 유아가 좋아하는 식품은 달걀, 초콜릿이나 딸기맛 등이 첨가된 우유, 요구르트, 육류, 사과, 귤 등이다. 많은 유아가 돼지고기 자체는 싫어하나 햄, 소시지, 핫도그, 자장면, 탕수육 등은 좋아한다. 치즈를 별로 좋아하지 않아도 피자를 좋아하는 유아는 많다. 즉, 특정 식품은 싫어하여도 그 식품을 재료로 조리법을 달리 하였을 때 기호도는 달라진다. 유아는 식품이 단것, 성인과 달리 촉감이 부드럽고, 씹어서 먹기 좋은 것, 입 안에 넣기 쉬운 크기의 음식을 좋아한다. 유아가 싫어하는 식품으로는 대부분 채소류가 많다. 그 중에서도 냄새가 강한 채소(미나리, 파, 양파, 쑥갓, 양배추, 당근), 고추, 겨자 등과 같은 매운 식품, 짠 음식과 가시가 많거나 비린 냄새가 심한 생선, 육류의 간, 씹기 힘든 고기, 딱딱하고 질긴 식품, 그리고 조직이 매끈한 식품 등이다.

같은 음식이라도 조리방법, 서빙방법, 크기, 맛, 색 등의 환경에 따라 많은 영향을 받으므로 씹기 힘든 음식은 잘게 썰어 부드럽게 조리하고, 맛이나 향이 강한 식품은 다른 식품에 조금씩 섞어 조리하며, 서빙방법 및 환경을 바꿔보도록 한다. 그러나 새로운 식품을 줄 때는 여러 가지 식품을 섞어 주는 것보다 한 가지씩 소개하여 만지고 냄새를 맡아보면서 좋은 이미지가 기억에 남도록 해주어야 한다.

② 식사횟수

유아가 되면 하루 3회 식사형태로 되나 한 번에 섭취할 수 있는 식품의 양이 적고 주의집중시간도 짧기 때문에 3회만으로는 충분한 영양을 섭취하기 어려우므로 적은 양의 식사를 여러 번 나누어 주는 것이 좋다.

유아의 간식은 식사와 식사 사이에 주는 것으로서 가벼운 식사의 역할을 하는 것이다. 간식은 유아 전반(1~3세)은 오전, 오후 두 번을 주되 간식과 다음 식사시간과의 간격은 2시간은 되어야 하며, 유아 후반(4~6세)은 오후 한 번만 주어야 식사 때 식욕이 저하되지 않는다. 유아는 식사횟수에 차이가 많은데 하루 식사 때 에너지 배분은 다음과 같다.

〈표 5-6〉 하루 식사의 에너지 배분(예)

식 사	유아 전체	1~2세	3~5세
아 침	20~30%	30%	25%
간 식	–	5%	–
점 심	20~30%	30%	30%
간 식	–	10%	15%
저 녁	25~30%	25%	30%
간 식	10~15%		

출처 : 오수미 외 3명(1994). 생활주기영양학. 효일문화사.

3~5세된 유아의 60%는 하루 평균 3회 이상의 식사를 하며 하루 4회 이하나 6회 이상의 식사 횟수는 섭취하는 영양소량에 영향을 줄 수 있다고 한다. 그러므로 유아기에는 세 끼 식사를 규칙적이고 충실하게 먹는 습관을 길러야 한다.

③ 식사태도

유아기에는 각종 기능이 발달됨에 따라 기본적인 습관이 몸에 배게 되며 혼자서 식사를 할 수 있는 능력이 생긴다.

1년 3개월 정도의 유아는 우유병을 빠는 것이 줄어들면서 컵에 입을 대고 마실 수 있게 되며 두 손으로 그릇을 잡고 마시다가 2년이 넘으면 한 손으로 컵이나 그릇을 잡고 잘 마실 수 있게 된다.

식사를 하는데 1년 반 정도면 숟가락을 손으로 쥐게 되면서 먹기 시작하지만 흘리기를 잘 하며, 2년이 넘으면 숟가락을 손에 쥐는 방법이 좋아지고, 3년이 넘으면 컵으로 마시는 것과 숟가락과 젓가락 사용이 능숙해진다. 4년이 넘으면 식사량도 증가하고 식사시간도 빨라지는 등 스스로 음식을 찾기도 하면서 어른의 도움 없이 식사태도가 정돈되어간다. 유아의 식사태도 발달과정은 다음과 같다.

〈표 5-7〉 유아의 식사태도 발달과정

연 령	발달과정
1년 3개월	숟가락으로 음식을 떠서 입 안으로 가져갈 때 숟가락이 뒤집히면서 쏟아지는 등 숟가락질은 어려워서 못하며, 손가락으로 음식을 집어서 입으로 넣는다. 밥그릇이나 컵을 두 손으로 잡지만 음식을 흘리거나 떨어뜨리는 등 실패가 많다.
1년 6개월	차츰 숟가락 잡는 것이 정확해지면서 숟가락을 한 쪽 손에 쥐게 되고 음식물을 입으로 넣기 위해 애를 쓰며 양손으로 그릇을 들어서 물이나 국, 우유 등을 마실 수 있게 된다. 그러나 그릇을 떨어뜨리거나 음식을 흘리기도 한다.
1년 6개월~ 2년	손목 움직임이 조절되면서 숟가락으로 음식을 먹을 수 있게 된다. 컵을 손에 쥐고 물 등을 기울여서 마실 수 있게 된다. 음식에 대한 좋고 싫은 기호성이 확실해진다.
2년~ 2년 6개월	숟가락을 손에 쥐는 방법이 좋아진다. 컵이나 공기를 한 손으로 잡고 잘 마실 수 있게 된다. 식사 중에 흘리지 않고 깨끗하게 먹는 아이도 있으나 아직 많이 흘린다.
2년 6개월~ 3년 6개월	감정이 불안정하고 싫은 음식에 대한 저항감이 강하므로 편식이 고착되거나 아니면 좋은 식습관이 형성된다. 식사하는 데 손을 사용하는 능력이 향상되며 젓가락질을 하게 된다. 3세가 넘으면 활동량이 늘어나서 식욕이 왕성해진다.
3년 6개월~ 4년 6개월	컵으로 마시는 것과 숟가락을 능숙하게 사용해서 먹는다. 식사량이 증가하며 식욕도 비교적 안정되고 좋고 싫은 차가 적어진다. 심하게 흘리지 않고 먹는다.
4년 6개월~ 6년	식사의 속도가 빨라지고 식사태도에 대해 이해하기 시작한다. 식욕이 증가하고 좋아하는 간식을 요구하며 음식에 대한 흥미가 생기고 식사태도가 정돈되어간다.

④ 식품선택

유아의 식품선택이나 영양소 섭취량은 공급하는 식품의 종류와 양뿐만 아니라 부모 또는 가족의 식생활에 통화되거나 모방을 통해서 식사기호 등이 형성되며, 특히 어머니나 유아를 돌보는 사람의 자세가 큰 영향을 미치게 된다. 부모와 유아의 유대관계가 좋으면, 좋은 식습관에 의한 소아비만이 많은 것으로 나타났다. 유아의 기호반영률은 첫 번째 아이인 경우보다 형제순위가 내려갈수록 낮아진다고 한다.

요즈음 어머니의 직장진출과 사회참여가 증가함에 따라 여러 가지 인스턴트 식품, 즉석 조리식품의 소비와 외식의 기회가 늘어나면서 유아의 식품기호가 변화되고 있다. 또한 TV 프로그램이나 광고가 유아의 식품 선택과 특정 식품을 선호하는 데에 큰 영향을 미치는데 학동기 유아보다 유아기 유아가 TV를 보는 시간이 많으므로 더 많은 영향을 받게 된다. TV시청시간이 길어질수록 활동량은 적어지므로 오늘날 소아비만의 증가에 한 원인이 되기도 한다.

유아가 식사 및 간식의 식품 선택이나 섭취량을 결정할 때는 식품내용 선택보다는 식사량의 결정에 유아의 의사가 많이 반영된 것으로 나타났으며 정규식사보다는 간식의 식사 선택 또는 섭취량 결정에 더 많이 의사가 반영되었다. 따라서 식품산업의 기술발달과 더불어 사회의 도시화, 국제화 등은 유아기 유아의 전통적인 식습관보다는 서구화된 식생활을 선호하는 데 영향을 미치고 있다.

⑤ 편식

편식이란 어떤 종류의 식품만을 좋아하고 다른 식품을 거부할 때를 말하나 단지 특정 식품을 좋아하고 싫어함으로 인해 영양소의 섭취균형이 깨어진다든가 발육과 건강에 장애를 일으키지 않으면 편식이라고 생각하지 않는다. 따라서 편식이란 한 가지 음식을 먹지 않는 경우가 아니고 특정 식품군, 채소군이나 생선류 등을 전혀 먹지 않을 경우가 진정한 편식인 것이다. 편식은 영양소의 불균형뿐만 아니라, 성격, 인간관계 등에도 영향을 미치므로 반드시 교정해 줄 필요가 있다.

㉠ 편식의 원인

유아들은 어떤 음식에 대한 기호가 뚜렷한 경향이 있다. 이러한 식습관이 편식과 연결이 되므로 문제시된다. 이는 일반적인 음식에 대한 기호(혐오, 선호)가 너무 뚜렷하여 일부 음식만을 섭취하거나 자신이 전혀 섭취한 적이 없는 음식은 나중에 음식이 제공되는 기회가 있더라도 먹지 않게 되는 경향을 보인다. 편식의 원인을 살펴보면, 특정 식품에 대한 혐오감에 의한 경우가 많다. 특히 음식 섭취 중 좋지 않았던 경험, 즉 가시가 걸렸다든지, 체한 적이 있다든지, 억지로 먹은 경험이 있는 경우 편식을 보인다. 또한 실제로 입맛에 안 맞는 경우 그 음식을 싫어하며, 주변

어른의 식행동을 따라서 유아가 편식하게 되는 경우도 있다. 또한 반항기여서 어른이나 선생님이 먹으라고 하니까 무조건 싫다고 하기도 하며, 육류음식인 경우 동물의 도살장면을 보거나 혹은 연상을 통하여 동물이 불쌍하다는 생각을 하여 먹지 않는 경우가 있다. 이러한 편식의 주된 원인을 정리해 보면 다음과 같다.

● 이유기의 미각상 및 촉각상 이유

편식이 형성되는 원인으로는 입 안의 촉감과 미각의 발달과 관련이 있는 경우가 많다. 이유기에 단맛이 나는 이유식만을 먹으면 다른 맛을 배우는 기회가 없어져 편식의 원인이 된다. 이유기에 새로운 맛의 이유식을 주면 뱉어버리는 행동을 보이나, 이것은 혀의 근육발달의 미숙으로 인한 경우도 있다. 물론 본인이 익숙하지 않은 맛일 경우 뱉는 경향을 보이나 되풀이하여 조금씩 주면서 맛에 대한 적응훈련을 시키면 먹게 된다. 따라서 이유기의 미각의 훈련은 어머니의 책임이라해도 과언이 아니다. 이유기에 아기가 싫어하는 감촉은 채소이므로 처음에 아기는 채소 이유식을 뱉어 버리기 쉽다. 상당한 시간적 여유를 갖고 채소 먹이는 훈련을 인내심을 가지고 계속 하면 아기는 이 촉각에 익숙해진다. 그러나 이 시기에 훈련을 잘못하면 어린이가 성장한 후에도 채소를 싫어하게 된다. 편식은 어머니나 양육인의 양육태도에 기인된 경우가 많으며 어린이를 다른 양육인 아래서 얼마 동안 양육시키면 편식이 교정되는 사례가 많다.

● 생리적 · 심리적 원인

유아가 발달하는 과정에서 어떤 종류의 식품의 맛과 냄새, 혀의 촉각 등에 익숙하지 않기 때문에 익숙하지 않은 감각에 대한 심리적 위축감을 갖게 된다. 이는 생리 및 감각적으로 혀의 점막 및 여러 감각기관의 감수성에 기인한 것이며 연령에 따라 변화한다. 즉, 유아기에는 냄새와 향에 예민한 반응을 나타내므로 주로 향이 강한 파, 미나리, 당근, 쑥갓 등을 싫어하는 일이 많으나 성장하면서 점차 해결된다. 한편 먹는 일을 강요당하거나 구토, 복통 등 불쾌한 경험이 있거나, 동물에 대한 동정 등 심리적인 요인으로 편식하게 되는 경우도 있다.

- 사회 · 경제적 요인

유아의 성장지역이 만약 식품의 유통에 제약을 받은 환경일 경우 성장기에 접하는 식품종류가 제한됨으로써 편식이 생길 수 있다. 한편 경제적으로 어려운 환경에서 식품의 사용범위가 좁은 식생활로 성장하게 될 경우도 편식이 생기게 된다. 그러나 이러한 편식은 일시적이며 환경이 달라지면 새로운 식생활에 익숙해진다.

- 가정의 식사환경

편식의 원인 가운데 가장 큰 원인은 가정의 식사환경이다. 영유아의 식생활은 부모와 함께 생활하는 가족의 식생활에 동화되면서 또 모방을 통해서 식사의 기호 등이 형성된다. 특히 어머니의 식품 기호도와 식생활 태도가 큰 영향을 주게 된다. 일반적으로 가정에서는 유아만을 위한 특별한 음식을 준비하기보다 가족들이 먹는 식사의 일부를 주게 되므로 만약 가족들의 식단에 결함이 있으면 결과적으로 유아가 편식을 하게 된다. 이와 같이 다음과 같은 어머니의 양육태도에 의해 유아가 편식하게 되는 경우도 있다.

- 이유방법이 잘못되었을 때
- 식단의 구성에 문제가 있을 때
- 음식을 강제로 먹이려고 했을 때
- 양친 또는 가족 중에 편식하는 사람이 있을 때
- 식사 중에 간섭이 너무 심할 때
- 과잉보호
- 이유기에 당분이 많은 음식을 지나치게 주어 다른 맛을 배우는 기회가 없었을 때

ⓛ 편식의 예방

- 이유는 무리 없이 진행해야 하며, 한 가지 음식에만 치중되지 않고 점차 다양한 식품을 접할 수 있도록 한다.
- 이유는 단계적으로 진행한다.
- 어린이의 생리적 발달수준에 적합한 음식 허용량에 맞추어 진행한다.

- 이유식의 조미는 자극성 없이 부드럽게 한다. 당분을 많이 주지 않는다.
- 음식의 맛을 성인의 기준에 맞추지 않는다.
- 부모나 가족이 편식을 하지 않는다.
- 유아에게 적합한 조리법을 택한다.
- 유아가 싫어하는 음식의 조리법을 개선하고 변화시켜 다시 새롭게 시도해 본다.
- 음식을 강제로 주지 않고 식사환경을 즐겁게 만든다.
- 식사량에 대하여 지나치게 관심을 나타내거나 강요하지 않는다. 단, 영양공급은 충분한가를 확인한다.

출처 : 정미라 외(2009).

ⓒ 조리법의 변화를 통한 편식교정

- **고기를 싫어할 때** : 고기를 골라낼 수 없도록 다른 식품과 섞어서 조리한다. 고기냄새를 싫어한다면 아이가 좋아할 만한 소스를 만들어 끼얹어 먹이도록 한다.
- **생선을 싫어할 때** : 다져서 다른 식품과 섞어서 조리하거나 카레가루 같은 향신료를 섞어서 조리한다.
- **채소를 싫어할 때** : 채소를 골라내지 못하도록 다져서 좋아하는 식품과 섞어 조리하거나 볶음밥, 김밥, 주먹밥, 카레라이스 등과 같은 아이가 좋아하는 음식에 골고루 섞어서 준다.
- **우유를 싫어할 때** : 달걀과 우유를 섞어 프렌치토스트나 스크램블 에그를 해서 주거나 각종 과일, 떠먹는 요구르트와 적당량을 섞어서 얼려 주거나 또는 코코아 가루 등을 타서 준다.
- **밥을 싫어할 때** : 일단 먹기 좋게 식혀서 주고, 볶음밥, 김밥, 주먹밥 등으로 아이가 좋아하는 다른 식품과 혼합된 형태로 변화를 주거나 예쁜 모양틀에 찍어서 주어 아이가 먹는 것에 흥미를 느끼게 한다.

⑥ 식욕부진

유아의 성장속도가 완만해지면서 식욕이 떨어지는 현상이 나타난다. 자아가 급속히 발달하면서 모든 사물에 대한 관심과 흥미가 싹트는 시기이므로 식단에 있어서도 음식의 내용이나 조리방법이 매력이 없고 단조로우면 식욕이 떨어지게 되고 관심이 없어지게 된다. 이외에도 신장의 장애, 신열, 빈혈, 급 · 만성 질환, 충치 등이 원인이 되어 입맛을 잃거나 식사에 장애를 느끼게 되어 식욕부진이 올 수 있고, 유아의 욕구불만, 운동부족, 지나치게 단 간식 등도 원인이 될 수도 있다. 또한 유아의 식욕부진은 부모의 잘못된 양육방법에 의한 경우가 많은데, 자녀에 대한 지나친 관심이나 부모의 불안, 초조는 유아로 하여금 정서적 불안과 자율신경 실조를 초래하고 식욕감퇴의 원인이 되게 한다.

지속적인 식욕부진은 성장지연 및 편식의 가장 큰 원인이 되므로 이유기부터 여러 가지 식품을 소개시켜 맛 좋고 기분 좋은 이미지를 갖도록 하는 것이 유아의 식욕부진과 편식으로부터 벗어날 수 있는 길이다. 이유기는 새로운 것에 대한 경험을 자연스럽게 받아들이고 무엇이든 입으로 가져가 먹으려는 식욕이 왕성한 시기이기 때문이다. 그러나 유아기의 유아는 먹는 것보다 놀이 등 사회적 경험에 더욱 관심이 많고 자아가 발달하면서 자신의 욕구를 관철시키는 수단으로 식사를 거절하기도 하므로 관리하기 힘든 시기이다. 따라서 식품의 재료를 다양하게 사용하고 조리법을 변형시켜 본다든가, 그릇에 담는 방법을 바꿔보기도 하여 유아의 흥미를 유발시켜 자신의 의사로 음식을 즐겁게 먹도록 유도하여야 한다.

식사에 관심이 덜 생긴 아이를 밥을 들고 따라다니면서 먹이든가 오랫동안 식사를 시키면 버릇이 나빠질 뿐만 아니라 음식에 대한 매력을 상실하게 한다. 그러므로 1회 식사시간은 20~30분 내에 끝내도록 하고 간식을 많이 주지 말고 집 밖에서 열심히 운동하고 놀도록 한다. 유아는 주의집중시간이 짧고 한 번에 섭취할 수 있는 양이 적다. 우유병으로 수유를 할 경우 한 번에 200ml 이상씩을 먹던 유아가 반 공기도 못되게 식사를 하면 영양이 부족된 것이 아닌가 고민하는 어머니를 자주 본다. 우유 200ml와 밥 4~5숟가락의 열량이 비슷하므로 양보다는 영양소의 농축정도가 중요한 것이다. 유아는 위가 작고 주의집중시간이 짧으므로 1회 식사시간을 짧게 하고 여러 번 나누어 줌으로써 식사에 대해 만족감을 느끼게 해준다. 다 먹은 후 더 먹고 싶어할 때 더 주면서 칭찬을 아끼지 말아야 한다. 식사횟수는 유아에 따라 3~4회 정도가 적절하다. 간식은 1~2회 정도가 적절하며 식사하기 2시간 전에는 주어야 식욕을 떨어뜨리지 않게 된다. 유아가 몹시 피곤해 하든가 배가 너무 고파도 짜증을 내며 식사를 거절하게 되므로 적당한 휴식과 식사시간 조절을 해주어야 한다.

유아들은 분위기에 민감하고 경쟁심 또한 민감하게 발동하므로 또래들과 함께 식사를 할 수 있도록 배려해 보는 것도 중요한 일면이다. 따라서 유아원이나 유치원에서 유아가 식사를 하도록 하고 교육을 시키는 것은 아주 효과적이다.

■ 유아의 식욕을 돋우는 법

가. 음식의 색

유아교육기관에서 점심식사에 빨간 무나 빨간 토마토를 곁들였을 때 유아들의 식욕이 증진된다는 사실이 관찰되었다. 일반적으로 빨간색은 위험을 나타내고 흥분된 느낌을 주지만 음식에 있어서는 식욕을 증진시키는 데 효과가 크다. 오렌지색도 빨간색과 함께 식욕을 좋게 한다. 반면 녹색은 안정적인 느낌을 주나 보라색과 함께 식욕을 떨어뜨린다는 사실도 관찰되었다. 그러나 빨간색과 녹색, 오렌지색의 조화는 맛을 즐기고 식욕을 돋우는 데 아주 효과적인 배합이다. 또한 음식 자체뿐만 아니라 담는 그릇과의 조화도 중요하다. 중간색 음식의 색을 부각시키기 위해 유아의 식기에 순색을 많이 사용하는 이유도 여기에 있다.

나. 주변의 색상

커튼이나 식탁보, 조명 등의 색상에 따라 유아의 식욕이 달라진다. 녹색이나 자색, 올리브색은 유아의 식욕을 떨어뜨리게 되고, 반면 오렌지색과 같은 색상은 유아의 식욕을 돋우어 준다. 식탁보는 흰색과 빨강색의 큰 체크무늬가 효과가 좋으며, 냅킨이나 식탁 위의 장식품도 빨간색이나 오렌지색으로 선택하는 것이 좋다. 식탁의 조명 또한 중요하다. 형광등은 음식의 자연색을 살리는 데 효과적이지 못하다. 따라서 보통 가정의 식탁 위나 레스토랑 등에서 붉은색 조명을 사용하는 것도 이와 같은 이유가 있는 것이다.

다. 음식의 모양과 담기

유아에게 제공되는 음식은 색채감각뿐만 아니라 형태감각의 조화를 무시해서는 안 된다. 새로운 형태의 음식에 관심을 갖게 되고 재미있는 모양으로 변화를 주면서 담게 되면 유아는 음식에 흥미를 갖게 되며 식욕이 생기게 되고 정서발달에도 도움이 된다.

라. 음식의 맛

음식에서 가장 중요한 것은 맛이므로 맛이 좋으면 음식을 잘 먹게 된다. 음식의 맛은 혀로 느낄 수 있는 화학적인 맛 외에, 촉각, 냄새, 온도 등에 의해 서로 조화를 이루어 좋은 식욕을 가질 수 있게 해준다.

출처 : 덕성여대 부속 유치원(2007).

2 유아의 영양문제

유아기의 영양문제는 절대열량과 단백질 섭취부족이 가장 큰 문제이다. 일부 영양소의 결핍이나 과잉증, 영양불균형의 문제로 질병을 얻을 수 있다. 유아기가 영양불균형, 음식 등으로 흔히 나타날 수 있는 질병은 비만, 충치, 음식 알레르기, 빈혈, 납중독, 영양불량 등이다. 이에 대해 구체적으로 살펴보면 다음과 같다.

1) 비 만

비만은 유아가 성장, 유지, 활동을 위해 필요한 열량보다 더 많은 열량을 섭취했을 때 과잉열량이 중성지방의 형태로 전환되어 피하조직에 많이 쌓인 상태를 비만이라고 한다. 특히 영유아 비만은 지방세포의 수가 주로 증가하고, 일단 지방세포가 증가하면 회복되기가 어렵고 성인비만으로 이어질 가능성이 있다. 비만 그 자체는 병이 아니지만 오래 지속되면 고혈압이나 당뇨병과 같은 성인병의 질환을 일으킬 수 있으며 행동이 불편해지고 열등감에 빠지게 되므로 적절한 체중을 유지할 수 있도록 해야 한다.

(1) 비만의 원인

첫째, 비만의 원인은 식사, 운동, 생활환경, 유전, 정신적 스트레스 등 여러 가지 요인들이 복합적으로 작용하지만 식사와 관련된 원인이 손꼽힌다. 식사는 기름진 음식이나 스낵류를 좋아하고 서구식의 고열량의 음식을 잘 먹는다.

둘째, 발육기 유아의 비만은 과식에 의한 경우가 대부분이고, 식사량이 적당한데도 오는 비만은 운동부족으로 볼 수 있다.

셋째, 비만의 공통된 특징은 간식으로 설탕, 음료수, 과자류 등의 섭취가 많았고, 식사의 내용 중 당질의 함량이 많았다.

넷째, 식사 외의 요인으로 집 밖에서 운동을 좋아하지 않거나 운동장소나 놀이터가 없는 환경도 유아들의 비만에 영향을 끼친다. 생활의 변화와 스트레스는 음식을 과잉으로 섭취하게 하여 비만을 일으키므로 운동이나 취미활동으로 스트레스를 해소할 수 있도록 한다.

■ 바람직하지 못한 섭식행동 및 패턴을 보면 다음과 같다

- 저열량 고영양 식품보다 고열량 저영양 식품을 선호한다.
- 음식을 먹는데 기분이나 상황에 대한 변명을 한다.
- 생리적 욕구에 관계없이 먹는 것에 민감하다.
- 신체기능과 영양에 대한 이해가 없다.
- 식사시간의 규칙성이 없으며 한 번에 먹는 양이 많다.
- 오전에는 식욕이 부진하다 오후가 되면 식욕이 돌기 시작하여 주로 밤에 많은 양의 음식을 먹는다.
- 음식을 빨리 먹으며 식사 시 사회성이 부족한 특징을 가지고 있다.

(2) 비만의 정도

유아의 비만판정은 신장별 표준체중을 이용하여 간단히 판정할 수 있다. 표준 신장에 따른 체중을 표준으로 하여 현재의 체중과 비교 판정한다(표 5-8).

표준체중을 이용한 비만 판정법은 아래와 같다.

〈표 5-8〉 소아의 연령별 표준체중

$$\text{비만도} = \frac{\text{실측 체중} - \text{신장별 표준체중}}{\text{신장별 표준체중}} \times 100$$

체중미달 : −20% 이하
저 체 중 : −10% 이하
정 상 : −10%~+10%
과 체 중 : +10% 이상
비 만 : +20% 이상

(3) 비만과 성인병의 상관관계

- **당뇨병** : 정상아에 비하여 당뇨로 진행될 가능성이 3배 이상이며 최근에 비만아 중 당뇨병이 계속 증가하고 있다.
- **고혈압** : 정상아에 비해 비만아의 경우 고혈압 발생률이 10배 이상 높다.
- **고지혈증과 동맥경화증** : 비만은 혈액에 지방이 많은 상태인 고지혈증을 일으킬 뿐만 아니라 동맥경화증과 같은 심장 및 혈관질환을 가지게 될 확률이 매우 높다고 한다.
- **담석증** : 비만아는 혈중 내에 콜레스테롤이 많이 증가되어 담석증을 잘 일으키게 되고 수술을 받게 될 경우 수술에 따른 부작용이 많이 발생한다.
- **지방간** : 비만아에게는 간에 비정상적인 증상이 나타나며 지방간으로부터 심하면 간염, 지방성 섬유화, 지방성 간경화까지 나타난다.
- **암의 발생률 증가** : 비만여성은 자궁암과 유방암의 발생률이 2~3배 높으면 간암의 발생률이 높다. 비만남성의 경우 직장암, 대장암과 전립선암의 발생률이

매우 높게 나타난다.

- 기타 성인병 : 피부곰팡이 염증, 퇴행성 관절염, 신경염, 만성호흡곤란, 임신중독증이 비만의 경우 정상체중보다 자주 나타난다.

(4) 비만의 문제점

첫째, 소아비만은 성인비만으로 될 가능성이 높다

비만은 지방세포 수가 증가하여 발생하는 경우와 지방세포의 크기가 증가하여 발생하는 경우로 구분할 수 있다. 한국인의 비만은 지방세포의 수가 증가하는 성장기에 발생률이 높아 심한 비만을 일으킬 가능성이 많고, 또한 내장조직에 지방이 축적되는 복부비만형이 많아서 앞으로 성인병의 발생빈도가 크게 증가하리라 예측된다.

둘째, 비만유아들에게 많은 수의 성인병이 발견되고 있다

고혈압은 일반유아의 4.5%에서 발견되는 반면에 비만유아에서는 16.6%로 이미 많은 수가 혈압이 높아져 있음을 알 수 있다. 지방간과 고지혈증(혈청콜레스테롤 증가)도 중등도 내지는 고도 비만유아에게서 많이 나타나고 있다.

셋째, 심리 · 정서적 문제를 일으킨다

체형의 변화와 운동능력 저하에 따른 열등감에 의하여 내향적이고 소극적이며 비활동적인 성격을 형성하게 되어 불안감에 따른 심신증을 일으키기도 한다. 그러나 더 사교적이고 적극적이며 낙천적인 비만 특유의 성격을 가지고 있는 경우도 있지만 이는 심리적 고통을 감추려는 반응으로 간주되고 있다.

넷째, 성인비만은 쉽게 치료되지 않지만 유아비만은 대부분 치료가 용이하다

이 시기의 치료는 전적으로 부모에 의해 이루어지므로 유아에게 심리적 타격을 주지 않도록 가족 전체의 식습관을 개선해야 한다.

유아기의 비만치료식을 하는 동안에 주의할 점은 너무 심하게 제한식을 하여 유아의 성장에 영향을 미치게 해서는 안 되므로 당질의 제한에 그치고 단백질이나 지방, 무기질, 비타민 등의 영양소는 부족하지 않도록 한다. 다만, 단백질과 지방을 필요 이상으로 많이 섭취하는 경우는 필요량 정도로 줄일 필요가 있다.

(5) 비만의 치료

① 식사요법

비만아의 식사관리를 위해서는 식사를 통한 열량을 조절해야 하며 섭취에너지 중 당질의 섭취를 줄이는데 하루 세 끼의 식사로 균형 있게 섭취하는 식습관을 가질 수 있도록 하는 것이 무엇보다 중요하다. 유아의 비만은 성인비만에 비해 쉽게 조절된다. 성인은 체중을 줄이기 위해 많은 양의 열량을 줄여야 하지만 유아의 경우 키가 많이 크는 때일수록 적은 열량제한으로도 큰 효과를 볼 수 있다. 체중감소가 아니라 체중유지만 하여도 되기 때문이다. 유아에게 극심한 열량제한은 성장을 방해할 수 있으므로 피하는 것이 좋다.

② 운동요법

신체활동의 부족은 비만의 주요 원인이 된다. 신체활동의 부족에 영향을 주는 요인은 TV시청을 들 수 있다. TV시청은 열량을 적게 소비하면서 고열량 식품 등으로 된 간식을 주로 먹기 때문에 비만을 조장할 수 있다. 그러므로 이 시기에는 TV시청보다는 자전거 타기, 술래잡기, 줄넘기, 바깥놀이 활동, 뛰기, 산책, 모래놀이, 신체게임 활동 등 동적인 활동을 주로 할 수 있도록 한다.

③ 심리적 지원

식품에 대한 부모의 태도는 유아의 식생활 습관에 큰 영향을 미치므로 부모가 먼저 좋은 모델이 될 수 있도록 노력해야 한다. 또 비만아를 향해 부정적인 언어를 사용하거나 상처를 입히는 언어를 사용하지 않도록 한다.

■ 비만치료의 원칙

① 목표를 지나치게 잡기보다는 체중의 현상유지를 목표로 한다.
② 단시일에 효과를 보려 하기보다는 장기적으로 식습관을 변경시킨다.
③ 하루 세끼의 식사를 균형있게, 규칙적으로 섭취하도록 한다.
④ 생선, 고기류, 콩제품은 하루 필요량을 충분히 먹을 수 있게 해주고 지방이 많은 음식을 줄이도록 한다.
⑤ 야채나 과일, 해조류 등을 이용하여 부족한 분량을 보충해 주도록 한다.
⑥ 음식을 싱겁게 하고 설탕류나 당분이 들어간 음식은 제한하도록 한다.
⑦ 인스턴트식품과 냉동식품, 탄산음료 등을 제한한다.

2) 충 치

연령과 경제수준에 관계없이 유아에게 가장 흔한 질병은 충치이다. 유치는 발육기의 성장에 영향을 줄 뿐만 아니라 충치가 있으면 씹기 힘든 음식을 싫어하고 부드러운 음식만을 찾게 되어 편식을 하게 된다. 그 결과 균형있는 식생활이 불가능해지고, 신체발육에 지장을 초래할 수 있다. 치아는 음식을 먹는 기능 외에 발음을 내는데 필요한 역할을 하므로 충치가 있으면 발음이 어렵게 될 수도 있다. 또한 치아는 얼굴의 형태를 잡아 줄 뿐만 아니라, 음식을 씹으면서 얼굴의 근육을 발달하게 하는데 충치로 인해 한쪽으로만 씹게 되면 얼굴모양이 변형될 수도 있다.

(1) 충치의 원인

충치가 발생하는 원인은 치아의 질, 음식물, 세균이다. 사람의 입 속에는 뮤탄스라는 세균이 존재하고 있는데 이 세균의 번식을 억제하기 위해서는 세균이 좋아하는 당분을 제한하고 치아를 깨끗이 닦는 것이 중요하다. 또한 세균에 대한 저항력을 높이기 위해서는 양질의 단백질과 칼슘을 섭취하고 균형잡힌 영양을 섭취하도록 한다.

과거에는 주로 섬유소성 식품을 많이 섭취하여 많이 씹게 되므로 치아표면을 청결하게 하여 충치의 발생률을 감소시켰으나 현대에 와서는 저작을 하지 않아도 쉽게 먹을 수 있는 음식들이 많고 이러한 음식들은 치면에 잘 부착되는 성질이 있어 충치를 잘 유발시킨다.

충치의 원인은 세균 자체가 아니라 타액의 단백질, 박리세포와 함께 박테리아가 뭉쳐 만들어진 변형 박테리아가 치아에 붙어있는 당류를 분해하게 된다. 이로 인해 젖산이 생성되는데, 이 산이 치아의 상아질을 부식시켜 충치가 발생하게 된다. 또한 타액은 치아의 세척과 완충작용을 하는데 수면 중에는 타액의 분비가 줄어들게 되므로 취침 전 음식을 먹고 잠든다든가 우유병을 물고 잘 경우 충치가 쉽게 발생한다.

(2) 충치의 예방법

- 간식을 줄 때는 당분이 적은 것으로 주고 이에 달라붙기 쉬운 젤리나 엿 등, 찌꺼기가 나오기 쉬운 것은 피하도록 한다.
- 간식을 포함하여 규칙적인 식사를 하고 식사 후에는 올바른 이닦기를 습관화한다.
- 충치의 원인균은 당분을 좋아하므로 당분을 적게 먹고, 음식을 먹은 후 반드시 양치를 하여 세균이 번식하기 쉬운 환경을 없애는 것이 충치예방의 지름길이다.
- 건강한 치아는 충치에 대한 저항력이 강하므로 칼슘과 단백질 등의 모든 영양소를 균형 있게 섭취하여 건강한 치아를 가꿀 수 있도록 하여야 한다.
- 충치유발지수가 높은 식품으로는 먹으면 입 안에 붙는 젤리, 캐러멜, 비스킷, 도넛, 인절미 등의 섭취는 줄이고 어육류, 채소, 과일 및 우유류의 섭취는 늘린다.
- 채소와 해조류는 충치발생 가능성이 낮으며 오렌지주스, 감, 귤, 딸기, 토마토, 배, 수박, 참외 등도 충치유발지수가 낮다.
- 포도, 바나나, 과일 통조림, 넥타, 건포도, 곶감 등 가공된 과실류는 충치유발

지수가 높다.

- 단백질 식품에 속하는 육류, 난류, 어패류, 두류 등도 충치 발생률이 낮은 식품이다.
- 우유, 치즈는 충치유발 가능성이 낮으나 아이스크림, 요구르트 등은 충치발생 가능성이 크다.
- 충치를 예방하기 위해서는 식품 외에 불소를 첨가하여 치아 자체의 저항력을 키운다.

출처 : 전남련 외(2009).

3) 음식물 알레르기

음식물 알레르기란 인체의 항원항체반응의 불균형으로 일어난다. 인체 내에서 거부하는 물질인 항원이 인체로 들어갔을 경우, 인체는 항원을 제거하려는 항체를 만들어낸다. 항체가 항원의 작용을 마비시킴으로써 몸을 보호하게 된다.

그러나 항원에 대한 항체가 만들어지지 않을 경우 항원에 의해 신체의 이상증상이 발생하는데 이를 알레르기라 한다.

(1) 알레르기를 일으키기 쉬운 식품

- 우유, 달걀
- 생선류 : 등푸른 생선(고등어, 꽁치, 정어리 등)
- 갑각류, 패류 : 굴, 바지락, 새우 등
- 곡류 : 메밀, 옥수수, 밀가루 제품
- 두류 : 대두(두유, 두부 등)
- 채소류 : 죽순, 토란, 우엉 등
- 과일류 : 딸기, 복숭아, 참외 등
- 견과류 : 땅콩, 호두

- 기타 : 초콜릿

(2) 알레르기 증상

알레르기의 이상증상으로는 비염, 설사, 구토, 두드러기, 피부염, 과민증 등이 나타나는데 음식을 섭취한 후 2시간 이내에 즉시 발생할 수도 있고 4~72시간 이후에 나타나기도 한다. 알레르기 원인식품을 알아내는 방법으로는 의심이 가는 식품을 빼서 증상의 개선을 보는 방법과 증상이 완전히 없어진 상태에서 의심이 가는 식품을 하나씩 넣어 증상이 나타나는가를 살펴보는 방법이 있다.

(3) 알레르기 예방

알레르기를 일으킬 수 있는 식품은 달걀, 땅콩, 우유 등이다. 식품 알레르기는 영유아기에 가장 흔하다가, 연령이 증가하면서 점차 줄어든다. 식품 알레르기 발생을 억제하기 위해서는 식품에 대한 내성을 기르는 것이 가장 좋지만 2세 이전에는 되도록 알레르기를 유발하는 식품을 제한하는 것이 바람직하다.

4) 철결핍성 빈혈

빈혈이란 체내에서 적혈구 수 또는 헤모글로빈의 수치가 정상치보다 떨어져 있는 상태를 말하며, 철결핍성 빈혈은 흔한 질환으로 주로 어린 소아에서 많이 발생한다. 영아의 철결핍성 빈혈은 우리나라를 비롯하여 전 세계적으로 매우 흔히 나타난다.

① 원인

- 만성설사
- 불충분한 식품 섭취(6개월 이상 모유만을 먹인 경우)
- 이유식을 늦게 시작, 이유식품의 부적절한 이용

- 미음이나 선식만으로 오랫동안 영양을 섭취했을 때
- 생우유를 돌 전에 주거나 돌 이후 과량 주는 경우
- 고기섭취를 제한하는 채식주의자의 자녀인 경우에 위험
- 빠른 신체성장과 혈액량의 증가로 인한 철 필요량 증가
- 소화기 질환이나 감염 등으로 인한 출혈이나 혈액손실

② 증상

- 세균감염에 대한 저항력 약화
- 소화기능의 저하, 식욕 감퇴
- 집중력 감소, 학습능력 저하
- 페인트, 흙, 숯, 종이 등을 마구 먹는 이미증 유발
- 장기적인 철분 부족은 성장발달 저해, 지능지수나 행동발달지수 저하

③ 영양공급 및 대처방안

- 철이 충분히 함유된 식품(육류, 생선, 녹색채소 등) 섭취
- 생후 4~6개월 이후부터 경구용 철과 철이 강화된 영아용 조제유나 시리얼 공급
- 식사 시 비타민 C가 풍부한 식품을 함께 섭취하는 등의 방법으로 철의 체내 흡수를 증가시킴
- 모유를 먹지 않는 아기에게는 철이 강화된 영아용 조제유를 공급

신체의 성장에 따른 필요의 증가와 활동량이 늘어남에 따라 철분의 필요는 점점 늘어나게 되는데 적절한 음식물을 통해 공급되지 않으면 쉽게 결핍될 수 있다. 특히 한 살 이후에 생우유만 먹고 다른 음식물을 먹지 않은 경우에는 철분섭취가 부족해진다. 고기를 싫어하는 아이의 경우에도 대부분의 음식물 철분이 non-hume 상태로 들어와 흡수율이 떨어지게 되어 체내 철분이 부족할 수 있다.

철분이 부족한 영아의 경우 정신발달에 영향을 줄 수 있고 집중력도 떨어진다. 따라서 적절한 철분공급을 위해 부모의 관심이 필요하고 비타민 C, 육류, 생선 등을 안정적으로 섭취해야 한다.

5) 납중독

납은 환경 전체에 퍼져 있어서 오염된 땅과 물을 통해서 식품 속에 들어간다. 또한 납에 오염된 먼지, 페인트 조각, 깡통조각 등을 먹음으로써 납을 섭취할 수 있다.

어린이들은 성인보다 납을 더 많이 흡수하고 민감하다. 성인들은 납의 약 10%만을 흡수하는 데 반해 어린이들은 약 50%까지 흡수한다. 납은 체내에서 파괴, 대치되지 않는 금속이온으로 철, 칼슘, 아연 등과 경쟁함으로써 이들의 결핍을 초래한다.

납은 성장을 느리게 하고, 청각에 손상을 주고, 근육운동의 균형을 손상시킨다. 또한 신경정신 발달에 손상을 주고 학업성취 능력에 저하를 가져온다.

어린이 납중독을 줄이려면 집 안을 깨끗이 청소하고 놀고 난 후나 장난감을 만진 후에는 꼭 손을 씻도록 한다. 또한 페인트를 조심하고, 비타민 C 수치가 낮으면 혈중 납 수치가 높을 가능성이 많으므로 비타민 C가 풍부한 채소와 과일을 충분히 섭취하는 것이 좋다.

그리고 철의 섭취가 부족한 경우 납의 흡수가 촉진되므로 철이 풍부하게 들어있는 식품의 섭취를 늘리는 게 좋다.

6) 영양불량

영양불량이란 결핍상태뿐만 아니라 과잉으로 인한 비만이나 부작용 및 영양의 불균형 상태를 모두 포함한다. 영양결핍으로 인한 영양불량은 대개 사회 · 경제적 수준이 낮은 상태에 있는 유아에게서 나타난다. 경제적 이유로 식품섭취의 절대량이 부족하고 감염이나 기생충으로 인한 흡수불량, 부모의 무관심, 잘못된 육아법으로 결핍상태에 빠지게 된다.

영양결핍은 육체적 · 정신적 무력감과 성장지연, 피부의 윤기 및 탄력 감소가 초기 영양결핍의 증상으로 나타난다. 결핍상태가 지속적으로 심화되면 부종, 근육 소모, 체중 미달, 탈모, 탈색이 된다. 장기적 영양결핍은 뇌성장에 장애를 가져오므로 건강한 유아군에 비해 영양불량 유아군의 지능지수가 현저히 낮다는 보고가 있다. 이렇게 영양결핍 및 영양과잉과 같은 영양불량은 질환에 걸릴 확률이 높고 사망률도 높다.

영양소가 결핍된 유아들은 초조하고, 공격적이며, 유쾌하지 못하거나, 우울하고 의기소침한 경향이 있다. 특히 철분결핍은 다른 어떤 영양문제보다 신체에 광범위하게 영향을 미친다. 철분은 혈액에 산소를 공급하고 세포 내의 산소를 운반하며 에너지가 생성되도록 하며, 신경전달물질의 구성체로 쓰이는 매우 중요한 영양소이다. 철분이 결핍되면 집중력도 떨어지고 에너지 부족뿐 아니라 학습능력에도 영향을 미치므로 적당량을 섭취해야 한다. 아연이 결핍되면 성장을 지연시키므로 아연이 들어 있는 음식도 골고루 섭취해야 한다.

〈표 5-9〉 영양소 결핍과 관련된 증상 및 결핍 영양소 보완식품

결핍 영양소	증 세	보완식품
단백질-열량	• 무관심, 화를 잘냄 • 에너지 부족 • 식품에 대한 관심의 저하	• 육류, 생선 • 곡류와 두류 등
티아민	• 혼란, 부조화된 행동 • 식욕부진 • 짜증, 불면증, 피로 • 일반적인 두통	• 돼지고기 • 육류의 간 • 콩류
리보플라빈	• 우울, 히스테리, 정신병적 과행동 • 불면증	• 우유 • 육류의 간 • 강화 곡류식품
나이아신	• 짜증, 흥분성 우울증 • 두통, 불면증 • 기억력 쇠퇴 • 감정의 불안정(펠라그라 초기 증세) • 정신병이나 광란으로 발전되는 정신혼란 증세	• 육류 • 땅콩 • 강화 곡류식품
비타민 B_6	• 짜증, 불면증, 허약, 우울 • 비정상적인 뇌파패턴 • 경련, 빈혈로 인한 전반적인 증세 • 피로, 두통, 감정 변화의 기복이 심함	• 콩 • 육류 • 육류의 간
엽 산	• 빈혈로 인한 전반적인 증세 • 피로, 허약, 건망증 • 가벼운 우울증 • 비정상적인 신경기능, 두통 • 방향감각 상실, 혼란감 • 간단한 계산 수행 불가	• 간 • 푸른 잎 채소
비타민 B_2	• 말초 신경계의 퇴화 • 빈혈	• 간, 육류 • 우유 • 달걀, 치즈
비타민 C	• 히스테리, 우울 • 맥없음, 권태, 허약, 일하기 싫어함 • 심기증, 사회적인 내향성 • 철분 결핍성 빈혈, 피로	• 육류의 간 • 딸기, 감귤류 등 • 각종 과일과 야채류
비타민 A	• 시각장애, 심한 경우 실명 • 야맹증 • 각막 및 피부 건조증과 각질화	• 간 • 우유, 버터, 연어 • 녹황색 채소
철 분	• 피로, 허약, 두통, 맥없음 • 빈혈의 정신적 증세	• 육류 • 달걀노른자 • 육류의 간
마그네슘	• 무관심 • 인격변화	• 녹색채소 • 콩류, 곡류
구 리	• 철분 결핍성 빈혈	• 굴, 간 • 채소, 종실류
아 연	• 식용부진, 성장부진 • 철분 결핍성 빈혈 • 짜증, 정서적 불일치	• 굴, 간, 육류 • 달걀, 두류

3 유아의 식사관리

유아기의 유아는 영아기보다 성장속도가 늦어지면서 식욕이 저하되고 기호의 변화가 심하여 불규칙적인 식사를 하지만 새로운 식품으로 정성스럽게 준비한 음식을 제공하면 먹는 것을 즐기게 된다. 유아가 미각과 스스로 식품을 받아들이고 먹는 기술을 익히는 데 영향을 미치는 것은 식품이 지닌 특성으로서 식품의 질감, 맛, 냄새, 색깔 등이며 이러한 요인을 고려하여 식사를 제공하면 유아는 만족스러운 식사를 할 수 있게 된다.

1) 식품의 질감

유아의 식사에서는 식품의 질감이 부드러운 음식을 주고 입 안에서 씹는 소리를 즐기면서 먹기 위해 바삭거리는 식품이나 씹는 기술을 익히기 위해서는 많이 씹지 말고도 자연스럽게 씹히는 식품이 좋다.

육류는 유아들이 씹기 힘들어 하기 때문에 갈비나 불고기보다는 햄버거나 핫도그를 좋아한다. 따라서 육류를 갈아서 충분히 조리, 가공한 것이 바람직하고 위생적으로 안전하다. 채소류는 익혀서 부드럽게 한 것보다는 신선한 생채소를 손으로 집어 먹는 것을 더 좋아하며 길이가 긴 채소는 짧게 잘라서 먹기 쉽게 해주어야 한다. 건조식품은 딱딱한 경우가 많아서 유아가 특히 먹기 어려우므로 수분이 함유된 한두 가지 식품과 함께 먹도록 준비한다.

2) 식품의 맛

유아가 올바른 식사패턴을 갖도록 하기 위해서는 식품 본래의 맛을 느끼도록 해주어야 한다. 유아는 싱겁고 순한 맛을 좋아하며 너무 뜨겁거나 찬 음식보다 실온

정도의 따스한 음식을 좋아한다. 강한 향신료 및 조미료 그리고 짠 맛, 매운 맛, 신 맛 등의 자극성이 있는 식품을 싫어하므로 성인의 입맛에 맞춰 조미하는 것은 피해야 한다. 강한 맛과 순한 맛의 식품을 잘 배합하여 주는 것도 바람직하므로 오렌지 주스 등 신 맛이 강한 것을 물로 희석하여 주고 요구르트는 우유와 섞어 주며 맛을 순하게 할 뿐 아니라 여러 가지 맛을 경험할 수 있도록 한다. 단 맛을 낼 경우 설탕보다는 설탕에다 꿀을 약간 혼합하여 단 맛을 증가시키고 영양 면에서도 비타민과 무기질을 얻을 수 있어서 합리적이다.

3) 식품의 색

유아는 식품의 색에 관심을 가지고 눈으로 식사를 할 수 있으므로 신선한 식품은 특유의 색을 나타내고 있음을 알 수 있도록 가르치는 것도 중요하다. 그러므로 식욕을 촉진시키는 적색, 녹색, 오렌지색, 황색 등의 색깔과 밝기가 다른 독특한 색을 가진 신선한 식품으로부터 맛을 즐길 수 있도록 한다. 유아기의 식사에는 중간색의 식품이 많으므로 빨간 토마토와 당근, 초록색의 오이 등 화려하고 순수한 색의 식품을 곁들이면 기호도가 높아진다.

4) 식품의 냄새

일반적으로 경험에 의한 바람직한 식품이나 음식의 향기는 식욕을 촉진시킨다. 유아의 식사는 식품 자체가 가지고 있는 독특한 자연의 향기를 살리거나 불쾌한 냄새를 제거하고 조리 중에 일어나는 여러 가지 화학적 변화에 의해 식욕을 촉진시키며 조미료, 향신료, 방향채소를 적절히 활용해서 음식의 향기를 보완하도록 조리하여 식품의 냄새를 좋게 해주는 것이 중요하다.

5) 조리법

영유아들은 잘 조리되지 않은 음식이나 여러 가지 식품재료가 혼합된 복합적인 음식보다는 단순하고도 간단한 음식을 즐긴다. 새로운 식품은 초기단계에서는 소량을 제공하여 맛을 보는 정도로 시작할 수 있게 하고, 이미 친숙해져 있는 음식과 함께 만들어 주는 것이 좋다. 또한 유아는 아직 손의 움직임이 서투르기 때문에 먹기 쉬운 형태로 식사를 준비하는 것이 중요하다. 이에 국물이 있는 음식은 숟가락으로 떠먹기 쉽거나 마시기 쉽게 제공할 필요가 있음을 알린다.

6) 식사환경과 식기류

영유아들의 식사시간은 편안한 자세와 심리적 안정을 취할 수 있는 환경이 중요하다. 발을 받쳐 줄 수 있는 안정성 있는 의자와 산만함을 통제할 수 있는 식탁의 위치 및 식기의 적절한 배열을 통하여 안정되고 편안한 자세로 즐겁게 식사할 수 있는 환경을 조성해 줄 수 있다. 또한 유아의 신체발달과정에 알맞은 식기류의 선택은 식사행동 발달에 도움이 되므로 유아가 처음으로 사용하는 식기인 숟가락은 모나지 않고 둥근 모양에 적당한 굴곡이 있으며 얇고 가벼워 음식을 뜨기 쉬운 것으로 주어야 한다. 대개 짧고 무디며 잡기에 편리한 스테인리스 스틸의 숟가락이나 포크가 좋다. 컵은 유아의 작은 손으로 감싸기 알맞은 크기로 편리한 손잡이가 있는 것을 선택하고 식탁에 안정감 있게 놓일 수 있는 것으로 사용하는 것이 좋음을 알린다.

7) 식단계획

영유아를 위한 식단은 영유아의 성장에 필요한 영양소를 충분히 섭취하면서 소화되기 쉬운 식사를 계획하는 것이 필요하다. 식단작성 시 식품의 배합을 다양하게 하면서 개인별 영양소 필요량을 충족시키도록 하고, 특히 칼슘과 단백질이 충분히 함유되도록 고려하고, 같은 식품은 주기적으로 제공해야 함을 유념하도록 한다.

출처 : 정연강 외(2005); 신은수 외(2009).

■ 유아에게 새로운 음식을 줄 때 이렇게 하세요

1. 주위에서 음식을 잘 먹는 모델이 되어 주세요

유아 주위에 있는 부모, 형제자매, 친구들이 유아에게는 낯설고 새로운 음식을 잘 먹고 있는 모습을 보여준다면 유아도 그 음식에 대한 호기심을 갖고 먹으려고 시도할 것이다.

2. 유아의 미각, 시각을 자극해 주세요

유아에게 음식을 제공할 때 유아의 관심을 끌 수 있도록 색, 질감, 모양의 조화가 잘 이룰 수 있도록 음식을 준비한다.

3. 그릇에 너무 많은 음식을 담지 마세요

유아에게 새로운 음식을 제공할 때에는 적은 양으로 담아준다. 일반적으로 유아의 1회 분량은 어른 1회 분량의 1/4 또는 1/2이 적절하다.

4. 또래친구들과 함께 식사해요

유아는 또래친구들과 함께 식사를 하면 좀더 먹으려고 한다.

5. 상차림하기 전에 식품에 대한 소개를 해주세요

다양한 식품, 특히 유아에게 생소한 식품을 함께 구매하고, 준비하고, 심지어는 같이 키우면서 그 식품에 익숙해진다.

6. 강요하지 말고, 항상 격려해 주세요

유아에게 새로운 음식을 처음 소개했을 때 먹지 않는다고 강요하지 말고, 다음 번에는 좀 더 가볍게 소개를 하고, 여러 번 보여주면 줄수록 유아는 한 번이라도 맛을 보려 하고 그것을 수용하기 위해서 학습을 한다.

7. 음식을 보상이나 처벌의 수단으로 사용하지 마세요

연구보고에 따르면 음식을 처벌이나 보상의 수단으로 사용하면 유아는 더욱더 그것을 수용하려 하지 않는다. 예를 들면, '브로콜리를 먹으면 밖에 나가서 놀 수 있다'고 말을 한다고 브로콜리를 좋아하는 마음이 생기지는 않을 것이다. 유아가 모두 다르듯이 좋아하는 음식과 싫어하는 음식도 다르다. 이것은 성인도 마찬가지이다.

출처 : Joanne saab, RD(2002); 이종숙(2009).

4 유아의 식사예절

즐거운 식사시간은 식사에 대한 예절을 배울 수 있는 장이 된다. 즉, 유아들이 편안하게 음식을 먹을 수 있도록 하고 식사시간이 즐거운 시간이 될 수 있도록 유아교육기관에서는 교사들의 끊임없는 관심과 배려가 필요하고 식사하는 환경도 편안하게 만들어 주어야 한다.

■ 식사시간을 통한 예절교육

- 음식을 먹기 전에는 반드시 손을 씻도록 한다.
- 식사 후 음식을 흘린 것이나 식탁, 의자를 정리하도록 한다.
- 바른 자세로 앉아서 먹도록 한다.
- 음식을 먹기 전과 먹은 후에는 항상 인사를 하도록 한다.
- 음식을 먹는 시간에 돌아다니지 않도록 한다.
- 음식을 입 안에 넣고 이야기하지 않도록 한다.
- 식사 후 식기를 정해진 장소에 갖다 놓도록 한다.
- 식사 후 이를 바로 닦도록 한다.

5 영유아의 식생활 지도

식생활 행동은 자아의식이 발달되는 유아기 때부터 그 기초가 형성되기 시작하며, 일단 형성된 식생활 행동을 변화시키기는 그리 쉽지 않다. 그러므로 이 시기에 좋은 식생활 행동이 형성되도록 최선을 다하여 지도해야 한다.

유아기가 되면 실제로 음식을 선택하고 양을 결정하는 데 있어서 유아 자신이 스스로 적극적인 역할을 한다. 또한 유아는 일상생활 속에서 영양이나 음식과 관계된 많은 종류의 자극을 받으며 살아가고 있다. 따라서 유아도 자신의 건강과 영양을 위해 적절한 식품을 선택하는 데 필요한 지식을 배울 필요가 있으며, 가정과 유아교육기관에서의 적절한 지도가 필요하다.

과거에는 유아들의 영양 및 식생활 상태나 식습관 형성에 관한 1차적인 책임은 가족에게 있다는 것이 보편적인 인식이었으나, 최근에는 유아 자신이나 유아교육기관과 더욱 관계가 있으므로 유아나 유아교사를 위한 영양교육을 강화시킬 필요가 있다는 의견이 제시되고 있다. 특히 현대사회에서는 여성의 사회참여로 취업모가 증가함에 따라 유아가 유아교육기관에서 보내는 시간이 길어지고, 또한 음식을 먹는 횟수도 늘어나게 되었다. 따라서 유아는 가정뿐만 아니라 유아교육기관에서도 식습관에 관련된 경험을 할 기회를 갖게 되었다. 연구보고에 의하면 3~5세 유아들을 대상으로 유아교육기관에서 영양교육 프로그램을 실시한 결과, 유아는 건강을 위해 좋은 음식과 그렇지 않은 음식을 구분할 수 있게 되었으며, 영양과 식품에 대한 지식이 증가하였고, 올바른 위생습관을 형성하게 되었음을 보고하고 있다.

식생활 지도는 일상생활, 특히 음식을 먹는 시간을 전후하여 매일 이루어질 수 있다. 구체적으로 음식을 먹기 전, 먹을 때, 그리고 음식을 먹은 후로 나눌 수 있는데, 연령에 관계없이 지도내용은 거의 비슷하다.

1) 음식 먹기 전

(1) 식사 전에는 손을 씻는다

영아들은 음식을 먹기 전에 손을 닦아 주거나 씻겨 주고, 손씻기가 가능한 유아들은 스스로 씻도록 지도하여 항상 손을 깨끗하게 유지하게 한다. 최근 조사한 결과 식사나 간식시간 전 손씻기 지도는 거의 대부분의 기관에서 실시하고 있는 것으로 나타났다. 그러나 가정에서는 오히려 잘 실천되지 않고 있으므로 부모교육이나 가정통신문 등을 통해 유아교육기관과 가정에서의 교육이 연계성을 갖도록 노력해야 할 필요가 있다.

(2) 식탁과 의자를 바르게 놓고 주변을 깨끗이 한다

음식을 먹는 자리가 항상 깨끗해야 하고 식탁과 의자가 바르게 놓여져야 함을 알고, 스스로 깨끗하게 유지하고 바르게 정돈하도록 지도한다. 교사나 부모가 식탁을 닦고 의자를 바르게 놓는 모습을 보여줌으로써 유아도 스스로 할 수 있도록 지도한다.

(3) 식사준비와 상차림을 돕는다

미리 당번을 정하여 간식 식사시간에 식판을 챙기거나 수저를 놓는 등의 식탁준비를 돕게 함으로써 식사를 준비하시는 분들의 수고를 알게 하고 식탁준비를 돕는 습관을 익히게 한다.

(4) 식탁에 앉을 때에는 바른 자세로 앉는다

식사를 하기 전 식탁과 의자를 바르게 정리정돈하고, 바른 자세로 의자에 앉아서 음식을 먹을 준비를 하게 한다.

(5) 식사와 식사를 준비해 준 이들에게 감사하는 마음을 표현한다

식사 전에는 부모나 교사가 "잘 먹겠습니다"라고 식사준비에 대한 감사인사를 함으로써 유아들이 감사인사에 익숙해지도록 한다. 다 함께 "잘 먹겠습니다"라고 인사를 함으로써 음식에 대한 소중함과 음식을 준비하는 분들에 대한 고마움을 항상 잊지 않도록 한다.

2) 음식 먹을 때

(1) 식사의 시작에 대한 예절로 웃어른이 먼저 식사를 시작한 후 식사한다

유아들에게 어른이 먼저 수저를 드신 후 수저를 들고 식사하는 것이 전통적인 예절임을 알도록 지도한다.

(2) 식사 도중에는 바른 자세로 먹는다

식사 중 눕거나 엎드리거나 기대는 등의 자세는 예의 바른 행동이 아님을 지도한다. 영아의 경우에는 스스로 먹는 능력을 길러 주는 것이 중요하며 교사나 부모가 바른 자세로 먹는 시범을 보여주는 것이 좋다.

(3) 그릇과 수저를 바르게 사용한다

수저와 식기 사용에 대하여 지도한다. 밥그릇, 국그릇을 손으로 들고 먹지 않으며, 숟가락과 젓가락을 동시에 들고 먹지 않도록 지도한다. 젓가락 사용이 가능한 시기에는 포크보다 되도록 젓가락 사용을 권장한다.

(4) 음식은 천천히 잘 씹어 먹으며, 음식 먹을 때 소리내지 않도록 한다

음식을 대충대충 떠넣는 듯한 행동은 자제하도록 하며, 천천히 잘 씹어 먹어야 소화가 잘 된다는 점을 가르쳐 준다. 씹거나 마시는 소리 등 음식을 먹을 때 소리를 내지 않도록 지도한다.

(5) 흘리지 않고 먹는다

영유아들의 수준을 고려하여 심하게 강요하지는 않으나 흘리지 않고 먹는 습관을 들이도록 한다. 흘린 음식은 스스로 주워서 치우도록 한다. 영아들의 경우 스스로 먹기 시작하면서 거의 반 이상을 흘리면서 먹으나 이는 자연스런 성장과정의 한 단계이다. 음식물이 더러울 경우 건강에 해롭고 나쁜 병이 생길 수 있다는 것을 알려 주어 바닥에 흘린 음식을 주워 먹지 않도록 한다.

(6) 밥과 반찬을 골고루 먹고 편식하지 않도록 한다

밥과 반찬을 골고루 먹는 것이 건강에 도움이 됨을 강조하고, 밥을 반찬에 비해 너무 많이 먹지 않도록 한다. 유아들이 평소에 싫어하던 음식을 먹었을 때 칭찬해 주고, 정해진 식사시간이 끝나면 그만 먹게 하고 편식습관도 서서히 교정하도록 지도한다.

(7) 입가에 묻은 음식물은 휴지로 깨끗이 닦는다

영아의 경우 턱에 턱받이를 해주거나 식사 후 입가에 묻은 음식을 닦도록 도와준다. 유아들의 경우 작은 휴지 또는 수건을 개별적으로 준비하게 하여 식사 중 입가에 묻은 음식물을 깨끗이 닦는 습관을 들이게 한다.

(8) 식사시간에 돌아다니지 않는다

식사시간에 돌아다니지 않고, 제자리에서 식사를 끝마치도록 지도한다. 돌아다니는 행동은 다른 사람의 식사에 방해가 되며, 공기 속에 떠 있는 많은 균들이 떠다니게 해서 음식물 위에 떨어지게 하므로 식사시간에는 조용히 자리에 앉아 식사하도록 한다. 실내공기 중 부유 세균 수는 어린이들의 이동이 심한 경우가 정숙하게 앉아 있는 경우보다 약 10배 정도 증가되는 것으로 나타난 바 있다.

(9) 음식물을 입 안에 넣고 소리를 내거나 말을 하지 않는다

식사시간은 즐거운 분위기 속에서 진행되어야 하나 음식물을 입 안에 넣은 채 말을 하는 것은 예의 바른 행동이 아님을 알도록 지도한다.

(10) 적당한 시간 안에 즐겁게 대화를 하면서 먹는다

유아들의 개별 식사속도를 고려해 주어야 하지만 너무 느리거나 너무 급하게 식사를 하는 습관을 들이지 않도록 지도한다. 즐거운 분위기에서 편안하게 음식을 먹을 수 있도록 음악을 들려 주거나, 교사나 부모 또는 다른 유아들과 즐겁게 이야기하면서 편안하게 먹을 수 있도록 분위기를 조성해 준다.

3) 음식 먹은 후

(1) 입가에 묻은 음식물은 휴지나 수건 등으로 닦는다

식사 중의 청결도 중요하나 식사 후의 청결은 더욱 중요하다. 미리 준비된 작은 휴지 또는 수건으로 식사 후 입가에 묻은 음식물을 스스로 깨끗이 닦는 습관을 들이게 한다.

(2) 식사 후에도 감사하는 마음을 표현한다

음식을 다 먹은 후 식사를 준비해 준 분에게 "잘 먹었습니다"라고 인사하도록 지도한다. 영아의 경우 교사가 대신 인사를 하면서 감사인사에 아이들이 익숙해지도록 한다.

(3) 식탁과 주변의 자리를 깨끗이 치운다

흘린 음식을 주워서 휴지통에 버리는 등 자신이 식사한 자리를 깨끗이 치우는 습관을 들인다. 시범을 보여주고 잘하는 어린이는 칭찬하여 줌으로써 자연스럽게 지도한다.

(4) 자신이 사용한 식기는 정해진 장소에 갖다 놓는다

자기가 먹은 식기는 스스로 정해진 장소에 갖다놓는 습관을 기른다. 학기 초에는 교사가 함께 식기를 정해진 장소에 가져다 놓음으로써 스스로 치우는 일에 익숙해지도록 한다.

(5) 식사 후에는 반드시 이를 닦는다

식사 후에 이를 닦는 규칙으로 정해 두고 이닦는 습관을 들인다. 간식을 먹은 후에도 입 안을 물로 헹구어 깨끗하게 유지하도록 지도한다.

출처 : 이명희 외(2009); 정미라 외(2007).

CHAPTER 06

유아기 영양과 건강교육

1. 유아기 영양교육의 목적
2. 영양교육의 기본원칙
3. 영양교육의 내용
4. 영유아 영양교육을 위한 부모의 역할
5. 영유아의 영양과 건강을 위한 교육의 개념과 내용
6. 영유아와 요리

CHAPTER 06

유아기 영양과 건강교육

1 유아기 영양교육의 목적

유아기는 신체적 · 인지적 성장으로 음식에 대한 감각이 발달할 뿐만 아니라 위생적인 습관과 식사예절과 같은 식사행동의 기초가 되는 식습관이 형성되는 중요한 시기이다. 이 시기의 충분한 영양공급은 일생 동안의 성장과 발달에 영향을 미치며 음식에 대한 태도와 견해도 유아의 전생애에 걸쳐 영향을 미치게 된다. 나아가 유아기에 형성된 식습관은 이후 아동기, 청년기, 성인기에 이르기까지 지속적으로 영향을 미치게 되므로 영유아기에 얼마나 다양한 음식을 접하고, 먹어보고, 좋은 느낌을 갖게 되는지, 그리고 위생 및 예절과 관련하여 얼마나 적절한 지도가 있었는가 하는 것은 개인의 건강 및 바람직한 식습관 형성과 매우 밀접한 관계가 있다(신은수 외, 2009).

한편 영유아기는 활동량의 증가, 두뇌의 완성, 신체의 성장과 제반 조절기능 및 사회인지능력이 발달하는 중요한 시기로 영유아의 성장 · 발육은 매우 왕성한 반면, 소화흡수능력이 미숙한 생리적 특성을 갖고 있어 섭취해야 할 영양소의 절대량은 적고 체중단위당 에너지와 단백질, 수분의 필요량은 성인보다 매우 큰 특징을 갖고 있다(조우진 외, 1996).

따라서 이 시기에 충분한 영양공급은 필수적이며, 이는 이후의 정상적인 신체적 · 정신적 발달과 건강유지에 매우 큰 영향을 미치게 된다.

이와 같은 영유아기의 성장 · 발육 및 발달적 특성을 감안해 볼 때 영유아들은 최상의 영양을 제공받아야 하며, 스스로 음식을 선택할 수 있는 능력을 갖기 전까지 주변의 성인은 그들의 영양적 요구를 충족시켜 주어야 하므로 성인의 책임이 매우 중요함을 알 수 있다. 더구나 자녀가 있는 기혼여성의 취업률이 높아지면서 영유아들이 기관생활을 시작하는 시기는 빨라지고 기관에 머무는 시간도 길어지고 있는 현실을 생각해 볼 때 교육기관에서의 영유아 영양관리에 대한 관심과 책임은 매우 비중있게 받아들여야 할 것이다(유희정 외, 2006).

따라서 기관과 가정에서는 유아의 전체 에너지 섭취량과 음식에 대한 선호가 유아의 건강상태로 그대로 반영되어 나타난다는 사실에 입각하여 보다 균형있고 다양한 음식을 제공해야 할 뿐만 아니라 유아들로 하여금 새로운 음식, 새로운 질감, 새로운 맛을 수용하도록 격려하고 다양한 영양식을 제공하여 유아가 마음껏 고를 수 있는 기회를 제공하여야 한다. 따라서 유아교육기관에서는 영양 및 건강교육의 기초로 유아가 간식과 식사를 위한 준비과정에 참여하는 기회를 제공함으로써 유아들에게 즐겁고 흥미로운 경험으로서뿐만 아니라 식품에 대한 지식을 제공받는 기회가 되어 바람직한 영양교육과 식습관 형성에 도움이 되도록 하여야 할 것이다(신은수 외, 2009).

영유아를 대상으로 하는 영양교육 및 식생활 지도는 성인을 대상으로 하는 것과는 많은 차이점과 중요성을 갖고 있으므로 좀더 세심한 배려와 애정으로 실천해야 한다.

영양교육의 목표는 다음과 같다.

첫째, 식품에 대한 긍정적인 태도를 갖고 식사시간이 즐겁다는 인식을 심어주고

둘째, 다양한 종류의 식품을 접하고 먹도록 유도하고

셋째, 건강에 좋은 식습관을 강조하며

넷째, 식사준비에 유아가 직접 참여하도록 함으로써 식품과 건강의 관계에 대한 이해를 증진시킨다. 더 나아가 부모, 교사, 급식 종사자들의 영양지식도 함께 증진시키는 것이다(이종숙 외, 2009).

2 영양교육의 기본원칙

영유아 시기에 다양한 원인으로 인한 영양결핍으로 최상의 건강상태를 유지하지 못하게 된 유아는 발달 전반에 걸쳐 영향을 받게 된다. 이에 영유아는 최상의 영양을 제공 받아야 하며, 스스로 음식을 선택하기 전까지 부모와 교사는 그들에게 필요한 영양소와 제공방법을 알고, 영양적 요구를 충족시켜 주어야 한다. 발달 초기에 영양부족으로 인한 치명적인 결과 중 하나는 지적 발달의 손상이다. 인간의 뇌성장의 90%는 생후 3, 4년 내에 이루어지므로 이 기간 동안 영양결핍상태에 놓이게 되면 정신적 잠재력에 부정적인 영향을 미칠 뿐만 아니라 유아는 자주 짜증을 내고 산만해지며, 무기력하고 병에 대한 저항력도 약해진다. 나아가 영양결핍에 의한 부정적 영향은 성장 후의 신체적 · 정신적인 상태에 직접적인 영향을 미쳐 성인기에 이르면 시력감퇴, 치아약화, 그 밖의 다른 신체적인 문제가 발생하게 될 것이다(이연숙 외, 2003).

그러므로 영유아의 영양교육은 영유아의 영양상태가 적절하게 유지되지 못하고 영양이 결핍되면 성장과 발달뿐만 아니라 건강상의 문제가 있음을 인식시켜 구체적인 문제점을 제시하여 반복적으로 일관성을 가지고 교육하는 것이 바람직하다. 그러므로 영유아에 대한 영양교육은 다음의 원칙으로 행해져야 한다(이종숙 외, 2009).

(1) 영양교육은 영아기부터 시작해야 한다

영양교육은 최초의 식습관이 하나의 식습관으로 고정되기 전에 처음 시작하는 단계에서부터 이루어져야 한다. 예를 들어, 이유기를 지나면서 성인과 유사한 식행동을 할 때부터 바람직한 식습관을 형성시키기 위해서는 적절한 영양교육을 시작해야 하며, 이미 그릇된 식습관이 생겼어도 영유아기에는 지속적인 지도를 통하여 교정이 가능하다. 그리고 나쁜 식습관의 교정은 매우 어렵기 때문에 교사는 영아기부터 올바른 식습관이 형성되도록 지도해야 한다.

(2) 유아의 신체적, 지적 발육과정에 맞추어 단계적으로 교육한다

유아의 신체기능과 이해력을 고려하여 연령에 따라 적합하게 지도하여야 한다. 아무리 바람직한 교육내용이라 하더라도 유아가 도저히 따라할 수 없는 내용을 교육주제로 설정하면 효과를 기대할 수 없다.

〈표 6-1〉 연령단계별 식사지도의 진행방법

<table>
<tr><th>연 령</th><th>식생활에 대한 이해</th><th>구 분</th><th>유아의 바람직한 자세</th><th>지도방법</th><th>가정에 대한 사항</th></tr>
<tr><td rowspan="3">만 1~2세아</td><td rowspan="3">• 음식물에 대한 이야기를 듣는다.
• 음식물의 이름을 안다.
• 식사에 대한 노래나 인사를 한다.</td><td>식전</td><td>• 손을 씻는다.
• 자리에 앉아 식사가 준비될 때까지 조용히 기다린다.
• "잘 먹겠습니다"라는 인사말을 한다.</td><td>• 손을 씻게 한다. 필요에 따라 옆에서 도와준다.
• 식탁과 의자의 위치를 생각하여 자리에 앉힌다.
• 모두 함께 "잘 먹겠습니다"라는 인사말을 하도록 한다.</td><td rowspan="3">• 가정방문이나 설문조사에 의해서 유아의 기호, 식사량, 체질, 병력 등을 파악한다. 가정과 유아교육기관이 서로 유아의 건강상태, 수면시간, 식사상황 등에 대해 연락을 취한다.
• 유아교육기관에서의 식습관 교육방침을 가정에 알려 교육을 가정에까지 연장시킨다.
• 매월 식단표를 배부한다.
• 부모교육을 통해서 급식의 중요성을 이해시킨다.</td></tr>
<tr><td>식사 중</td><td>• 자신의 것과 남의 것을 구별한다.
• 숟가락이나 젓가락의 바른 사용법을 안다.
• 주식이나 부식을 교대로 먹고 부식의 양을 많이 먹는다.</td><td>• 한 손으로 식기를 잡고 먹는 방법을 가르쳐 준다.
• 잘 씹어서 먹을 수 있도록 가르친다.
• 숟가락이나 젓가락의 바른 사용법을 가르친다.
• 남기지 않고 먹을 수 있도록 돕거나 격려한다.
• 먹고 마시는 상태를 관찰하여 식욕의 개인차를 안다.</td></tr>
<tr><td>식후</td><td>• 친구들의 식사가 끝나기를 조용히 기다린다.
• 손, 입 주위를 깨끗이 닦는다.
• "잘 먹었습니다"라는 인사말을 한다.</td><td>• 자신의 물수건 또는 냅킨으로 손이나 입 주위를 깨끗이 닦게 한다.
• 먹는 속도가 느린 유아는 격려해 주며, 거의 반 정도의 유아들이 다 먹었으면, 식후 인사를 하도록 한다.</td></tr>
</table>

만 3세아	• 음식의 이름을 외운다. • 음식물과 신체의 관계를 도표와 그림 등의 교재를 통해 알린다. • 식사태도로서 음식물을 입에 넣고 잘 씹어서 먹는 것 등을 가르친다.	식전	• 손씻기는 혼자서 한다. • 자리에 앉아서 배식되는 것을 조용히 기다린다. • "잘 먹겠습니다"라는 인사말을 한다.	• 바르게 손씻는 방법을 가르쳐 준다. • 개인차를 생각하여 알맞게 배식한다. • "잘 먹겠습니다"라는 인사말을 한다.	• 집에서 식사할 때 가려 먹지 않도록 한다. • 가정에서도 용변 후나 식사 때에 손 씻기를 하도록 협력을 요청한다.
		식사 중	• 스스로 숟가락, 젓가락을 사용하여 먹는다. • 되도록 흘리지 않고 먹는다. • 바닥에 떨어진 것은 먹지 않는다. • 식사 중에 큰 소리로 이야기하거나, 자리를 뜨지 않는다. • 좋은 것, 싫은 것을 구분하지 않고 먹는다.	• 싫은 것이 있어도 먹도록 유도한다. • 건강상태나 식욕에 유의하여 음식량을 가감하여 음식을 남기지 않도록 한다. • 싫어하는 것이 있어도 여럿이 먹는 분위기에 따라 먹게 한다.	
		식후	• 흘린 것은 자신이 주워서 자신의 주위를 깨끗이 한다. • "잘 먹었습니다"라는 인사말을 한다. • 양치질을 한다. • 조용히 휴식한다.	• 다 먹은 후 식탁 위 · 아래 등 주위를 깨끗이 하도록 한다. • 식사 후 감사의 인사를 하게 하고 양치질을 하도록 한다.	
만 4세아	• 도표나 그림 등의 교재로 음식물에 함유되어 있는 성분과 역할을 알게 한다. • 손씻기 등 위생에 유의하는 것이 얼마나 중요한가를 반복해서 가르친다.	식전	• 손 씻기를 바르게 한다. • 깨끗이 닦은 손으로 이것저것을 만지지 않는다. • 자리에 앉아서 식사가 나누어지는 것을 조용히 기다린다. • "잘 먹겠습니다"라는 감사의 인사말을 한다.	• 식탁을 준비하거나 배식하는 것을 돕도록 한다. • 식사 전, 식사 후에 마음속으로부터 감사하도록 가르친다. • "잘 먹겠습니다"라는 인사말을 하도록 한다.	• 집에서도 가려 먹지 않도록 지도한다. • 식욕이 없는 유아에 대해서는 개별적으로 연락 또는 지도한다. • 편식이 심한 유아에 대해서는 개인적으로 지도 · 교정한다.
		식사 중	• 숟가락과 젓가락을 능숙하게 사용해서 먹는다. • 심하게 흘리지 않고 먹는다. • 잘 씹어 먹는다. • 다른 사람의 식사를 방해하지 않는다. • 돌아다니면서 먹지 않는다.	• 식사 중의 예절을 친절하게 가르친다. • 남기지 않고 먹는 습관을 들인다. • 일정한 시간 내에 먹도록 가르친다.	
		식후	• 흘린 것을 주워서 용기에 담는다. • 식기를 치운다. • 식탁을 깨끗이 닦는다.	• 먹다 남은 것을 정해진 그릇에 넣고 식기를 치우는 일을 돕도록 한다. • 식탁에 음식물이 떨어져 있으면 치우게 한다.	

만 5세아	• 음식물과 건강의관계에 관해서 도표나 그림 등으로 알린다. • 편식이 건강에 좋지 않음을 안다. • 음식물을 소중히 해야 함을 안다.	식전	• 자발적으로 손씻기를 한다. • 씻은 후는 청결한 수건으로 잘 닦는다. • 감사의 마음으로 "잘 먹겠습니다"라는 인사말을 한다.	• 손씻는 방법을 때때로 주의 깊게 관찰하여 바른 방법으로 지도한다. • 식사태도가 바르도록 철저히 가르친다. • "잘 먹겠습니다"라는 인사말을 하도록 한다.	• 급식에 대해서 설문조사를 한다. • 건강관리와 식생활에 대한 이해를 깊게 한다. • 유아교육기관에서의 식사상태를 개별적으로 알린다.
		식사 중	• 바른 자세로 차분히 앉아 먹는다. • 입 속에 음식물을 넣고 말하지 않는다. • 잘 씹어서 먹는다. • 식사 중 자리를 뜨지 않는다. • 정해진 시간 안에 식사를 끝내도록 한다.	• 올바른 식사태도로 식사를 할 수 있게 가르친다. • 싫어하는 음식이 있어도 먹도록 노력하게 한다. • 음식을 남기지 않도록 한다.	
		식후	• 흘린 음식물은 스스로 치우도록 한다. • 식기는 정해진 장소에 소리 내지 않고 갖다 놓는다. • 조용히 휴식한다.	• 식기 닦는 것을 보여 준다. • 식탁 주위에 음식물이 흘려져 있지 않는가를 확인시킨다. • 식사 후에는 조용한 놀잇감을 준비해 주어 놀게 한다.	

출처 : 대한영양사협회 학교분과 위원회(1986).

(3) 습관으로 형성될 때까지 반복하여 지도한다

매일 일정한 조건에서 행위와 내용을 반복 · 지도함으로써 실제의 상황에 대한 자신의 행동에 익숙해지도록 유도하여 바람직한 식습관이 형성되도록 한다.

(4) 교육과정 중 적당한 보상과 격려, 지도가 행해져야 한다

교육과정 중 유아에게 적절한 칭찬과 격려 등을 함으로써 유아 스스로가 어떠한 행동이 옳고, 어떠한 행동이 잘못인가를 알 수 있게 한다. 일반적으로 꾸짖는 것보다 칭찬하는 것이 교육효과가 더 크다고 알려져 있다. 유아는 칭찬을 받음으로써 교육에 대한 긍정적인 인식 이외에 자신에 대한 자신감과 칭찬하는 사람에 대한 친밀감이 형성되어 이후 활동에 대해서도 보다 바람직한 반응을 기대할 수 있다. 유아의 나쁜 식생활 행동에 대하여 꾸짖을 경우에는 다음과 같은 사항에 유의해야 한다. 첫째, 나쁜 행위를 하면 곧바로 야단을 친다. 둘째, 꾸짖는 이유에 대하여 유아가 이해하도록 설명을 한다. 셋째, 꾸짖는 일에 일관성을 가지며 한 가지 일로 두 번 이상 야단치지 않는다.

(5) 일관성을 가지고 교육하는 것을 원칙으로 한다

영양교육의 어려운 점이 바로 이 부분이다. 각 가정과 개인의 식행동이 모두 같지 않기 때문에 일관성을 유지하기 어렵고, 일관성이 유지되지 않음으로써 유아 자신의 식행동에 대한 가치관 형성에 어려움을 경험하게 되고, 바른 식생활을 위한 정확한 식행동의 방향이 무엇인지에 대한 혼란이 오게 된다. 그러므로 식습관을 지도하는 부모와 교사는 긴밀한 연계를 통하여 일관성 있게 식생활을 지도할 수 있도록 한다.

(6) 일상적인 생활에서 구체적인 본보기를 보여준다

유아는 주위사람을 잘 모방하려고 한다. 가정에서 부모나 형제, 영유아교육기관에서 교사 자신이 스스로 모범적인 식생활행동을 하는 것을 보여줌으로써 영유아가 자연스럽게 이를 습득할 수 있도록 하여야 한다. 그리고 식사 시 예절교육은 식탁에서 같이 식사하는 사람들이 모범을 보여줌으로써 영유아 스스로가 자연스럽게 배울 수 있도록 해주어야 한다. 또한 부모와 교사는 애정과 끈기를 가지고 오랜 기간 교육을 시도하여야 바람직한 영양교육을 할 수 있음을 알고 있어야 한다.

3 영양교육의 내용

(1) 식품과 음식에 대한 이해도를 높인다

- 식품의 종류와 이름을 알도록 한다.
- 같은 재료의 식품도 서로 다른 음식으로 만들어질 수 있다.
- 여러 가지 가공식품에 대하여 알도록 한다.
- 식품이 처리되어 가공되는 공정에 대하여 교육시킨다.

(2) 식품의 기능과 음식물의 여러 가지 역할에 대하여 알도록 한다

(3) 식품과 신체의 관계에 대하여 이해하도록 한다

(4) 식품섭취와 건강의 관계에 대하여 이해하도록 증진시킨다

- 음식물과 건강의 관련성을 알도록 한다.
- 음식물 섭식행동과 보건위생(손씻기, 소독, 식후의 입 헹구기 및 양치질 등)의 관련성을 알도록 한다.

(5) 바람직한 식사예절을 형성하도록 한다

- 식품을 소중히 하고 식사 전후에 감사하는 마음을 가르쳐야 한다.
- 식탁에서의 예절을 지도한다.
- 식사준비, 식탁정리 등 협조하는 태도를 지도한다.

〈표 6-2〉 유아를 위한 식품과 영양개념

1. 우리 주변에는 다양한 종류의 식품이 있다.
2. 식물과 동물이 식품의 근원이다.
3. 식품은 색, 냄새, 질감, 크기, 모양, 소리가 다양한다.
4. 식품은 다양한 방법, 즉 날 것, 요리된 것, 말린 것, 얼린 것, 통조림으로 준비되고 먹을 수 있다.
5. 좋은 식품은 건강, 성장, 에너지에 중요하다.
6. 영양이란 건강, 성장, 에너지를 위하여 먹을 음식을 우리 몸이 사용하는 것이다.
7. 식품은 다음과 같은 종류로 범주화하여 분류할 수 있다.
   ① 곡류 및 가공품 ② 우유 및 유제품 ③ 난류
   ④ 수육류 ⑤ 채소 ⑥ 과일
   ⑦ 어패류 ⑧ 우류 및 두유품 ⑨ 해조류
8. 균형잡힌 식단은 모든 종류의 식품으로 만들어진 음식으로 구성된다.
9. 식사에 영향을 주는 여러 가지 요소가 있다.
   ① 음식의 매력 ② 조리방법 ③ 청결/ 예절
   ④ 환경/ 분위기 ⑤ 명절
10. 식품을 선정하는 여러 가지 이유가 있다.
   ① 이용 가능성과 비용 ② 가족과 개인의 습관 ③ 미관
   ④ 사회 · 문화적 관습 ⑤ 매스미디어의 영향

■ 바람직한 식습관

유아는 음식이나 식사시간에 대해 긍정적인 태도가 형성된 뒤에야 좋은 식사예절을 갖추게 된다. 교사는 유아의 간식이나 식사습관을 지도할 때 다음과 같은 사항을 유의하여 지도하여야 한다(장선철, 1995).

① 간식, 식사 시간 전후에 손을 씻는다.
② 식탁에 앉을 때는 친구들과 함께 조용한 분위기를 유지한다.
③ 다른 친구들이 먹을 준비가 될 때까지 기다린다.
④ 조용하게 천천히 음식을 꼭꼭 씹어 먹는다.
⑤ 음식을 입에 넣고 이야기 하지 않는다.
⑥ 편식하지 않는다.
⑦ 간식, 식사가 끝나도 다른 유아들이 식사를 마칠 때까지 기다린다.
⑧ 간식, 식사 후에는 반드시 식기나 수저 등을 스스로 정돈한다.
⑨ 간식, 식사는 기쁘고 즐거운 일임을 안다.
⑩ 음식을 감사하는 마음으로 먹는다.

4 영유아 영양교육을 위한 부모의 역할

유아교육 프로그램에서 부모교육을 중요하게 생각하는 이유는 학습자의 발달과 학습에서 나타나는 특성상 교육의 목적달성과 효율성을 높이기 위해서이다. 영유아 영양 및 건강교육에서 부모역할의 가장 기본은 가정에서도 기관과 연계성을 갖고 유아의 성장과 건강을 고려한 영양교육을 일관성 있게 제공하는 것이다. 이를 위해 교사는 영양과 관련된 부모교육활동을 제공하여 부모가 유아에게 영양가 있는 식사와 간식을 제공하는 방법과 새로운 음식을 재미있게 소개하는 방법을 배울 수 있도록 한다거나, 영유아들의 가정에서의 식습관에 대한 정보를 부모들로부터 얻음과 동시에 기관에서 수유, 이유, 간식 및 식사시간에 보이는 영유아의 태도와 반응에 대한 정보를 부모에게 제공하여야 한다. 이처럼 부모들에게 영유아들의 영양습관과 이해도에 대한 정확한 기초 정보를 제공하는 것은 부모들로 하여금 영유아들의 바람직한 식습관 형성에 공헌할 수 있도록 지원하는 것이다.

다음은 유아교육기관에서 영유아 영양 및 건강과 관련된 부모용 기초 설문에 포함할 내용 및 부모교육 유형의 예이다.

(1) 영유아 영양과 건강에 관한 부모용 기초 설문조사

유아교육기관에서는 영유아의 바람직한 영양교육을 위해 학기 초에 영유아의 영양섭취와 건강상태에 관련된 기초적인 설문조사를 하거나 입학원서의 한 부분에 영양, 건강과 관련된 항목을 마련해 두면 좋다.

영양교육을 위한 기초 설문지의 내용으로는 영유아의 식사의 양, 시간, 횟수, 소요시간, 혼자서 먹을 수 있는지의 여부, 식사 시 도구사용능력, 식사 시 고치고 싶은 태도의 여부, 음식 선호도, 싫어하는 음식, 알레르기 반응이 있는 음식, 우유섭취의 정도, 현재의 건강상태, 과거에 앓았던 질병, 자주 앓는 질병 등을 포함할 수 있을 것이다. 다음은 설문지의 예이다(신은수 외, 2009).

설 문 지

유아 이름 : ______________

본 설문지는 유아 개개인에 대한 영양 및 건강에 대한 이해를 돕고자 마련하였습니다. 답변하신 자료는 교육 및 운영에 참고하게 되므로 자세히 적어 주시기 바랍니다.

1. 현재 유아의 건강상태는 어떠합니까?

① 튼튼하다. ② 양호한 편이다.
③ 약하다. ④ 매우 약하다.

2. 매일 아침식사는 규칙적으로 합니까?

① 매일 아침 규칙적으로 먹는다.
② 일주일에 4~5일 먹는다.
③ 일주일에 2~3일 먹는다.
④ 일주일에 2~3일 먹는다.

3. 만약 아침식사를 규칙적으로 하지 못한다면 그 이유는 무엇이라고 생각하십니까?

① 부모가 바빠서 식사준비를 해주지 못하고 출근한다.
② 유아의 기상시간이 늦다.
③ 유아가 먹으려 하지 않는다.
④ 기타 ______________________________

4. 아침식사는 주로 무엇으로 합니까?

① 밥과 반찬
② 빵과 우유
③ 우유의 타먹는 곡류(예 : 콘플레이크류)
④ 기타 ______________________________

5. 아침식사의 양은 어느 정도입니까?

① 잘 먹는다. ② 보통이다.

③ 잘 먹지 않는다. ④ 거의 먹지 않는다.

④ 기타 ______________________________

6. 아침식사 시간은?

대략 __________ 부터 __________ 까지 소요시간 __________ 분

7. 혼자서 밥을 먹을 수 있습니까?

① 밥 먹는 것을 도와주어야 한다.

② 조금만 도와주면 혼자서 먹는다.

③ 도움이 없어도 혼자서 잘 먹는다.

8. 음식에 대한 선호도는 어떠합니까?

① 무엇이든지 잘 먹는다.

② 좋아하고 싫어하는 음식의 구분이 뚜렷하여 좋아하는 것만 먹으려 한다.

③ 보통이다.

9. 특히 싫어하는 음식이 있다면 적어 주십시오.

____

이유 : ______________________________

10. 음식에 대한 알레르기 반응을 나타내는 것이 있다면 기입하여 주십시오.

① 음식 ______________________________

② 알레르기 반응형태 ______________________________

11. 유아가 집에서 우유를 마십니까?

① 매일 마신다.

② 매일 마시지는 않지만 자주 마시는 편이다.

③ 잘 마시지 않는다.

이유 : ______________________________

(2) 부모교육의 내용

유아의 식생활 지도를 원활하게 하기 위해 부모가 유아교육기관의 급식운영에 대해 전반적으로 이해하고, 유아에 대한 식생활 지도내용을 이해할 수 있게 부모교육을 계획한다. 부모교육의 내용은 유아교육기관의 급식운영정보, 올바른 식생활 및 바른 식습관에 대한 이해로 나눌 수 있다.

① 급식운영에 대한 정보

급식시설에 대한 안내, 식사준비과정, 급식 담당자 등에 대한 정보를 제공하여 유아교육기관에서의 급식운영에 대한 이해를 높이고 부모의 관심과 협조를 얻는 데 도움이 되도록 한다. 급식내용의 영양적 만족과 급식에 대한 유아의 반응을 주기적으로 평가하여 급식에 대한 긍정적인 인식과 협조를 기대할 수 있다.

② 올바른 식생활에 대한 이해

음식의 고마움, 음식과 환경보호의 관계, 우리 전통음식의 소중함, 식품안전성 등에 대하여 교육과정과 병행하여 부모교육을 시도할 경우, 가정과 연계된 교육의 상승효과를 기대할 수 있다. 음식물 찌꺼기나 주방세제들이 공기와 물을 오염시키는 원인이므로 설거지를 할 때 합성세제를 줄이는 것과 음식을 남기지 않도록 하는 환경관리에 대한 지도가 이루어져야 한다. 식품구매 시 편이식품보다는 천연식품에 대한 이용을 생활화하도록 하는 교육과 식품첨가물이나 가공식품의 선택에 대한 주의도 필요할 것이다.

③ 바른 식습관에 대한 이해

바람직한 식습관은 어떠한 것이며, 이러한 식습관 형성을 위해서 부모는 어떤 지도를 해야 하는 지를 인식할 수 있게 한다. 식사 전후에 적절한 인사말로 감사의 뜻을 표현하도록 하는 것, 식사준비 시 유아가 참여할 수 있도록 하는 것, 바른 태도로 식사를 하도록 하는 것, 청결한 생활태도를 갖는 것, 웃어른에 대한 올바른 식사태도를 갖도록 하는 것 등이 중요하다.

(3) 부모교육의 형태

가정의 바람직한 식생활 개선 및 유아의 식생활 지도의 효율적인 연계를 위하여 부모교육은 정기적인 부모모임, 강연회, 특별행사, 가정 통신문 등 다양한 형태로 실시한다.

① **정기적인 부모모임** : 정기적인 부모모임에서 유아교육기관의 급식운영에 대한 내용을 전달하거나 부모들이 필요로 하는 식생활 정보를 수집하거나 교환한다.

② **강연회** : 요리 전문가를 초빙하여 전통음식 또는 자연식품을 이용한 요리법, 영유아 간식 만드는 법 등을 배운다. 영양 전문가를 초빙하여 영양과 건강, 식품과 건강 등 바람직한 식생활 개선에 도움이 되는 강연을 듣는다.

③ **특별행사** : 전통음식 만들기 경진대회를 개최한다. 어린이 날, 어버이 날, 추석 등 특정 일에 맞춰 각 가족들이 함께 모여 음식솜씨를 자랑함으로써 가족의 결속력, 보육시설과 가정과의 밀접한 관계뿐 아니라 바른 식생활을 이끄는 좋은 기회가 된다. 가정식을 소개하는 기회를 가짐으로써 유아교육기관과 가정이 훨씬 가까워지고 서로 연계를 가지고 유아들의 건강을 증진시키는 데 힘을 기울이게 한다. 바자회 등 유아교육기관의 행사에 부모들의 음식코너 운영하기 등 다양한 행사를 마련하여 유아교육기관과 각 가정들의 연계를 높인다.

④ **가정 통신문** : 식생활 지도를 위한 내용을 중심으로 가정에서 필요한 식생활과 관련된 정보를 제공할 수 있는 가정 통신문을 이용하는 것도 바람직하다. 이는 식생활 지도의 필요성 및 식생활 개선의 필요성에 대한 부모의 이해도를 높이며, 필요에 따라서 부모의 답신을 받을 수도 있다(정미라 외, 2007).

5 영유아의 영양과 건강을 위한 교육의 개념과 내용

영양 및 건강 교육이란 심신의 건강한 발달을 위해 바람직한 식생활에 대한 지식을 습득하고 올바른 식습관을 형성하기 위한 교육으로 영양 및 건강과 관련된 지식과 기술을 다루는 학습경험을 통해 실생활에 적용함으로써 식생활을 개선할 수 있도록 하는 것이다(김경애 외, 2004). 따라서 영유아 영양 및 건강교육과정을 계획한다는 것은 영양 및 건강에 대한 지식과 식행동, 식태도 실천에 관한 요소가 기본적으로 포함되어 있어야 한다. 영양 및 건강에 대한 지식으로는 식품에 대한 물리적 지식과 영양, 영양과 관련된 건강지식, 건강과 관련된 식품의 보건과 위생관리를 다룰 수 있겠고, 식행동에 관한 지식으로는 식품섭취의 다양한 방법과 위생과의 관계, 식태도에 관한 지식으로는 올바른 식사습관과 식사예절 등을 다룰 수 있겠다. 나아가, 영유아들의 발달은 상호 밀접한 관계를 갖고 이루어지므로 영양 및 건강교육 역시 다른 활동과 마찬가지로 신체, 언어, 인지, 사회, 정서적 발달 간의 통합을 꾀하고 다양한 교육활동유형이 연계성을 갖고 통합된 형태로 제시되어야 한다. 다음은 영양 및 건강 교육에서 다룰 수 있는 개념과 구체적인 학습내용의 예이다(신은수 외, 2009).

(1) 식품과 음식에 대한 이해

영양 및 건강 교육에서 다룰 수 있는 가장 기본적인 내용은 식품 자체에 대한 이해로서 식품의 물리적 지식을 다룰 수 있다. 식품의 물리적 이해를 높이기 위한 내용에는 식품의 종류, 근원, 이름, 식품의 특성 등을 다룰 수 있다. 이를 통해 유아들은 식품에는 어떤 종류가 있으며, 어디에서 구할 수 있고, 무엇이라 부르는지 그리고 각각 어떤 특성들을 갖고 있는지 알 수 있을 것이다. 이와 관련한 개념과 학습내용은 다음과 같다.

음식의 종류는 다양하다

- 우리가 먹는 음식의 종류는 특별히 갖고 있는 비슷한 영양소 성분에 따라 곡류, 육류, 과일류, 야채류, 알류, 어패류, 유지류로 구분할 수 있다.
- 우리가 먹는 음식의 종류는 식사로 먹는 주식과 식사 사이에 먹는 간식으로 나눌 수 있다.

음식의 재료는 다양한 곳에서 얻을 수 있다

- 음식의 재료는 땅, 물과 같이 다양한 곳에서 생산된다.
- 음식의 재료는 생산지, 재래시장, 대형마트와 같이 다양한 구입처에서 얻을 수 있다.

음식을 만드는 다양한 방법이 있다

- 음식을 만드는 방법은 찌기, 튀기기, 볶기, 삶기, 굽기, 끓이기, 데치기 등 다양한 조리방법이 있다.
- 동일한 재료를 이용하면서 조리방법을 달리하면 다른 음식을 만들 수 있다.

음식의 맛, 향, 식감은 다양하다

- 음식마다 독특한 맛이 있다.
- 음식의 맛은 다양하다(달다, 시다, 쓰다, 떫다, 짜다, 고소하다, 새콤하다).
- 음식에 따라 고유한 냄새를 갖고 있는 것이 있다.
- 음식의 냄새는 다양하다.
- 음식을 씹는 맛이 다양하다(단단하다, 부드럽다, 질기다, 쫀득하다, 미끄럽다).

음식을 보관하거나 저장하는 방법이 다양하다

- 음식을 실온에 보관해도 좋은 것이 있다.
- 음식에 따라 냉장고에 보관해야 하는 것이 있다.
- 음식에 따라 냉동고에 보관해야 하는 것이 있다.
- 음식에 따라 말려야 하는 것이 있다(건조).
- 음식에 따라 특수저장(병조림, 통조림, 염장)해야 하는 것이 있다.

● 음식을 만드는 데 필요한 도구와 기계가 있다

- 음식을 할 때 자르고, 썰기 위해 사용하는 도구와 기계가 있다.
- 음식의 양을 재거나 조리시간을 잴 때 사용하는 도구와 기계가 있다.
- 음식을 갈고 부수기 위해 사용하는 도구와 기계가 있다.
- 음식을 찧기 위해 사용하는 도구와 기계가 있다.
- 음식을 익히기 위해 사용하는 도구와 기계가 있다.

● 음식은 명절 · 풍습과 관련되어 있다

- 음식에 따라 특별한 날을 기념하여 먹는 음식이 있다(명절, 생일, 결혼 등).
- 나라(지역)마다 즐겨 먹는 음식이 있다.
- 나라(지역)를 대표하는 고유한 음식이 있다.

(2) 식품의 기능과 건강에 미치는 영향

식품의 기능에서는 음식이 갖는 다양한 기능에 대해 다룰 수 있다. 유아는 성장할수록, 음식이 어떻게 그들의 성장과정에 영향을 미치는지 알고 싶어 하며 우유를 마시면 뼈와 치아가 튼튼해지고, 고기를 먹으면 건강한 피가 만들어지고, 밀가루로 된 음식을 먹으면 에너지를 공급받게 되고, 과일과 야채는 피부를 고와지게 하고 병에 안 걸리도록 도와준다는 것을 알아가게 된다.

따라서 교사는 식품의 기능과 역할, 영양소에 관한 정보를 정확히 알아보고 유아의 능력에 맞추어 적절히 제시하여야 한다. 영양 및 건강 교육을 통해 유아에게 식품과 신체 발달 및 건강과의 관계에 대해 알도록 하기 위해서는 첫째, 식품과 신체와의 관계에 대한 이해, 둘째, 식품 섭취와 건강과의 관련성, 셋째, 음식물 섭취 행동과 보건위생의 관련성 등의 내용을 다룰 수 있다. 이를 통해 유아는 자신의 신체의 변화, 영양과 발달과의 관련성을 알게 되며, 신체적인 피곤함과 건강은 영양과 밀접한 관계가 있음을 이해하게 될 것이다. 이와 관련한 구체적인 개념과 학습 내용을 살펴보면 다음과 같다.

음식의 영양소는 우리 몸에 다양한 도움을 줄 수 있다

- 우리에게 힘을 주는 영양소가 있다.
- 우리 몸의 근육을 자라게 하고 튼튼하게 하는 데 도움을 주는 영양소가 있다(근육조직).
- 우리 몸의 뼈와 치아를 자라게 하고 튼튼히 하는 데 도움을 주는 영양소가 있다.
- 우리 피부의 건강과 미용에 도움을 주는 영양소가 있다.
- 우리 눈의 건강을 돕고 잘 볼 수 있게 도움을 주는 영양소가 있다.
- 건강하게 생활할 수 있도록 도움을 주는 영양소가 있다(신체기능 조절).

음식마다 들어 있는 영양소가 다르므로 골고루 먹어야 한다

- 음식에 들어 있는 영양소는 다양하다(탄수화물, 지방, 단백질, 비타민, 무기질, 수분).
- 음식마다 특별히 많이 들어 있는 영양소가 있다.
- 음식을 골고루 먹지 않으면 우리의 성장과 건강을 해칠 수 있다.

바람직한 성장과 건강 유지를 위하여 매일 먹어야 할 영양소의 양이 있다

- 우리의 성장과 건강을 위해 하루에 먹어야 할 바람직한 음식의 양이 있다.
- 한 번에 너무 많이 먹거나 너무 안 먹는 것은 우리의 성장과 건강을 해칠 수 있다.

음식에는 성장과 건강에 이로운 음식과 해로운 음식이 있다

- 우리가 먹을 수 있는 음식에는 몸에 이로운 음식이 있다.
- 우리가 먹을 수 있는 음식이지만 몸에 해로운 음식이 있다.

사람마다 좋아하는 음식과 싫어하는 음식이 있다

- 사람마다 좋아하는 음식과 싫어하는 음식이 비슷하기도 하고 다르기도 하다.
- 우리가 좋아하는 음식은 우리 몸에 이로울 수도 있고 해로울 수도 있다.
- 우리가 싫어하는 음식은 우리 몸에 이로울 수도 있고 해로울 수도 있다.

(3) 식품의 보건, 위생관리에 대한 이해

- **음식과 음식이 아닌 것이 있다**
  - 우리가 먹을 수 있는 음식이 있고 음식으로 먹을 수 없는 것이 있다.
- **음식에는 먹을 수 있는 것, 먹으면 안 되는 것이 있다**
  - 우리의 나이에 따라 먹어도 좋은 음식과 먹으면 좋지 않은 음식이 있다.
  - 우리가 병에 걸렸다면 질병에 따라 먹어도 좋은 음식과 먹으면 좋지 않은 음식이 있다.
  - 음식에 따라 정해진 시간 안에 먹어야 할 것이 있다.
  - 음식상태가 위생적이지 않은 것은 먹을 수 없다.
  - 음식이 부패한 것은 먹을 수 없다.
  - 유통기한이 지난 것은 먹어선 안 된다.
- **음식과 식기는 위생적으로 관리하여야 한다**
  - 음식과 식기는 위생적으로 보관하여야 한다.
  - 음식과 식기는 위생적으로 세척하여야 한다.
  - 음식과 식기는 위생적으로 운반하여야 한다.
  - 음식은 위생적으로 조리하여야 한다.
  - 식기는 위생적으로 소독하여야 한다.

(4) 올바른 식습관과 예절

영양 및 건강 교육은 올바른 식습관과 식사 시 예절교육도 포함하여야 한다. 영유아의 식습관 형성지도는 걸음마기와 연속선상에서 이루어져야 하며, 교사는 건강과 신체에 관련된 영유아들의 정서적 행동, 식습관, 먹기와 관련된 신체 조절 행동양식에 대해 올바른 이해를 갖고 지도하여야 할 것이다. 또한 바람직한 식사예절은 음식이나 식사시간에 대한 긍정적인 태도가 전제되어야 하므로 식습관과 예절교육 그 자체가 목적이 되어서는 안 된다.

음식을 먹는 데 필요한 올바른 태도가 있다

- 음식은 골고루 먹어야 한다.
- 음식은 정해진 시간에 규칙적으로 먹어야 한다.
- 음식을 먹기 전 · 후에는 손을 깨끗이 씻어야 한다.
- 음식을 먹을 때는 천천히 잘 씹어 먹어야 한다.
- 음식은 제자리에 바르게 앉아 먹어야 한다.
- 입에 음식이 있을 때는 가능한 이야기하지 않아야 한다.
- 사용한 식기류는 제자리에 정리하여야 한다.

음식을 먹을 때 지켜야 할 식사예절이 있다

- 식사 시에는 다른 사람에게 방해되지 않도록 하여야 한다.
- 함께 먹을 때 다른 사람들이 먹을 준비가 될 때까지 기다려 주어야 한다.
- 함께 먹을 때 다른 사람들이 식사를 마칠 때까지 기다려 주어야 한다.
- 식사 전 · 후에는 감사한 마음으로 인사한다.
- 먹는 시간은 즐겁게 생각하고, 음식은 감사한 마음으로 먹어야 한다.

6 영유아와 요리

1) 유아 요리활동의 계획 및 운영

유아들은 요리활동을 통하여 통합적인 학습경험을 가지게 된다. 즉, 요리종류의 선택에서 재료의 구입, 재료의 탐색, 음식 만들기, 그리고 맛보고 치우기의 전과정인 사전, 사후 활동을 통해서 많은 것을 학습하게 되는데, 구체적으로 요리활동의 교육적 가치를 알아보면 다음과 같다.

(1) 요리활동의 교육적 가치

① 요리활동은 오감을 이용하여 여러 가지 재료를 보고, 만지고, 썰고, 끓이고, 냄새 맡으면서 직접적인 조작과 실제적 경험을 하게 된다. 즉, 요리활동에서 손으로 직접 사물을 다루고 관찰하는 의미있는 활동은 전반적인 학습을 증진시킬 수 있는 추상적 개념활동의 기초가 되며 요리하는 과정에서의 휘젓고 치고 굴리는 동작은 근육의 발달을 돕는다.

② 요리활동 때 사용하는 요리순서표나 관련도서는 유아의 읽기를 도우며, 요리활동과정이나 결과를 쓰거나 그리는 활동을 통하여 언어발달을 돕는다. 요리활동은 맛과 형태, 느낌 등에 대한 막연한 언어적 표현이 구체적이고 사실적으로 진전되도록 하며, 표현횟수 또한 증가시키고, 요리법에 따라 요리하는 것은 듣기능력을 향상시키는 등의 총체적 언어교육 접근방법의 일부분이 된다.

③ 유아들은 요리활동 시의 구체적인 조작을 통해 문제를 해결함으로써 초보적인 수학개념의 기초를 형성한다. 요리활동을 경험한 유아들은 길이 및 부피 기초개념, 분류와 측정능력이 발달되며, 숫자나 돈의 가치에 대하여 학습하게 된다.

④ 요리활동은 유아가 학습해야 할 중요한 과학개념을 많이 포함하고 있기 때문에 과학개념 수립을 강화하는 활동이 된다. 요리의 각 단계에서 크기, 모양, 촉감 등의 개념, 온도변화의 개념, 시간의 개념, 물리 · 화학적 개념 등의 과학적 개념을 습득하게 된다.

⑤ 다양한 음식을 연구하고 요리하고 먹음으로써 유아들은 자신들의 세계와 그 밖의 다른 세계에 대한 이해를 증진시키며, 여러 나라 각 민족의 다양한 요리법을 포함하고 있는 다양한 요리는 다문화적 경험을 형성하는 데 이용할 수 있다.

⑥ 대부분의 요리활동은 창의적인 조형활동으로 확장될 수 있다. 즉, 유아들은 요리활동을 통해 다양한 환상적 창작요리를 만들 수 있으며, 요리책을 만들거나 제과점 놀이, 제빵공장 등의 역할놀이로 자연스럽게 연결할 수 있다. 그

뿐 아니라 요리활동은 유아의 문제해결력을 증진한다.

⑦ 유아들은 요리활동을 통해서 음식물은 동 · 식물에서 얻으며, 다양한 종류가 있으며, 음식물의 영양분은 인간에게 도움을 주고, 균형있는 식사는 여러 종류의 음식이 골고루 섞인 음식이라는 것과 같은 영양에 대한 개념을 발달시키게 된다.

⑧ 유아교육기관에서의 요리활동은 학부모들의 유아교육기관 활동참여 기회를 제공하는 데 대단히 훌륭하고 쉬운 방법이다. HIildebrand는 유아교육기관의 활동 중, 부모가 유아에게서 가장 많이 전해 들을 수 있는 활동이 간식과 요리활동에 관한 것이며, 이는 가정과 유아교육기관의 연계활동으로서의 효과를 가져다 준다고 하였고, Dahl이나 Klefstad도 부모들이 자녀들의 요리활동에 필요한 재료를 지원하거나, 유아교육기관의 요리활동에 보조교사로서 혹은 함께 요리활동을 하는 적극적인 역할까지도 수행할 수 있다고 하였다.

이상을 종합하면 요리활동은 유아들에게 직접적인 조작과 실제적인 경험을 제공하며 요리하기 과정을 통해 수, 과학, 언어, 사회 등 다른 영역과 자연스럽게 통합적 접근이 이루어지게 함으로써 모든 발달영역에 도움을 준다. 나아가 모든 유아교육자들이 추구하는 목적 중의 하나인 학부모들을 유아교육현장에 자발적으로 참여하게 하는 좋은 기회를 제공한다. 그러므로 유아교육현장에서의 요리활동은 통합적 접근을 가능케 하는 매개체가 되며, 요리활동을 중심으로 한 통합적 접근을 도모함으로써 유아의 전인적 발달을 촉진할 수 있다(오영희, 2009).

(2) 통합적 요리활동의 기본방향

통합적 요리활동의 기본방향은 다음과 같다.

① 유아의 발달수준을 고려하여야 한다. 유아들은 발달수준에 따라 수행할 수 있는 능력과 기술에 차이가 있으므로 요리활동은 유아의 발달수준을 고려하여 계획되고 수행되어야 한다. 즉, 조리형태의 난이도와 요리활동에 사용되

는 기술의 복잡성 등이 유아의 발달수준과 흥미에 적절한 것이여야 한다.

② 유아의 건강 및 안전을 고려하여야 한다. 이를 위하여서는 요리활동의 전 과정이 위생적이고 청결한 활동이 되도록 세심한 주의를 기울여야 한다. 즉, 요리도구의 위생관리, 신선한 재료의 구입 및 위생적 보관, 요리도구나 전자제품의 안전한 관리, 전염병 관리 등을 유의하여야 한다.

③ 요리활동은 유아의 능동적인 참여로 이루어져야 한다. 재료를 씻고, 껍질을 벗기고, 재료를 나누며, 재료를 섞는 등의 실제적인 경험은 음식에 대한 긍정적인 감정을 갖도록 도우므로 새롭고 익숙하지 않은 음식에 대해서도 유아들이 거부감 없이 잘 받아들이도록 한다.

④ 요리활동을 할 때 전체 유아가 참여하여 동시에 하는 것은 혼란스럽기 때문에 가능한 피하는 것이 좋고, 5~7명의 소집단으로 하는 것이 가장 바람직하다. 며칠 동안에 걸쳐서 소집단별로 차례대로 요리활동에 참여할 수 있다.

⑤ 다양한 요리 소재 및 재료의 활용이 필요하다. 요리종류의 선택은 유아의 발달수준과 요리의 과정, 음식물의 영양과 유아의 건강 등을 고려하여 이루어진다. 처음에는 한두 가지 기능만을 요하는 간단한 것에서부터 시작하며, 유아들이 요리활동에 익숙해짐에 따라 좀더 여러 단계의 기능을 요하는 요리활동을 하도록 한다. 새로운 소재나 재료의 요리활동에 유아들이 참여함으로써 편식습관을 고치는 기회가 될 수 있으므로 다양한 요리활동을 시도하는 것이 바람직하다.

⑥ 요리활동은 계절에 따라 적당한 재료와 조리법을 활용함으로써 계절적인 특성을 반영하는 것이 바람직하다. 요리재료는 항상 신선한 것을 구입해야 하며, 자연식품의 경우 가능한 제철에 나는 것을 이용함으로써 풍부한 영양소를 공급할 수 있어야 한다.

⑦ 요리순서도의 활용이 바람직하다. 요리활동 전개는 연속적인 단계에 따라 교사의 설명과 함께 요리를 할 수도 있지만, 유아가 교사와 함께 요리순서도를 보면서 활동의 차례를 익힌 후 요리활동을 시작할 수도 있다. 요리순서도는 유아들이 잘 볼 수 있는 위치에 게시하며, 그림을 이용하여 유아들이 쉽게 알

아볼 수 있게 제작하도록 한다.

⑧ 경제성을 고려하여야 한다. 요리활동을 하는 데 소요되는 비용과 관련하여서는 가능한 한 유치원 교육 활동비에서 충당하는 것이 바람직하나, 경우에 따라서는 요리재료를 분담하여 유아들이 가정에서 직접 가져오도록 하기도 한다. 예산절감을 위하여 제철식품을 활용하는 것이 바람직하며, 유치원 내에서 재배할 수 있는 공간을 마련하여 유아들이 직접 재배하고 수확한 재료를 활용하는 것도 바람직하다.

⑨ 교사의 적절한 개입이 필요하다. 요리활동을 할 때 교사의 역할은 유아를 요리에 직접 참여시켜야 하고, 해답을 주기보다는 유아들이 요리과정을 통해 스스로 답을 찾을 수 있게 하며, 결과보다는 과정을 강조하고, 미처 예기치 못한 일을 대비하여 충분한 시간을 할애하며, 정리정돈 역시 가치있고 즐거운 활동이므로 요리활동에 포함시키도록 한다. 특히 요리활동 중의 위생과 안전을 위한 교사의 적절한 지도가 필요하다.

출처 : 오영희(2009).

(3) 통합적 요리활동의 목표

영유아기는 그들이 활동하고 느끼는 친숙한 일상의 환경 속에서 경험을 통해 발달해나간다. 오감을 통한 요리활동을 위해 사전계획과 재료의 준비, 재료를 통한 감각적 직접 경험, 자신의 의사표현이나 타인의 의견수렴, 경험의 표상활동과 표현활동들은 영역 간의 연계는 물론 통합적 교육이 되기에 충분하다.

통합적 요리활동과 관련 지을 수 있는 교육내용으로 '2007년 개정 유치원 교육과정'과 '표준보육과정'은 다음과 같다(이종숙 외, 2009).

〈표 6-3〉 통합적 요리활동과 관련된 '2007년 개정 유치원 교육과정'의 영역별 내용

영 역	요리활동과 관련된 2007년 개정 유치원 교육과정의 내용
건강생활	• 감각기관 활용하기 • 이동하며 움직이기 • 바른 식생활 하기 • 몸과 주변을 깨끗이 하기 • 즐겁게 생활하기 • 안전하게 놀이하기
사회생활	• 나의 감정 알고 조절하기 • 질서와 규칙 지키기 • 두레와 소중함을 알고 협력하기 • 우리나라와 우리 전통문화에 관심 가지기 • 다양한 문화에 관심 가지기
표현생활	• 소리 · 움직임 · 조형물에 관심 가지기 • 예술적 요소 찾아보기 • 통합적으로 표현하기 • 창의적인 표현과정 즐기기 • 아름다움 느끼기 • 예술적 표현 존중하기
언어생활	• 바른 태도로 듣기 • 이야기 듣고 이해하기 • 생각과 느낌 말하기 • 바른 태도로 말하기 • 읽기에 관심 가지기 • 쓰기도구 사용하기
탐구생활	• 사물과 현상에 지속적인 관심 가지기 • 물체와 물질에 대해 알아보기 • 간단한 도구와 기계 활용하기 • 수감각 기르기 • 기초적인 측정해 보기 • 자료 정리 및 결과 나타내기
기본생활영역	• 즐겁게 먹기 • 올바른 태도로 먹기 • 식생활을 바르게 하기 • 건강에 관심을 갖고 건강생활 실천하기 • 아끼며 생활하기

신체운동영역	• 감각기관으로 탐색하기 • 협응력 기르기 • 대근육 조절하기 • 소근육 조절하기 • 기구를 이용하여 신체활동 시도하기
사회관계영역	• 자신의 정서를 느끼고 표현하기 • 자신의 정서를 적절하게 표현하기 • 다른 사람에게 관심 가지기 • 자신과 다른 사람의 다양한 정서를 인식하고 표현하기 • 공동체 정신 기르기 • 세계와 여러 문화에 관심 가지기
의사소통영역	• 사물의 이름 말하기 • 바른 태도로 말하기 • 낱말과 문장을 듣고 이해하기 • 상황에 맞는 언어 사용하기 • 자신의 느낌과 생각, 경험 말하기 • 자신의 느낌, 생각, 경험 쓰기에 흥미 가지기
자연탐구영역	• 수량 지각하기 • 비교하기 및 순서 인식하기 • 구분하기 • 측정하기 • 물체와 물질의 특성 탐색하기 • 생활도구에 관심 가지기
예술경험영역	• 모방행동 즐기기 • 주변의 아름다움 경험하기 • 주변환경의 예술적 요소 탐색하기 • 통합적으로 표현하기 • 미술작품 감상하기

(4) 요리활동과 교과영역

유아는 학습에 있어 능동적인 주체이나 발달적으로 구체물이 필요한 시기로서 스스로 행동하여 직접 주변세계를 경험할 때 가장 잘 학습한다. 이에 요리활동은 유아가 손으로 직접 다루고 관찰하는 직접적 경험으로서, 특히 식품에 대한 이해, 식품의 영양소와 성장 및 건강, 식품의 관리 및 위생과 건강, 요리과정에서 발생하는 물리적 · 화학적 변화 등을 자연스럽게 다룰 수 있는 의미 있는 활동이다.

또한 음식은 유아의 생활과 매우 밀접한 관계에 있는 만큼 요리활동 및 음식에 대한 유아들의 관심도 크기 때문에 교육의 모든 측면에서 통합적으로 접근하기가 용이하다. 다시 말해, 유아는 음식과 요리활동을 통해 수활동, 언어활동, 과학적 탐색활동, 새로운 신체적 기술의 습득, 올바른 식습관 형성 등 실제적인 발달을 이루게 되는 것이다. 요리활동과 음식에 관련된 내용을 각 교과영역과의 관계에서 구체적으로 살펴보면 다음과 같다.

① 수활동

신선한 농산물은 분류활동이나 측정, 그래프, 수 세기 등의 활동자료로 유용하게 이용되는 교육자료이다. 유아는 과일과 야채를 분류할 수 있고, 땅 위에서 나는 것과 땅 속에서 나는 것을 선별할 수 있으며, 자신이 좋아하는 것과 싫어하는 것으로 나눌 수 있다. 또 유아는 이러한 발견을 막대 그래프로도 나타낼 수 있다.

식품종류별로 무게를 측정해 보는 기회는 수와 양, 크기와 무게를 비교해 보고 토론해 볼 기회를 제공한다. 이때 식빵 한 조각이 콩 몇 알과 무게가 같은지, 같은 크기의 감자와 토마토 중 무엇이 더 무거운지 의문을 갖도록 하여, 실제로 측정하여 보기 전에 유아가 예측하고 결과와 비교하여 보도록 격려할 수 있다. 요리활동 중에 유아가 간식으로 야채와 과일을 잘라야 한다면 간식을 먹은 모든 유아의 수에 맞춰 자연스럽게 사과나 당근을 나누는 방법을 생각해 보게 된다.

요리활동 시 장보기 현장학습은 수 세기 활동에 포함될 수 있다. 즉, 유아와 같이 요리하기에 필요한 품목들을 생각하여 계획을 세워 무엇을 얼마만큼 구입해야 하는지 실제로 준비하면서 비교해 볼 수 있을 것이다.

② 언어활동

유아는 영양과 음식, 식습관과 관련된 이야기나누기와 동화 듣기, 동시 짓기, 요리 순서표 만들기, 수수께끼, 책 찾아 보기 등의 활동을 통하여 언어적 발달을 증진시킬 수 있다. 특히 유아가 음식을 만들면서 의견을 교환하고 그 활동에 포함되는 용어들을 학습하게 되는데 새로운 단어들, 즉 자르기, 씻기, 갈기, 비비기, 껍질 벗기기, 조각 등의 용어는 유아의 어휘를 더욱 풍부하게 해줄 것이다. 또한 요리활동은 유아의 문어에 대한 관심을 갖는 언어적 경험을 제공하게 되는 좋은 기회로서 포장지의 상표, 요리 순서표, 메뉴 등을 읽는 것은 읽기와 쓰기를 자극하는 경험을 제공한다. 교사의 도움을 받아 유아는 그림이나 글씨를 넣은 요리 순서표를 만들 수 있는데, 이 과정을 통해 유아는 행위와 사물을 그림이나 글씨로 표상할 수 있다는 것을 배울 수 있으며 이것은 읽기기술 발달의 기초가 된다. 요리활동 후 그 경험을 토대로 평가하기 및 동시 짓기 등의 활동으로도 연계 지을 수 있다.

③ 과학적 탐색활동

유아가 음식을 준비하는 과정은 과학적 탐색 및 과학적 과정활동을 위한 학습 기회를 제공할 수 있다. 교사는 유아가 과일이나 야채를 씻는 동안 어떤 것이 물 위에 뜨는지, 가라앉는지 이야기해 보고 관심을 갖고 관찰해 보도록 지원할 수 있다. 신선한 과일과 야채를 잘랐을 때 어디에서 씨가 발견되는지, 무엇이 씨의 성장을 돕는지에 관해서도 이야기나눌 수 있으며 직접 키우면서 성장조건과 과정을 관찰할 수도 있다. 또한 요리활동은 유아에게 색, 형태, 크기의 비교, 관찰, 측정, 사물의 특성에 관한 물리적 변화와 화학적 변화를 학습할 수 있는 교육적 기회를 제공한다.

즉, 유아들은 요리활동을 통하여 녹는 것, 응고되는 것, 뜨는 것, 가라앉는 것과 같은 화학적 · 물리적 변화와 그 과정에 대해 배울 수 있으며, 그 변화 속에서 성분의 조합에 의한 변화도 학습할 수 있다. 예를 들면, 과자 굽기를 위해 밀가루 반죽을 했을 때 이 밀가루 반죽을 다시 가루형태로 돌려놓을 수는 없지만 반죽에 건포도를 넣었을 때는 반죽과 건포도를 다시 분리할 수 있다는 것을 알게 된다.

이 외에도 식품선택, 준비, 보존, 조리활동을 통한 식품의 변화, 연속에 대한 기초 지식을 갖게 된다. 유아는 요리활동을 통하여 음식의 변화를 기대하며, 새로운 식품과 요리활동이 제시될 때마다 보고, 듣고, 맛보고, 냄새 맡고, 그 외의 다른 여러 감각들을 이용해서 살필 수 있다(김계자, 2001).

④ 신체적 기술 습득 활동

유아 시기에 대근육에서 소근육으로 발달기술은 음식준비과정에 유아가 참여하는 데 무리가 없을 만큼 발달한다. 또한 요리활동에서는 요리하는 과정 중에 사용하게 되는 다양한 도구의 사용으로 신체적 기술들이 숙달되는데 시그만 그란트는 요리활동을 통하여 다음과 같은 기본 기술들이 숙달된다고 하였다.

〈표 6-4〉 요리활동과 관련된 유아의 신체적 능력

연 령	음식준비기술
만 2세	• 씻기, 뜯기, 벗기기, 쪼개기, 움켜쥐기, 떠내기, 적시기
만 3세	• 교사가 시범을 보여 줄 경우, 주스와 우유 따르기, 큰 접시로부터 자기 몫 옮겨 덜기 • 싸기, 섞기, 펴 바르기, 흔들기
만 4세	• 닦아내기, 씻기, 상차리기, 미리 정확히 재어놓은 재료 따라 붓기 • 껍질 벗기기, 펴 바르기, 자르기, 말기, 으깨기, 달걀 깨기
만 5세	• 간단한 간식 만들기 • 측정하기, 자르기, 빻기, 갈기, 비비기

교사는 유아의 요리활동을 위하여 깨끗하고 안전한 장소와 충분한 시간을 제공해야 하며, 특히 유아에게 도구 사용 시 주의점과 올바른 사용법, 요리활동과정에서 필요한 기술 등을 확실히 지도하여 올바른 신체기술 및 안전한 도구 사용을 위한 습관을 익히도록 배려하여야 한다.

⑤ 올바른 식습관 형성

교사는 유아에게 식품 선택과 평가에 유아를 참여시키고 생존을 위한 음식섭취의 필요성과 식사예절을 소개한다(신은수 외, 2009).

2) 요리활동의 실제

모양빵 만들기

✖ **활동목표** : 두 가지 감각을 활동하여 사물을 다루어 본다.
순서에 따라 요리활동에 참여한다.

✖ **대상연령** : 만 4세

✖ **소요시간** : 20분

✖ **재료** : 요리 순서도, 식빵, 모양틀, 잼(땅콩, 딸기)

✖ **만드는 법**

① 식빵에 모양틀을 찍는다.
② 별 모양, 달 모양 등 여러 가지 모양을 만든다.
③ 모양빵에 원하는 잼을 바른다.
④ 접시에 담아 자기가 좋아하는 모양빵을 먹는다.

삼각김밥 만들기

✖ 활동목표 : 삼각김밥의 모양을 전신으로 표현해 본다.
김밥을 만들면서 다양한 재료의 맛을 표현해 본다.
김밥이 어떠한 모양들이 있는지 비교해 본다.

✖ 대상연령 : 5~6세

✖ 소요시간 : 30분

✖ 재료 : 밥, 김, 소고기, 돼지고기, 김치, 햄, 고추장, 고춧가루, 생강, 양파, 후추, 깨, 참기름

✖ 만드는 법

① 김치와 햄을 송송 다져서 후라이팬에 볶는다.
② 쇠고기, 돼지고기를 잘 다져서 후라이팬에 볶는다.
③ 볶은 고기를 밥과 잘 섞는다.
④ 삼각틀에 잘 섞은 밥을 넣어 예쁘게 만든다.
⑤ 김으로 밥을 따뜻하게 감싼다.

식빵피자 만들기

✖ 활동목표 : 재료를 다루며 소근육 활동을 활발히 한다.
음식의 맛과 색을 알아보고 만드는 과정에서 흥미를 갖는다.
요리순서에 따라서 재료를 차례대로 얹을 수 있다.

✖ 대상연령 : 만 5세

✖ 소요시간 : 30분

✖ 재료 : 식빵, 양송이 버섯, 피망, 파프리카, 양파, 방울토마토, 햄, 피자치즈, 식용유, 케찹

✖ 만드는 법

① 햄과 양파는 다지듯 썰어서 준비하고, 각종 채소들은 채썰기로 준비한다.
② 달궈진 팬에 양파와 햄을 넣어 볶는다.
③ 양송이 버섯, 피망, 파프리카도 살짝 볶는다.
④ 오븐팬에 식용유를 살짝 뿌려준다.
⑤ 오븐팬에 식빵을 올린 뒤, 케찹을 바른다.
⑥ 그 위에 피자치즈와 볶은 채소를 올려 놓는다.
⑦ 다시 피자치즈를 뿌리고 방울 토마토를 올린다.
⑧ 200도로 예열된 오븐에서 5분간 구워낸다.

유부초밥 만들기

✖ 활동목표 : 요리재료의 변화과정을 관찰한다.
음식을 만드는 과정에서 청결을 위해 지켜야 할 태도를 안다.

✖ 대상연령 : 만 4~5세

✖ 소요시간 : 30분

✖ 재료 : 쌀밥, 유부, 당근, 양파, 오이, 식용유, 참기름, 깨, 소금, 식초, 설탕

✖ 만드는 법

① 유부의 물기를 빼서 준비해 놓는다.
② 각종 채소들을 잘게 다진다.
③ 잘게 다진 재료들을 볶는다.
④ 따뜻한 밥에 새콤달콤 소스로 버무린다.
⑤ 볶아논 재료를 밥에 넣어 골고루 섞는다.
⑥ 준비된 유부 속에 밥을 채워 넣는다.
⑦ 유부초밥을 접시에 가지런히 담는다.

계란 돛단배

- 활동목표 : 집중력과 관찰력을 향상시킨다.
  두뇌발달 소근육을 발달시킨다.
  음식의 변화과정을 살펴본다.
- 대상연령 : 만 5세
- 소요시간 : 30~40분
- 재료 : 계란, 마요네즈, 오이, 햄, 옥수수통조림, 당근, 감자
- 만드는 법

① 계란을 삶는다(노른자가 가운데 오도록 굴리면서 삶는다).
② 계란을 세로로 길게 자르고 노른자를 그릇에 따로 파낸다.
③ 오이, 당근, 감자를 깨끗이 씻는다.
④ 오이, 당근을 잘게 다진다.
⑤ 감자는 삶아서 으깬다.
⑥ 옥수수 통조림을 물기를 빼서 준비한다.
⑦ 그릇에 파낸 계란 노른자와 채썬 오이와 당근, 으깬 감자와 옥수수를 넣고 마요네즈를 넣고 섞어 준다.
⑧ 노른자를 파낸 계란의 빈 공간에 버무린 샐러드를 채워 넣는다.
⑨ 치즈를 삼각형 모양으로 잘라 계란에 이쑤시개를 꽂고 삼각형 치즈를 이쑤시개의 윗부분에 붙인다.

감자 단호박 샌드위치 만들기

✖ 활동목표 : 여러 가지 재료의 변화과정을 안다.
음식을 만드는 도구에 대해서 알아본다.
날카로운 도구의 안전한 전달방법과 사용법을 안다.

✖ 대상연령 : 만 5세

✖ 소요시간 : 30분

✖ 재료 : 단호박, 감자, 고구마, 햄, 양파, 당근, 오이, 계란, 마요네즈, 소금

✖ 만드는 법

① 모닝빵이나 식빵을 준비한다.
② 감자, 고구마, 단호박 씨를 뺀 후 적당히 썰어 삶는다.
③ 감자, 고구마, 단호박이 다 삶아지면 각각 으깬다.
④ 햄, 양파, 당근, 오이를 잘게 썰어서 후라이팬에 볶는다.
⑤ 계란을 삶아 으깬다.
⑥ 마요네즈와 함께 으깬 감자, 고구마, 단호박, 계란, 햄, 양파, 당근, 오이를 넣고 잘 섞는다.
⑦ 모닝빵을 반으로 잘라 그 사이에 감자 단호박 샐러드를 넣는다.

잡채 만들기

✖ 활동목표 : 음식의 재료를 알아본다.
재료를 가지고 요리활동을 통해 성취감을 얻는다.
맛을 비교하여 언어로 표현할 수 있다.

✖ 대상연령 : 5~6세

✖ 소요시간 : 40분

✖ 재료 : 당면, 양파, 쪽파, 건표고버섯, 느타리버섯, 목이버섯, 파프리카, 소금, 식용유, 간장, 참기름, 설탕, 깨, 다진 마늘

✖ 만드는 법

① 양파, 파프리카는 채썰고 쪽파는 같은 길이로 썬다.
② 건표고버섯은 미지근한 물에 불려 채썰고, 다른 버섯류들도 채썬다.
③ 식용유를 두른 팬에 양파, 쪽파, 파프리카, 버섯 등을 볶은 후 소금, 후추를 조금 뿌린다.
④ 당면은 끓는 물에 약 9분간 삶고, 찬물에 헹궈 채에 건져 물기를 뺀다.
⑤ 팬에 식용유를 넣고 당면을 볶다가, 간장, 설탕, 후추를 넣어 간을 맞춘다.
⑥ 볶아 놓은 채소들을 모두 골고루 섞어 접시에 담고 통깨를 뿌린다.

➡➡➡ 송편 만들기

✖ **활동목표** : 송편은 추석에 주로 먹는 우리나라 고유음식임을 안다.
음식재료의 변화과정을 안다.

✖ **대상연령** : 4~5세

✖ **소요시간** : 30분

✖ **재료** : 쌀가루, 뜨거운 물, 소금, 깨, 흑설탕, 솔잎

✖ **만드는 법**

① 쌀가루에 소금을 넣고 채에 친다.
② 뜨거운 물을 넣어 익반죽한다.
③ 깨, 흑설탕을 넣어 송편 속을 만든다.
④ 익반죽한 반죽을 동글동글 빚어 깨설탕 소를 넣고 송편을 빚는다.
⑤ 찜기에 솔잎을 깔고 송편을 찐다.
⑥ 다 쪄지면 예쁜 접시에 담는다.

호박죽 만들기

✖ **활동목표** : 호박죽은 소화가 잘되고 우리 몸에 좋은 영양소가 있음을 안다.
요리과정을 통해 재료의 변화를 경험한다.
날카로운 도구(칼)를 안전하게 사용할 수 있다.

✖ **대상연령** : 만 5세

✖ **소요시간** : 40분

✖ **재료** : 호박, 밤, 콩, 찹쌀가루, 설탕, 소금

✖ **만드는 법**

① 호박을 반으로 자른다.
② 숟가락을 이용하여 호박 속의 씨앗을 제거한다.
③ 호박을 전자레인지에 7분정도 쪄낸다.
④ 익은 호박을 껍질을 벗겨 믹서기에 잘라 넣고 간다.
⑤ 물을 넣어 20분정도 푹 끓인다.
⑥ 밤은 2~3등분해서 자르고 콩은 무를 때까지 삶아 물기를 빼서 준비한다.
⑦ 찹쌀가루를 물에 풀어 잘익은 호박에 넣어 저어 준다.
⑧ 노랗게 맑은 빛을 띤 호박죽이 완성된다.

치즈 & 참치 라이스크로켓 만들기

✖ 활동목표 : 요리 순서도에 따라 치즈 & 참치 크로켓을 만들 수 있다.
도구를 안전하게 사용하는 방법을 알아보고 실천한다.

✖ 대상연령 : 5~6세

✖ 소요시간 : 30분

✖ 재료 : 밥, 밀가루, 계란, 감자, 양파, 피망, 빵가루, 소금, 후추, 식용유, 참치, 마요네즈, 옥수수알, 피자치즈

✖ 만드는 법

① 감자, 피망, 양파, 당근은 잘게 다진다.
② 식용유를 두른 팬에 위의 채소들을 넣어 볶고 소금, 후추로 간을 한 뒤 밥을 넣어 볶는다.
③ 참치는 기름을 빼고 다진 양파와 마요네즈, 소금, 후추를 넣어 섞고, 옥수수알과 피자치즈도 따로 섞는다.
④ ②의 밥을 한쪽은 옥수수와 피자치즈를 넣고, 한쪽은 참치를 넣고 동그란 주먹밥을 만든 다.
⑤ 밥에 밀가루, 달걀, 빵가루 순으로 튀김옷을 입힌다.
⑥ 180도로 가열한 기름에 바삭하게 튀긴다.
⑦ 예쁘게 접시에 담아 골라 먹는다.

야채견과류 샐러드

✖ **활동목표** : 재료를 다루며 소근육 활동을 활발히 한다.
날카로운 도구의 안전한 전달방법과 사용법을 안다.
음식을 만드는 과정에서 청결을 위해 지켜야 할 태도를 안다.

✖ **대상연령** : 만 4~5세

✖ **소요시간** : 30분

✖ **재료** : 메추리알, 방울토마토, 사과, 오이, 바나나, 양상추, 호두, 땅콩, 플레인 요구르트, 매실 엑기스

✖ **만드는 법**

① 메추리알은 삶아서 껍질을 벗긴다.
② 방울토마토는 깨끗이 씻어서 꼭지를 딴다.
③ 양상추는 한입 크기로 뜯어 흐르는 물에 씻어서 찬물에 담가둔다.
④ 호두와 땅콩을 굵게 다진다.
⑤ 오이, 사과, 바나나를 적당한 크기로 썰어둔다.
⑥ 메추리알, 방울토마토, 사과, 오이, 바나나, 양상추, 호두, 땅콩을 볼에 넣고 플레인 요구르트 드레싱과 매실 엑기스를 섞어가며 버무린다.
⑦ 버무린 야채견과류 샐러드를 예쁜 접시에 담는다.

동그랑 땡

✖ **활동목표** : 동그랑땡 만드는 방법을 알고 재료의 맛과 향을 느껴 본다.
채소의 이름에 대해 알아본다.
재료를 썰어 보면서 크기 변화를 알아본다.

✖ **대상연령** : 만 5세

✖ **소요시간** : 약 30~40분

✖ **재료** : 돼지고기, 두부, 계란, 파, 양파, 홍당무, 버섯, 가지, 참기름, 식용유, 밀가루, 다진마늘, 소금, 후추

✖ **만드는 법**

① 재료를 깨끗이 씻어 준비한다.
② 준비한 채소를 다지고 큰 그릇에 담는다.
③ 다진 채소에 돼지고기 계란 두부를 넣는다.
④ 소금, 후추, 다진마늘, 참기름, 깨소금을 넣어 두부를 으깨고 잘 섞는다.
⑤ 동그란 모양을 만든다.
⑥ 소금과 후추를 넣은 계란에 밀가루를 입힌 동그랑땡을 적시고 프라이팬에 넣어 익힌다.
⑦ 완성된 동그랑땡을 접시에 담아 아이와 맛있게 먹으면서 이야기를 나눈다.

롤 샌드위치

✖ 활동목표 : 여러 가지 변화과정을 안다.
음식을 만드는 도구에 대해서 알아본다.
날카로운 도구의 안전한 전달방법과 사용법을 안다.

✖ 대상연령 : 만 5세

✖ 소요시간 : 30분

✖ 재료 : 식빵, 햄, 치즈, 상추, 달걀, 피클, 마요네즈, 랩, 머스타드 소스

✖ 만드는 법

① 햄, 치즈, 상추 재료를 준비한다.
② 식빵을 밀대로 민 후 가장자리를 자른다.
③ 삶은 달걀과 피클을 마요네즈와 함께 버무린다.
④ 식빵에 머스타드 소스를 바른다.
⑤ 랩 위에 식빵, 상추, 햄, 치즈, 마요네즈에 버무린 달걀, 피클을 차례로 올려놓는다.
⑥ 랩과 함께 돌돌돌 만다.
⑦ 완성된 샌드위치를 먹기 좋게 칼로 자른다.

자동차 샌드위치

✖ 활동목표 : 재료를 다루며 소근육활동을 활발히 한다.
요리재료의 변화과정을 관찰한다.
자동차 모양을 꾸미는 과정에서 아이의 흥미와 창의력을 높인다.

✖ 대상연령 : 만 5세

✖ 소요시간 : 30분

✖ 재료 : 바게트, 삶은 계란, 맛살, 피망, 오이, 당근, 소금, 후추, 마요네즈, 바나나, 방울토마토, 산적꼬지

✖ 만드는 법

① 삶은 계란을 껍질을 벗겨 흰자와 노른자를 분리한다.
② 흰자만 작게 썰어준다.
③ 맛살, 피망을 작게 썰어준다.
④ 작게 썬 재료에 마요네즈와 소금, 후추를 넣고 섞어 준다.
⑤ 바게트의 속을 파내고 그 안에 ④의 섞은 재료를 넣어준다.
⑥ 노른자를 체에 내려 샐러드 위에 뿌려준다.
⑦ 남은 재료를 이용해 자동차 모양을 꾸며준다.

새우볼 만들기

- **활동목표** : 재료를 다루며 소근육 활동을 활발히 한다.
  도구를 안전하게 사용하는 방법을 안다.
  요리재료의 변화과정을 관찰한다.
- **대상연령** : 만 5세
- **소요시간** : 40~50분
- **재료** : 새우, 양파, 빵가루, 녹말가루, 소금, 후추
- **만드는 법**

① 새우를 손질한다.
② 새우살과 양파를 믹서기에 넣어 간다.
③ 새우살과 양파 간 것에 빵가루와 녹말가루, 소금, 후추를 넣고 잘 섞는다.
④ 물을 묻힌 손으로 새우반죽을 떼어내 동그랗게 빚는다.
⑤ 동그랗게 빚은 새우살에 빵가루를 묻힌다.
⑥ 가열한 기름에 노릇하게 튀긴다.

밥도그

- **활동목표** : 요리의 과정을 알고 순서에 맞게 만들 수 있다.
  요리활동을 통해 만드는 즐거움과 성취감을 경험한다.
- **대상연령** : 만 5세
- **소요시간** : 30~40분
- **재료** : 밥, 소시지, 파프리카, 호박, 양파, 당근, 밀가루, 빵가루, 계란, 소금, 꼬지, 식용유
- **만드는 법**

① 준비한 야채를 다져서 볶는다.
② 볶은 야채에 밥을 넣고 섞으며 소금으로 간을 한다.
③ 소시지는 끓는 물에 데친다.
④ 데친 소시지를 꼬지에 꽂은 후 밀가루를 묻힌다.
⑤ 밀가루를 묻힌 소시지에 밥을 동그랗게 뭉쳐준다.
⑥ 밀가루, 계란, 빵가루를 순서대로 묻힌다.
⑦ 식용유를 달군 후 기름에 튀긴다.
⑧ 튀긴 밥도그를 식혀 케찹을 뿌려서 먹는다.

쿠키

✖ 활동목표 : 나만의 쿠키를 꾸며 본다.
쿠키의 재료를 알아보고, 오감으로 느껴본다.

✖ 대상연령 : 만 4세

✖ 소요시간 : 40분 ~ 1시간

✖ 재료 : 과자용 밀가루, 설탕, 땅콩 다진 것, 베이킹파우더, 복분자분말, 버터, 달걀, 여러 가지 모양틀, 코코아가루, 밀대, 초콜릿, 오븐

✖ 만드는 법

① 과자용 밀가루와 베이킹파우더는 체쳐서 준비한다.
② 볼에 버터를 부드럽게 풀어준다.
③ 설탕을 조금씩 넣으면서 잘 섞어준다.
④ 계란을 넣고 섞어준다.
⑤ 밀가루를 넣어 섞고, 손으로 반죽을 한다.
⑥ 반죽을 밀대로 밀고, 모양을 찍은 후 마음대로 꾸며본다.
⑦ 오븐접시에 쿠키를 올려놓고 170도에 15분정도 오븐에 구워준다.

김밥

✖ **활동목표** : 음식을 만들며 소근육활동을 할 수 있다.
음식의 맛과 색을 알아보고 야채를 싫어하는 아이들이 골고루 섭취할 수 있다.
음식을 만드는 과정에서 청결을 위해 지켜야 할 태도를 안다.

✖ **대상연령** : 만 5세

✖ **소요시간** : 40분

✖ **재료** : 밥, 오뎅, 햄, 맛살, 계란, 시금치, 당근, 참치, 마요네즈, 단무지, 우엉, 김, 식용유, 참기름, 소금

✖ **만드는 법**

① 고슬하게 지은 밥에 참기름과 소금을 넣고 골고루 섞어서 김을 날린다.
② 단무지는 적당한 두께로 썰어서 물기를 빼둔다.
③ 시금치는 살짝 데쳐서 참기름과 소금을 넣어 무쳐 놓는다.
④ 달걀은 두껍게 말아 적당하게 썰어둔다.
⑤ 당근은 채썰어서 소금 약간 넣고 볶아서 준비한다.
⑥ 오뎅은 적당한 크기로 잘라 볶아서 준비한다.
⑦ 맛살은 적당한 크기로 잘라 살짝만 볶아 준비한다.
⑧ 햄은 적당한 크기로 잘라 한번 데쳐서 물을 뺀 다음, 볶아서 준비한다.
⑨ 참치캔은 기름을 말끔하게 빼고 마요네즈와 설탕을 넣고 잘 섞어둔다.
⑩ 우엉은 포장을 뜯어서 그대로 올리고, 준비된 재료를 상 위에 준비한다.
⑪ 김 위에 밥을 깔고 참치를 올리고, 준비된 재료를 올려준다.
⑫ 한 입 크기로 적당히 썬다.

감자떡 만들기

✖ 활동목표 : 반죽활동을 통해 소근육 활동을 활발히 한다.
요리의 변화과정을 안다.

✖ 대상연령 : 만 4~5세

✖ 소요시간 : 30분

✖ 재료 : 감자 5개, 강낭콩, 설탕, 소금, 전분가루, 녹차가루, 단호박

✖ 만드는 법

① 감자떡 소 강낭콩 200g을 물에 하루 정도 불린다.

② 강낭콩을 삶고 굵은 체에 한 번 내려준 후 소금 1/2작은술, 설탕 2큰술을 넣고 1~2분동안 볶는다.

③ 감자 5개, 감자전분가루를 믹서기에 물을 넣고 곱게 간다.

④ 곱게 갈은 상태에서 30분정도 둔 후 면보를 받쳐 감자 갈은 물을 붓고 면보를 꼭 짜면 감자건더기만 남는다.

⑤ 감자건더기와 감자전분 10큰술을 넣고 뭉쳐준다.

⑥ 감자반죽을 조금씩 떼어 강낭콩 소를 넣고 송편 만들 듯 뭉쳐준다.

⑦ 손가락으로 꾹꾹 눌러줘 모양을 내주고 찜기에 물을 올려 젖은 면보를 깔고 감자를 쪄준다.

⑧ 전체 20~25분 동안 쪄주고 감자가 투명하게 되면 10분 정도 더 있다가 불을 꺼준다.

또띠아

✖ 활동목표 : 재료와 다양한 색을 알아보고 만드는 과정에서 흥미를 갖는다.
완성된 음식을 통해 성취감을 느낀다.
또띠아를 말아보면서 힘의 강약을 느낀다.

✖ 대상연령 : 만 5세

✖ 소요시간 : 30~40분

✖ 재료 : 밀가루, 파프리카, 치즈, 양상추, 오이, 닭가슴살, 머스타드소스, 마요네즈, 맛살

✖ 만드는 법

① 닭살을 소금 후추로 밑간을 하고 20분간 재워둔다.
② 달궈진 팬에 닭가슴살을 넣고 익힌다.
③ 밀가루에 소금 간을 약간 해서 지름 15cm로 얇게 또띠아를 붙인다.
④ 여러 가지 야채들을 또띠아에 싸기 좋은 모양으로 자른다.
⑤ 준비된 재료들을 또띠아에 가지런히 놓고 기호에 따라 머스타드소스와 케찹을 뿌려 김밥 말듯이 말아 준다.
⑥ 말아진 또띠아를 풀리지 않도록 호일로 말아 속 안의 야채들이 보일 수 있도록 자른다.
⑦ 다양한 색들이 보이도록 접시에 보기 좋게 담아낸다.

주먹밥

✖ **활동목표** : 음식을 만들며 소근육 활동을 할 수 있다.
음식의 맛과 색을 알아보고 야채를 싫어하는 아이들이 골고루 섭취할 수 있다.
음식을 만드는 과정에서 청결을 위해 지켜야 할 태도를 안다.

✖ **대상연령** : 만 5세

✖ **소요시간** : 20~30분

✖ **재료** : 밥, 깨, 볶은 당근, 계란지단, 김, 맛소금, 참기름, 접시, 밥을 섞을 큰 그릇, 숟가락, 밥주걱, 위생장갑

✖ **만드는 법**

① 밥을 큰 그릇에 준비한다.
② 작은 접시에 맛소금, 참기름을 준비한다.
③ 밥에 맛소금과 참기름을 넣고 섞는다.
④ 밥을 원하는 모양으로 뭉친다.
⑤ 접시에 볶은 당근, 계란노른자, 김가루, 깨를 펼쳐 놓는다.
⑥ 각자 원하는 재료 위에 뭉친 밥을 굴린다.

만두

✖ **활동목표** : 요리를 통해 물질의 변화과정을 관찰하고 즐겁게 요리에 동참할 수 있다.

✖ **대상연령** : 만 5세

✖ **소요시간** : 약 50분

✖ **재료** : 김치, 고기, 당면, 버섯, 두부, 양파, 달걀, 기타 양념

✖ **만드는 법**

① 당면은 물에 불려 놓는다.
② 고기는 다진 마늘, 소금, 후추, 맛술을 넣고 버무려 놓는다.
③ 두부는 짜서 준비한다.
④ 김치는 짜서 다진다.
⑤ 버섯과 불린 당면을 다진다.
⑥ 모든 재료를 볼에 넣고 두부를 으깨면서 잘 섞어 준다.
⑦ 잘 섞은 재료로 만두피에 달걀물을 묻혀가며 만두를 빚는다.
⑧ 만두를 빚는 사람의 취향대로 모양을 다양하게 빚는다.
⑨ 빚은 만두를 찜 솥에 넣고 쪄낸다.
⑩ 그릇에 담아 간장에 찍어 먹는다.

꼬치전

- **활동목표** : 꼬치전 만드는 순서를 인식하고 꼬치전을 만든다.
  꼬치전을 만들어 봄으로써 소근육을 발달한다.
- **대상연령** : 만 5세
- **소요시간** : 40분
- **재료** : 햄, 새송이버섯, 단무지, 맛살, 계란, 밀가루, 소금, 식용유
- **만드는 법**

① 햄, 새송이버섯, 맛살, 단무지를 6센티 미터 길이로 썬다.
② 햄, 새송이버섯, 맛살, 단무지를 이쑤시개에 꿰어 넣는다.
③ 꼬치를 밀가루에 앞뒤로 묻혀준다.
④ 소금을 약간 넣어 풀어둔 계란물에 꼬치를 적신다.
⑤ 프라이팬에 기름을 두르고 4의 꼬치를 앞뒤로 노릇노릇하게 지져낸다.

고구마핫도그

✖ 활동목표 : 요리하는 과정을 통하여 즐거움을 가진다.
음식재료의 변화과정을 안다.

✖ 대상연령 : 만 5세

✖ 소요시간 : 30분

✖ 재료 : 식빵, 슬라이스치즈, 소시지, 고구마, 꿀, 우유, 소금, 계란, 빵가루, 식용유

✖ 만드는 법

① 고구마를 삶아 으깬 다음 우유 1큰술, 꿀 1큰술, 소금을 약간 넣고 섞어준다.
② 식빵의 가장자리를 잘라내고 으깬 고구마를 식빵 위에 얇게 발라준다.
③ 슬라이스 치즈 위에 소시지를 넣고 돌돌 감은 후 식빵 위에 놓고 돌돌 말아준다.
④ 계란 물을 묻혀준다.
⑤ 4 위에 빵가루를 묻혀준다.
⑥ 팬에 기름을 두르고 갈색이 되도록 튀겨준다.

칠절판 만들기

✖ 활동목표 : 다양한 재료의 풍부한 영양소를 안다.
요리과정을 통해 재료의 변화를 경험한다.

✖ 대상연령 : 만 5세

✖ 소요시간 : 50분

✖ 재료 : 쇠고기, 새송이버섯, 오이, 당근, 달걀, 밀가루, 소금, 참기름, 식용유, 물

✖ 만드는 법

① 오이와 당근은 5센티 길이로 채를 썬다.
② 오이와 당근을 기름에 볶으면서 소금, 참기름으로 양념한다.
③ 버섯과 쇠고기도 가늘게 채썰어 양념에 무쳐 물기 없이 볶는다.
④ 달걀은 노른자와 흰자를 분리한다.
⑤ 분리한 달걀은 황백으로 얇게 지단을 부쳐 5센티 길이로 채썬다.
⑥ 밀가루에 소금을 넣어 묽게 푼 후 6센티 직경으로 둥글게 모양내어 밀전병을 얇게 부친다.
⑦ 접시에 준비한 여섯 가지 찬을 담고 가운데 밀전병을 담아 완성한다.

부록

권장식사패턴 (A) : 소아를 위한 식사패턴

권장식사패턴 (A)										
식사패턴	1000	1200	1400	1600	1800	2000	2200	2400	2600	2800
곡류군 I	1	1.5	2	2.5	3	3	3.5	4	4.5	4.5
곡류군 II	1	1				1				1
어육류군	2	2	3	3	3	4	5	5	6	6
채소군	2	3	4	4	5	5	6	6	6	7
과일군	1	1	1	2	2	2	2	2	3	3
우유군	2	2	2	2	2	2	2	2	2	2
유지/당류	2	2	3	3	3	4	5	5	5	6

권장식사패턴 (B) : 성인을 위한 식사패턴

권장식사패턴 (B)										
식사패턴	1000	1200	1400	1600	1800	2000	2200	2400	2600	2800
곡류군 I	1.5	2	2	2.5	3	3	3.5	4	4.5	5
곡류군 II			1			1	1	1		
어육류군	2	2	3	4	4	5	5	5	6	6
채소군	4	5	6	6	7	7	7	7	7	8
과일군	1	1	1	2	2	2	2	2	3	3
우유군	1	1	1	1	1	1	1	1	1	1
유지/당류	2	3	3	3	4	4	5	6	6	6

2010년도 영양섭취기준(개정판) 원출처 : 사) 한국영양학회 2010; 대한영양사협회 작성

주 개정내용

1) 2005년, 2007년, 2008년 국민건강영양조사결과를 반영하고, 2005년 이래 발표된 새로운 근거자료를 확보하여 영양소 섭취기준 개정에 반영하였다.
2) 성인 연령 기준을 20세에서 19세로 조정하였고, 소아 · 청소년 체위기준이 다소 상향되어 그에 따른 영양소 섭취기준이 조정되었다.
3) 식이섬유, 칼륨, 비타민 D 등의 충분섭취량이 근거중심 분석에 의해 수정됨

연령	체중 kg	신장 cm	에너지 kcal	단백질 g	비타민 A μg RE	비타민 D μg	비타민 E mg α-TE	비타민 C mg	비타민 B_1 mg	비타민 B_2 mg	니아신 mg NE	비타민 B_6 mg	엽산 μg	칼슘 mg	인 mg	철분 mg	아연 mg
영아(개월)																	
0–5	6.2	60.3	600	9.5*	300*	5	3	35*	0.2*	0.3*	2*	0.1*	65*	200*	100*	0.26*	1.73*
6–11	8.9	72.2	730	13.5	400*	5	4	45*	0.3*	0.4*	3*	0.3*	80*	300*	300*	7	2.5
소아(세)																	
1–2	12.2	86.1	1000	15	300	5	5	40	0.5	0.6	6	0.6	150	500	500	7	3
3–5	17.2	107	1400	20	300	5	6	40	0.5	0.7	7	0.7	180	600	500	7	4
남자(세)																	
6–8	25	122.2	1600	25	400	5	8	60	0.7	0.9	9	0.9	220	700	700	9	5
9–11	35.7	139.6	1900	35	550	5	9	70	0.9	1.1	11	1.1	300	800	1000	12	7
12–14	50.5	58.8	2400	50	700	5	10	100	1.1	1.5	15	1.5	400	1000	1000	12	8
15–18	62.7	171.4	2700	60	850	5	12	110	1.3	1.7	17	1.5	400	900	1000	16	10
19–29	65.8	173	2600	55	750	5	12	100	1.2	1.5	16	1.5	400	750	700	10	10

연령	체중 kg	신장 cm	에너지 kcal	단백질 g	비타민 A μg RE	비타민 D μg	비타민 E mg α−TE	비타민 C mg	비타민 B_1 mg	비타민 B_2 mg	니아신 mg NE	비타민 B_6 mg	엽산 μg	칼슘 mg	인 mg	철분 mg	아연 mg
여자(세)																	
6-8	24.6	121	1500	25	400	5	7	60	0.7	0.7	9	0.8	220	700	600	9	5
9-11	34.8	140	1700	35	500	5	8	80	0.9	0.9	11	1.1	300	800	900	12	7
12-14	47.5	155.9	2000	45	650	5	9	100	1.1	1.2	14	1.4	400	900	900	12	7
15-18	53.4	160	2000	45	600	5	10	100	1.0	1.2	14	1.4	400	900	800	16	9
19-29	56.3	160	2100	50	650	5	10	100	1.1	1.2	14	1.4	400	700	700	14	8
임신/수유기																	
임신*		+0/350/450		+15/30	+70	+5	+0	+10	+0.4	+0.4	+4	+0.8	+200	+300	+0	+10	+2.5
수유		+320		+25	+490	+5	+3	+35	+0.4	+0.6	+5	+0.7	+150	+400	+0	+0	+5.0

부록 1 : 연령별(0~36개월) 남아 체중곡선

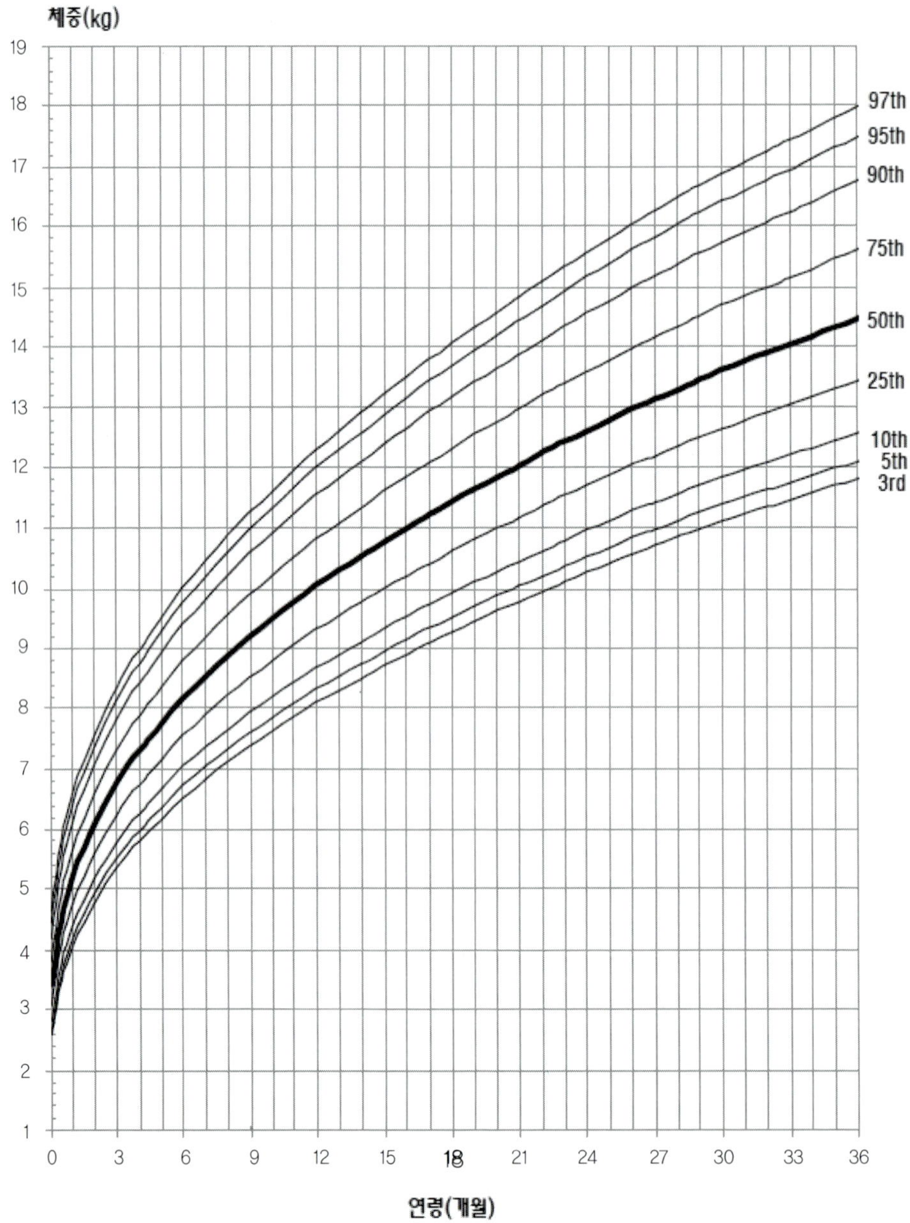

부록 2 : 연령별(0~36개월) 여아 체중곡선

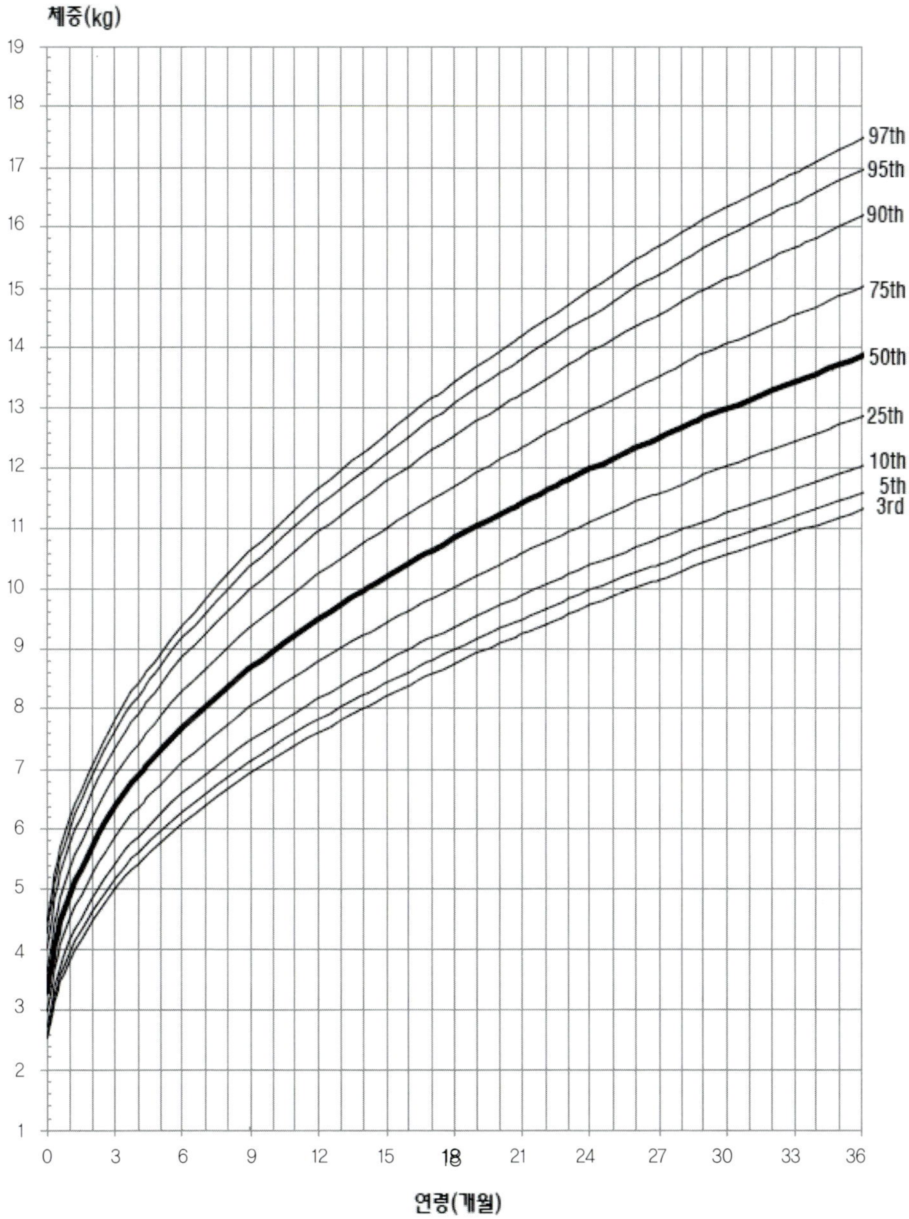

부록 3 : 연령별(2~18세) 남아 체중곡선

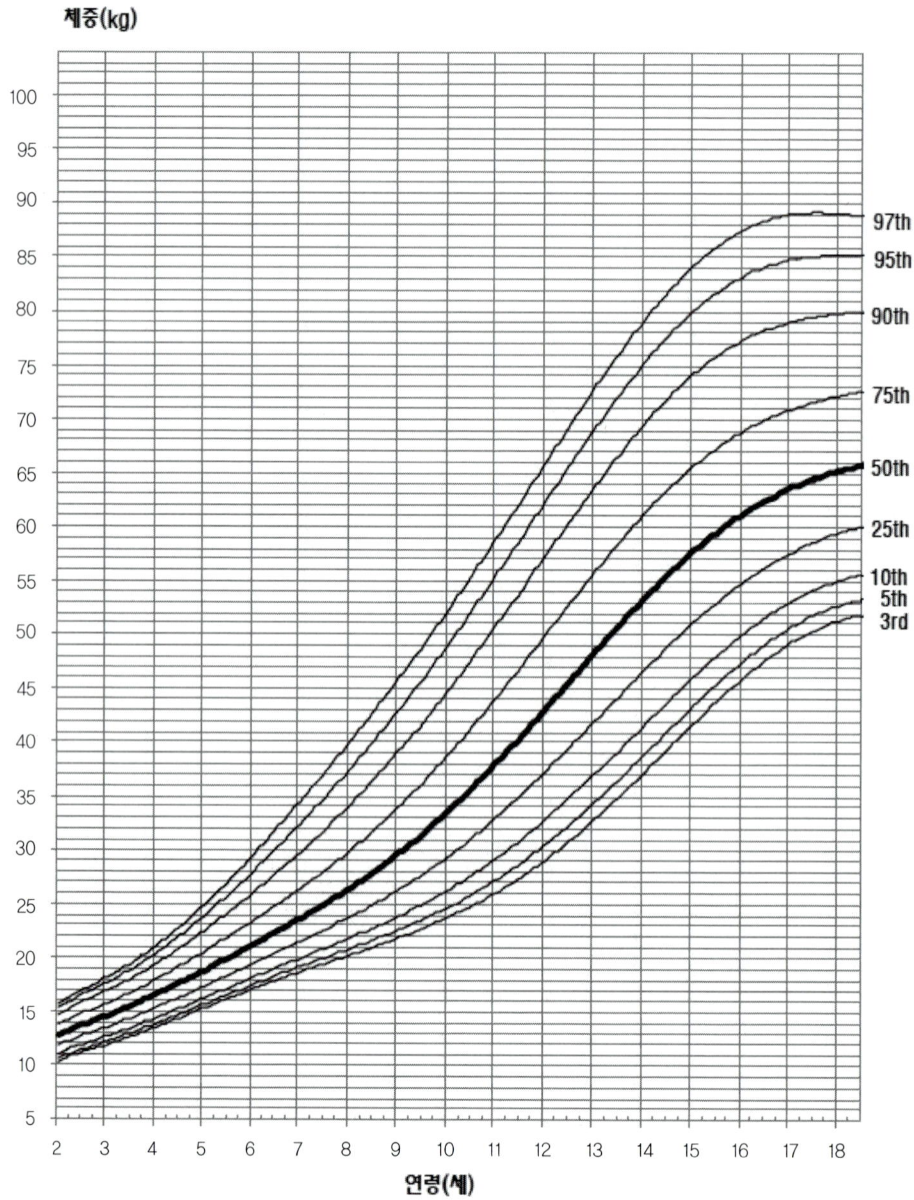

부록 4 : 연령별(2~18세) 여아 체중곡선

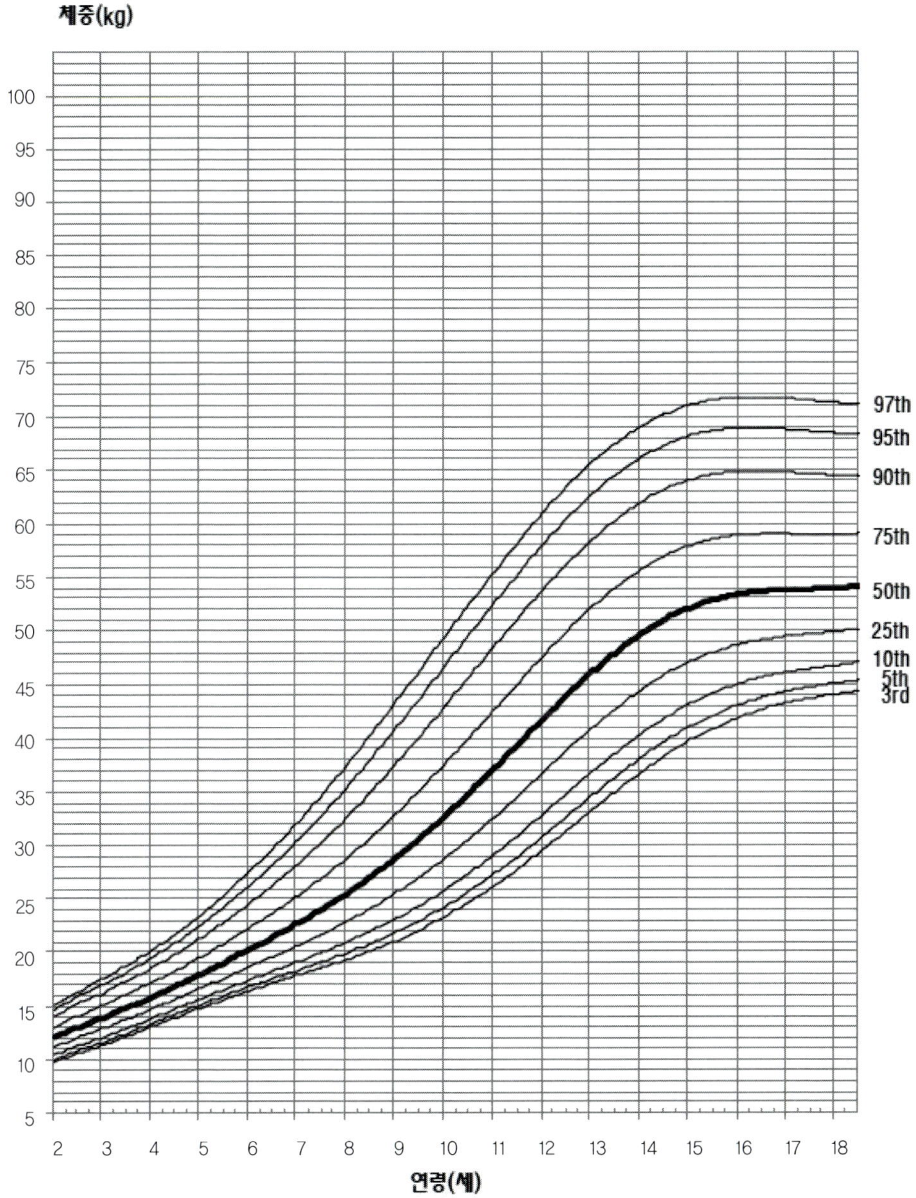

부록 5 : 연령별(0~36개월) 남아 신장곡선

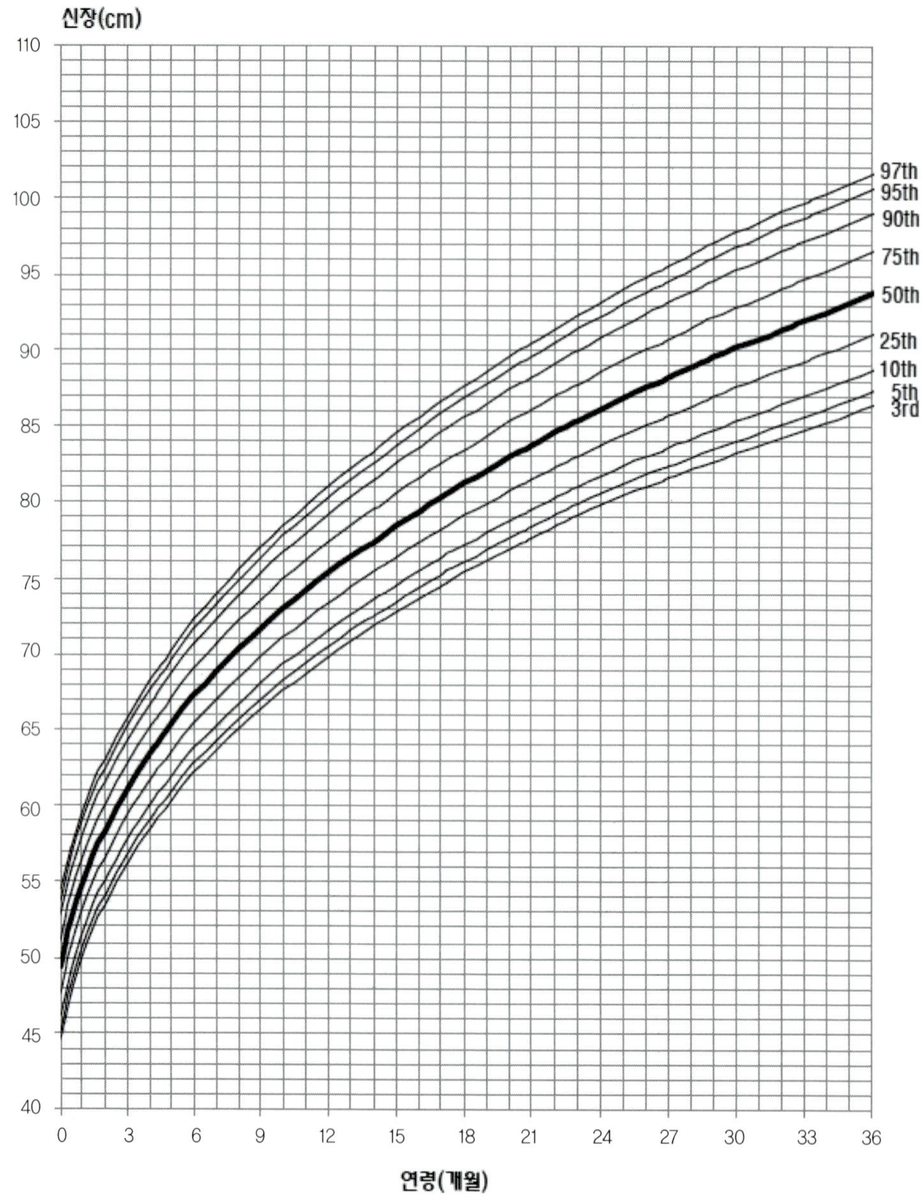

부록 6 : 연령별(0~36개월) 여아 신장곡선

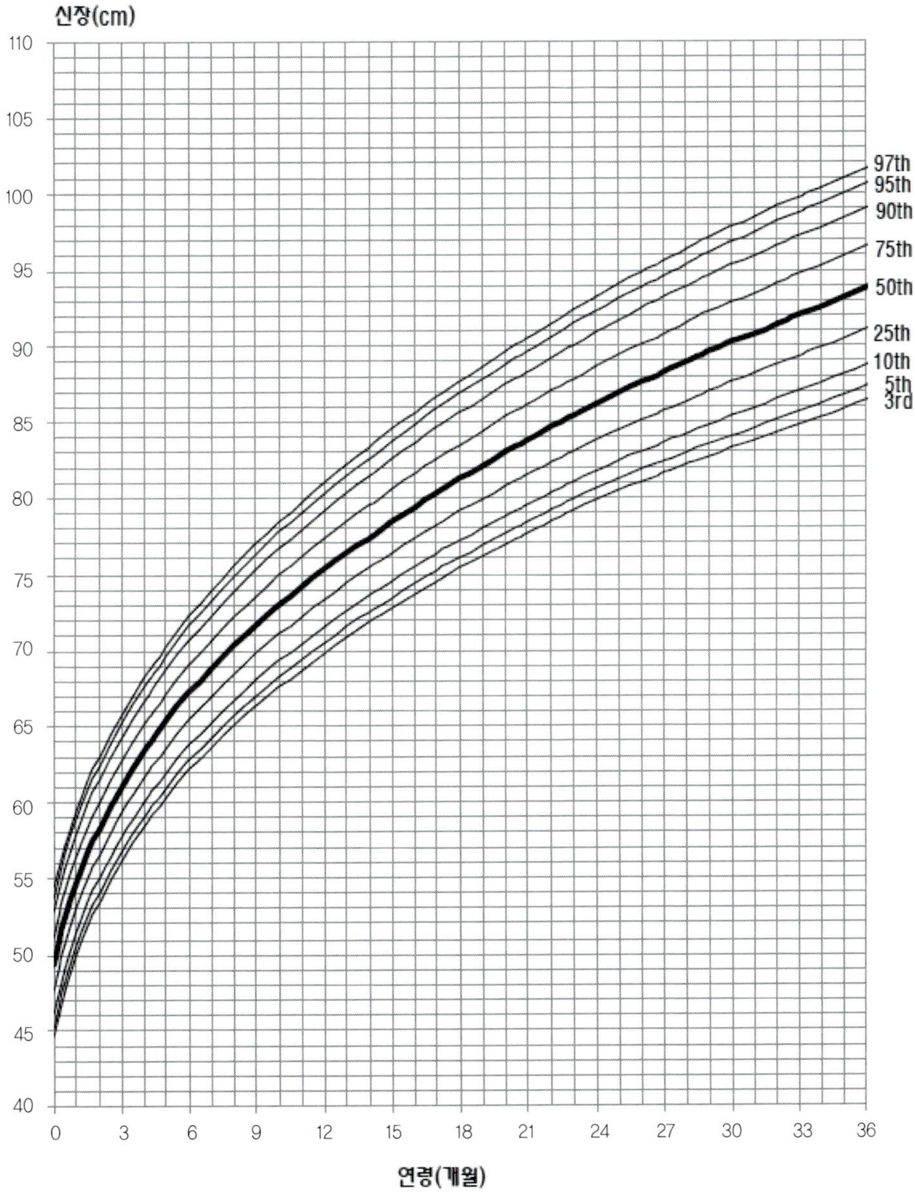

부록 7 : 연령별 남아 체질량지수

① 남아(2–18세)

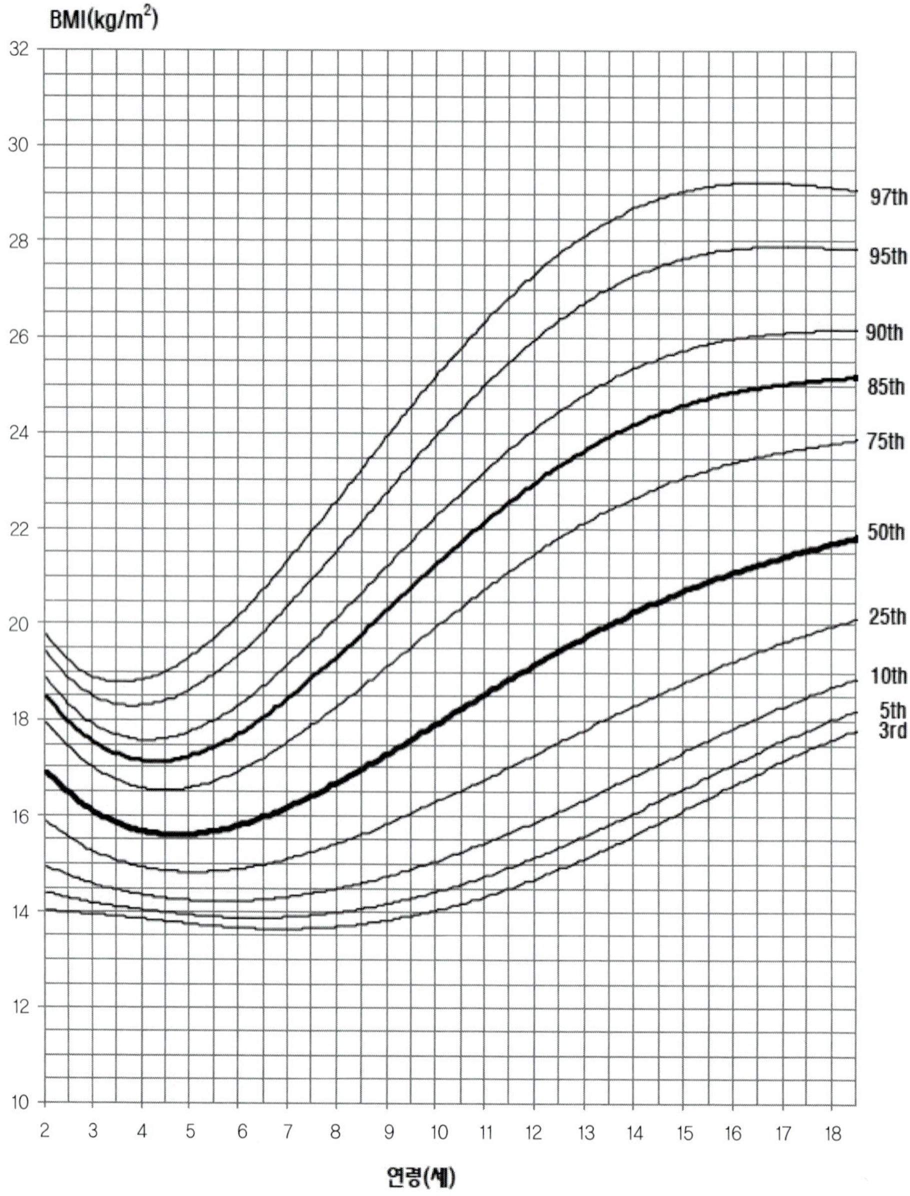

② 여아(2-18세)

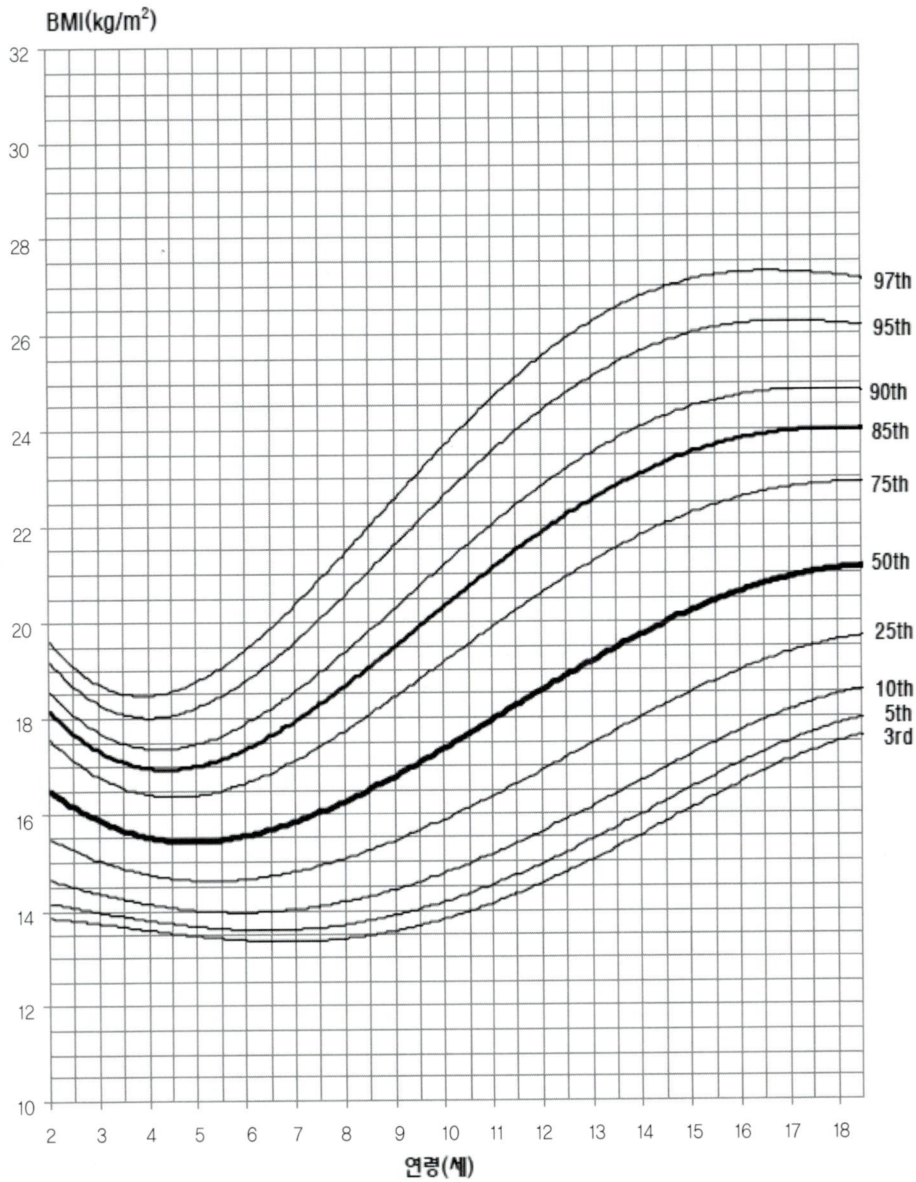
BMI(kg/m²)
32
30
28
26
24
22
20
18
16
14
12
10
2 3 4 5 6 7 8 9 10 11 12 13 14 15 16 17 18
연령(세)
97th
95th
90th
85th
75th
50th
25th
10th
5th
3rd

부록 8 : 연령별 남아(0~36개월) 두위곡선

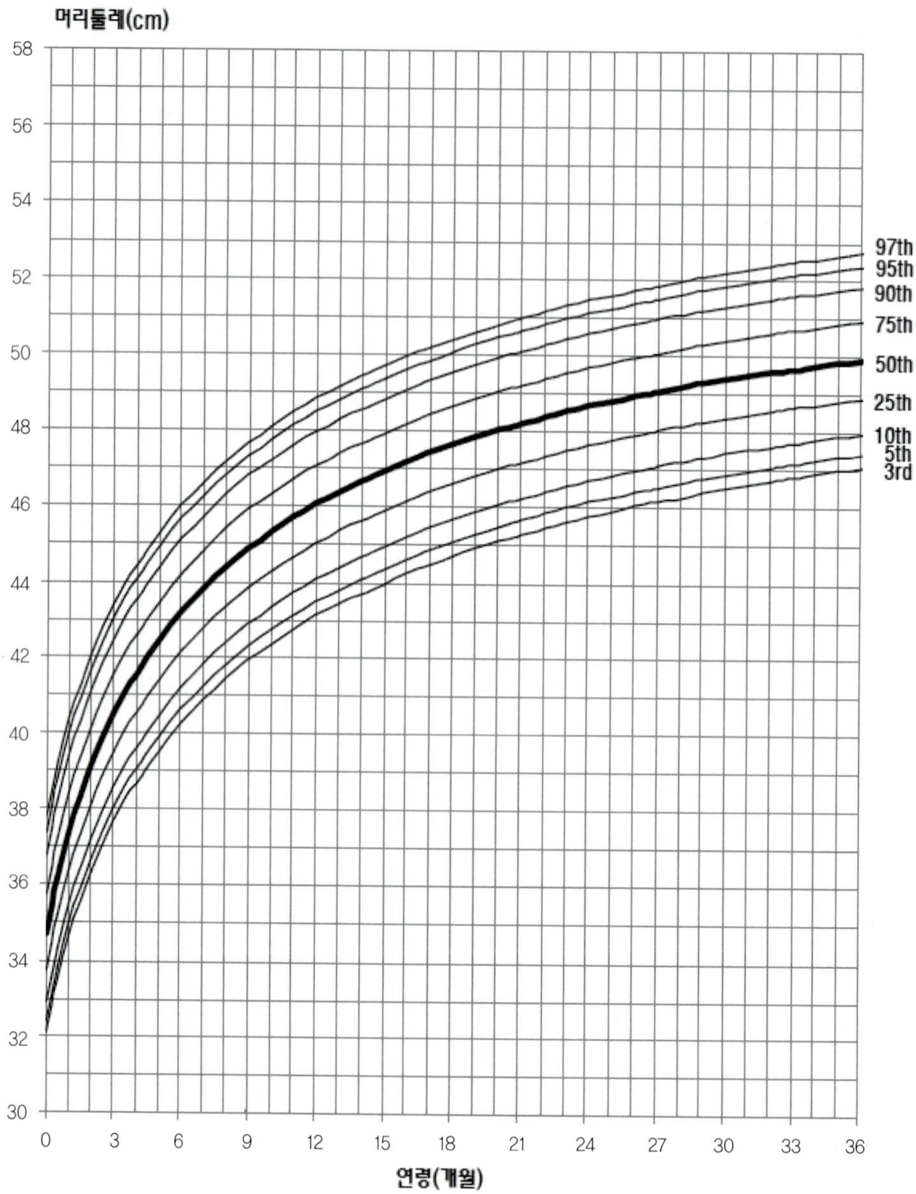

부록 9 : 연령별 여아(0~36개월) 두위곡선

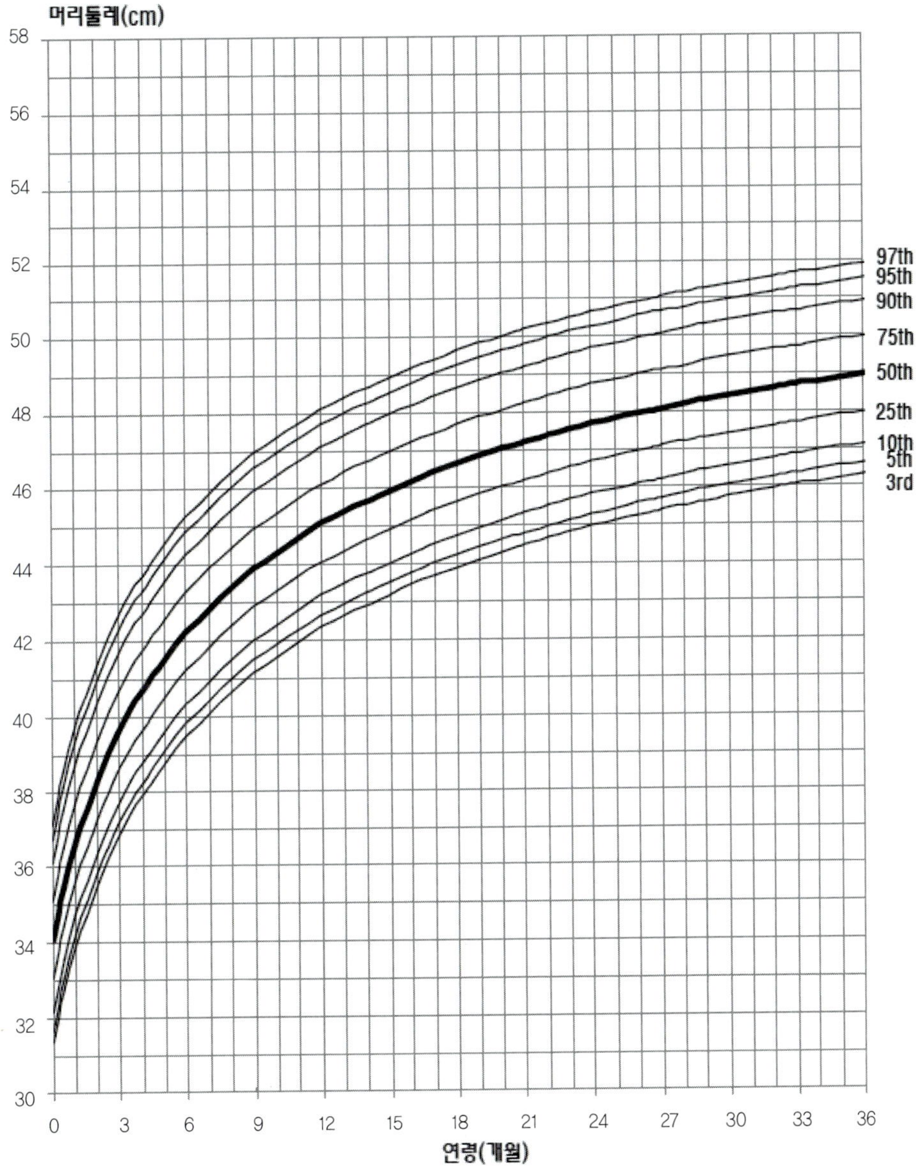

부록 10 : 신장별(75~120cm) 남아 체중곡선

① 남아(75-120cm)

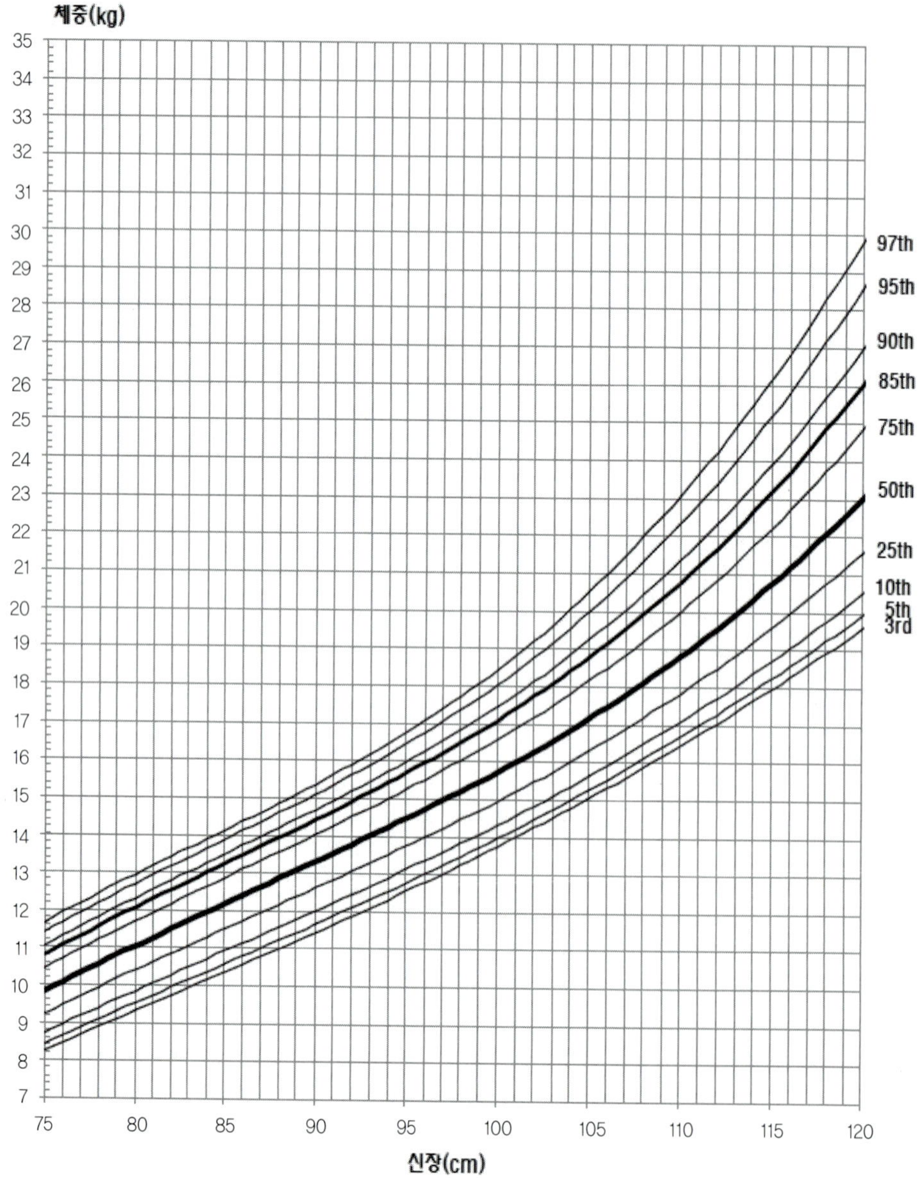

② 남아(75-120cm)

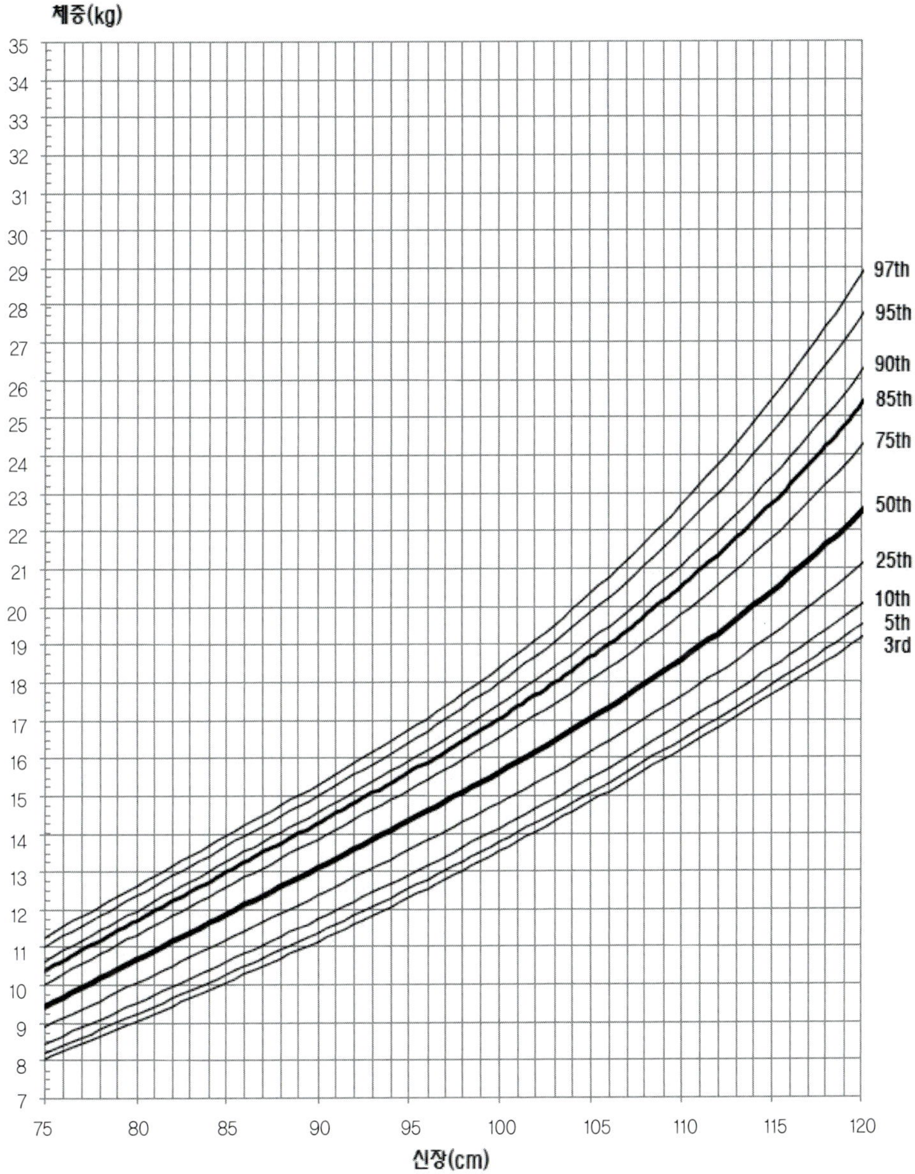
체중(kg)
35
34
33
32
31
30
29
28
27
26
25
24
23
22
21
20
19
18
17
16
15
14
13
12
11
10
9
8
7
97th
95th
90th
85th
75th
50th
25th
10th
5th
3rd
75
80
85
90
95
100
105
110
115
120
신장(cm)

부록 11 : 신장별(45~102cm) 남아 체중곡선

① 남아(45–102cm)

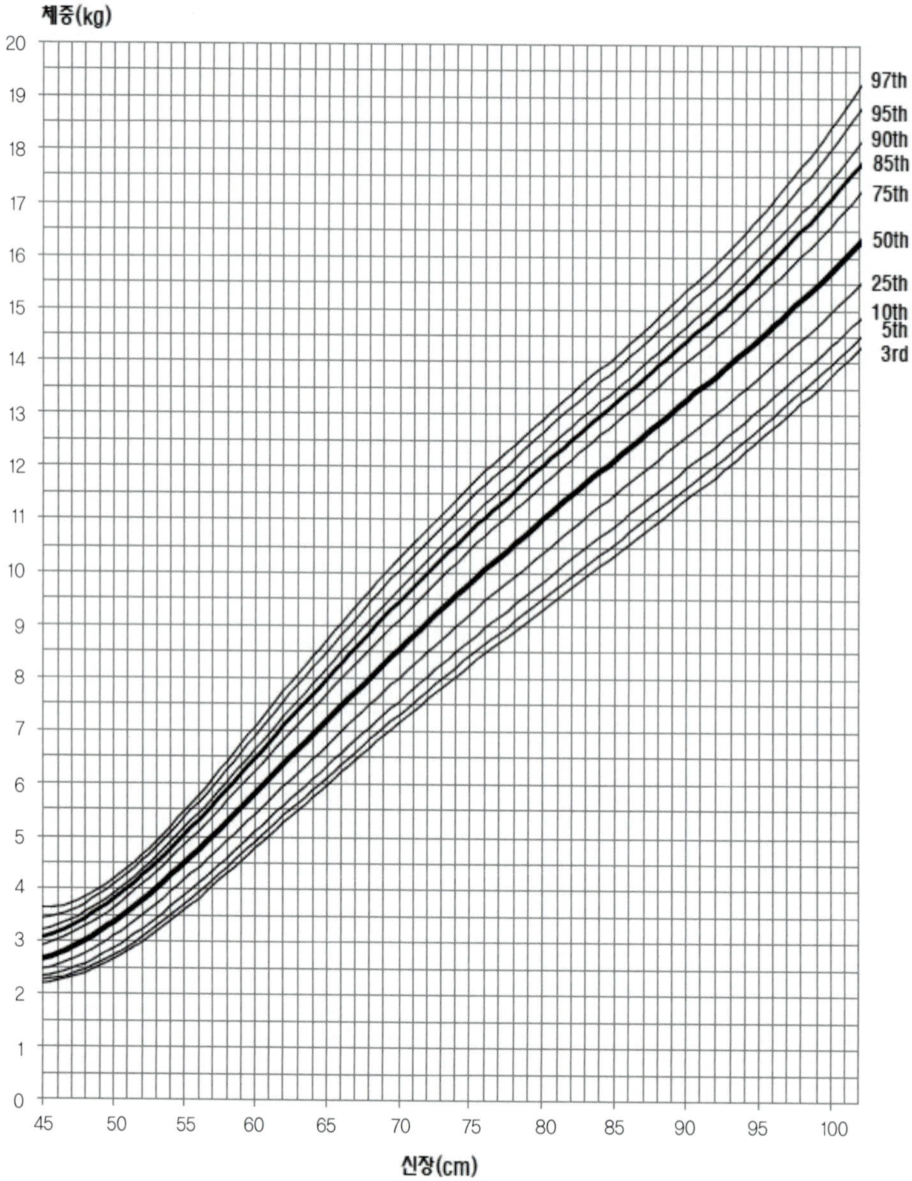

② 여아(45–102cm)

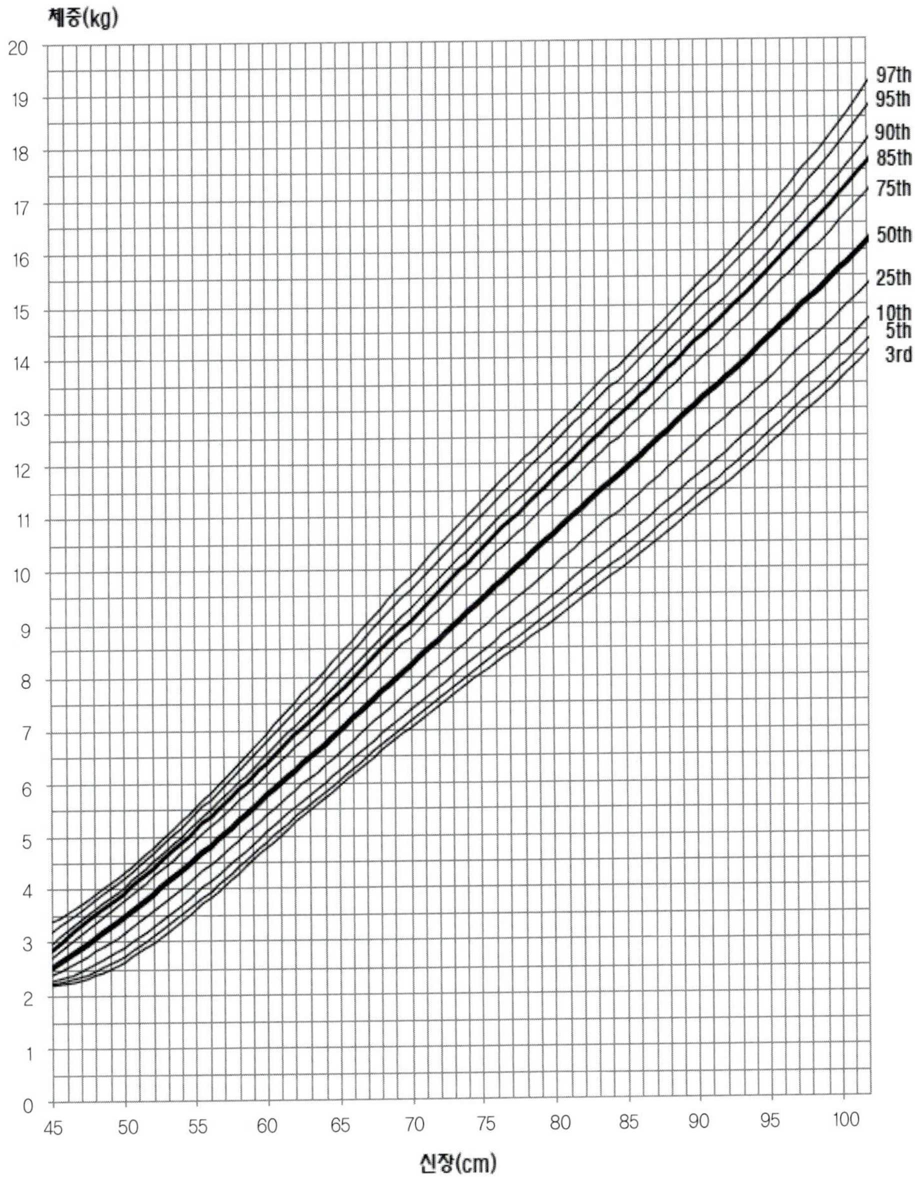
체중(kg)
20
19
18
17
16
15
14
13
12
11
10
9
8
7
6
5
4
3
2
1
0
45
50
55
60
65
70
75
80
85
90
95
100
신장(cm)
97th
95th
90th
85th
75th
50th
25th
10th
5th
3rd

부록 12 : 신장별(110~185cm) 남아 체중곡선

① 남아(110-174cm)

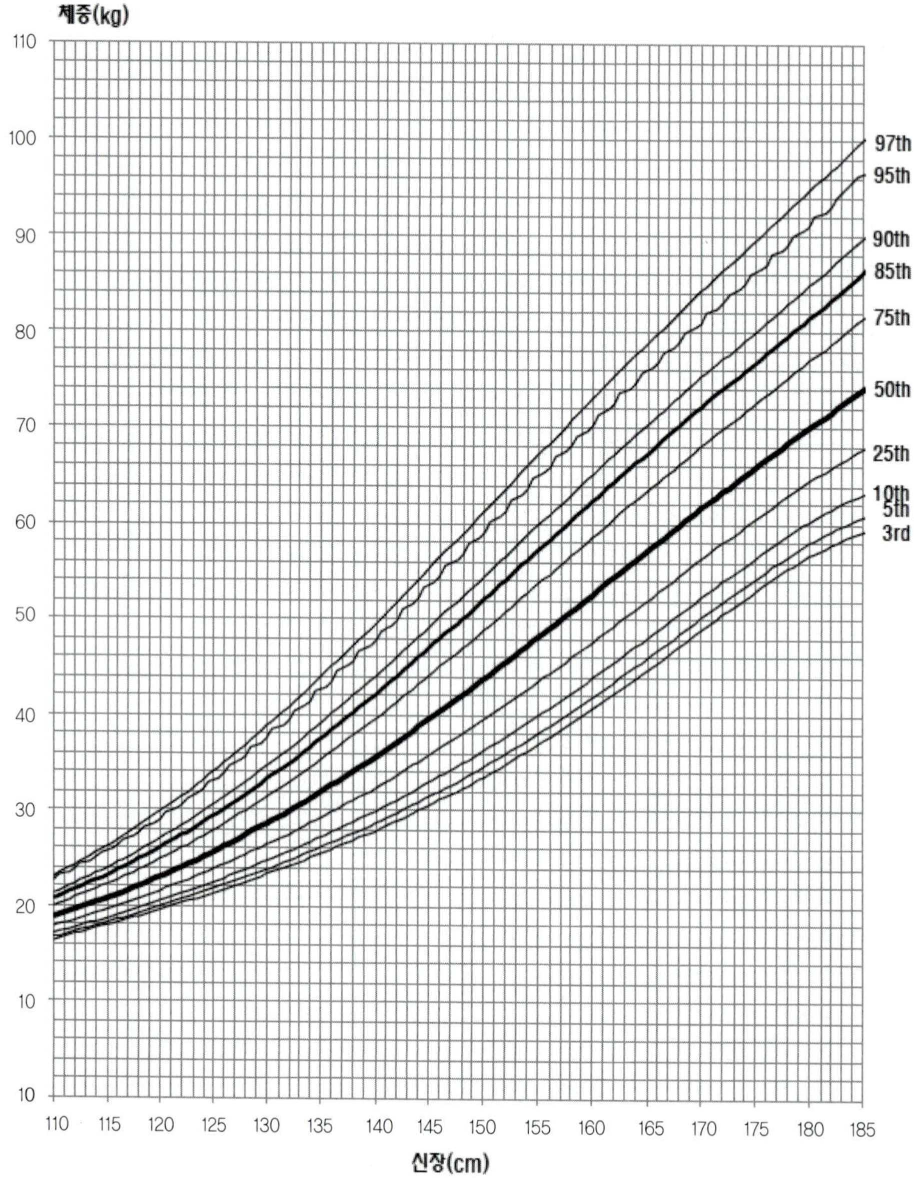

부록 13 : 신장별(110~174cm) 남아 체중곡선

② 남아(110−174cm)

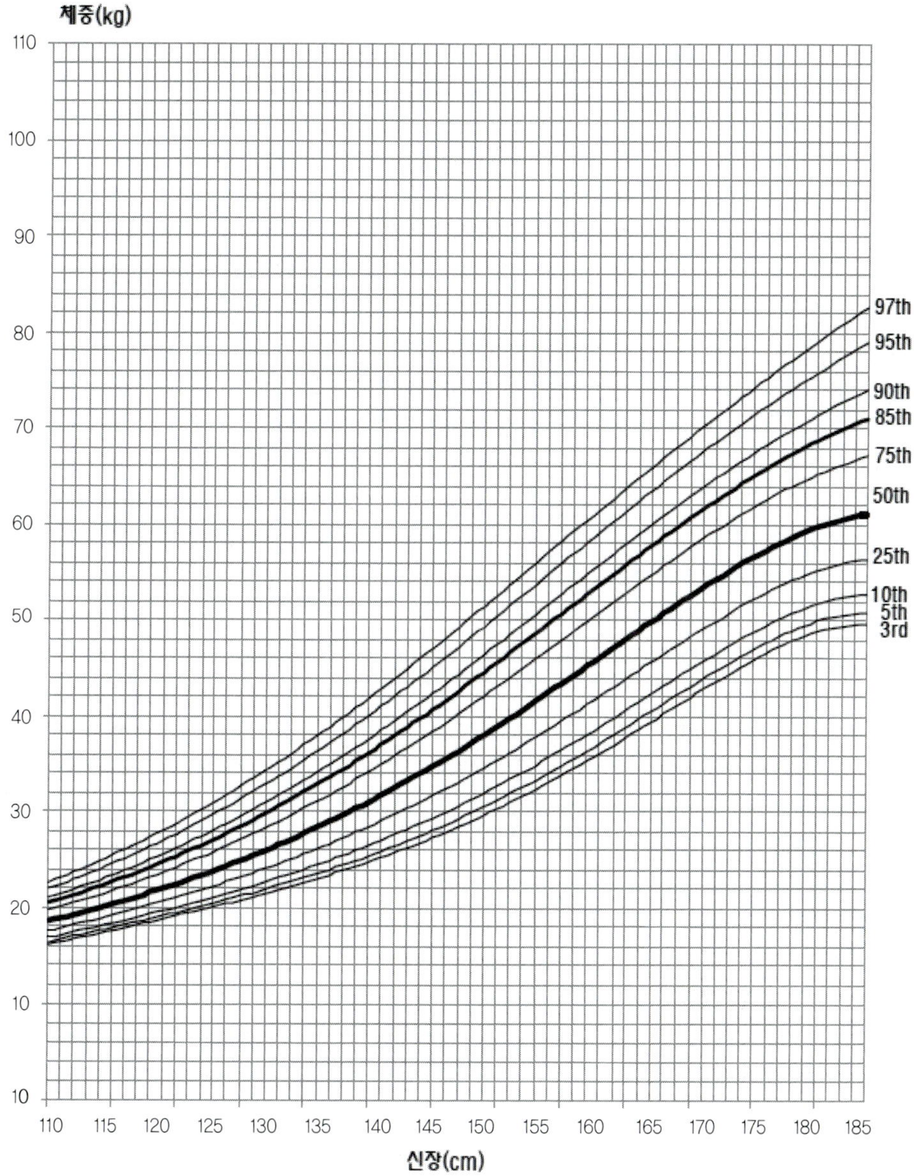

참 / 고 / 문 / 헌

교육인적자원부(2004). 유치원급식, 간식 식단 및 요리활동자료.

__________(2007). 유치원 급식 운영관리 지침서.

김계자(2001). 영유아 건강 및 영양교육의 이론과 요리활동의 실제. 서울 : 동문사.

김미경 외(2006). 생활 속의 영양학. 라이프사이언스.

김명희 외(2008). 건강다이어트 이론. 삼양사.

김선영(2011). 식생활을 이용한 환경 프로그램의 개발과 적용. 한국교원대학교 대학원 석사학위논문.

김성단 외(2009). 어린이들의 음료를 통한 카페인 섭취량 실태조사 및 영양교육에 따른 효과 평가, 한국식품영양과학회지, 38(6), 709-720.

김은경 외(2002). 생애주기영양학. 신광출판사.

김일옥 · 최경순(2008). 아동영양학. 경기 : 공동체.

농림수산부(2010). 녹색식생활 2세부 3장 보고서.

덕성여자대학교 부속유치원(2006). 유아영양과 요리활동. 서울 : 창지사.

민경찬 외(2007). 기초영양학. 광문각,

______(2009). 식품위생관리학. 광문각.

보건복지부(2005, 2007). 국민건강영양조사.

박현서 · 조여원 · 한명주 · 구성자 · 이영순(1995). 영양과 건강. 서울 : 효일 문화사.

식품의약품안전청 영양평가팀(2009). 영유아 단체급식의 표준식단 http://nutrition.kfda.go.kr

식품의약품안전청 식품나라(2009) http://foodnara.go.kr

신은수 · 강금지 · 유희정(2009). 영양과 건강교육. 서울 : 창지사.

오수미 · 최혜미 · 구재옥 · 이정원(1995). 생활주기영양학. 서울 : 효일 문화사.

이명희 · 정은정 · 최인숙(2008). 아동영양학. 서울 : 형설출판사.

이상일 · 최혜미(2003). 영유아 영양. 서울 : 교문사.

__________(2010). 영유아영양. 교문사.

이연숙 · 임현숙 · 안홍석 · 장남수(2003). **생애주기영양학**. 서울 : 교문사.

이영희 · 정은정 · 황혜신 · 김정현 · 성미영 · 권기남(2009). **아동건강영양교육**. 서울 : 수학사.

이영미 · 김정현(2007). **영양판정**. 효일출판사.

이종숙 · 김연진 · 박근주 · 강지현 · 황선명 · 이영민 · 이미화 · 최진(2009). **영유아영양과 활동**. 경기 : 양서원.

임미혜 · 조숙경 · 지명숙 · 채혜선(2006). **건강 및 안전 교육**. 경기 : 양서원.

임양순 외(2011). **식생활 관리**. 교문사.

전남련 · 김진혜 · 권경미 · 권순남 · 강은숙 · 홍은미 · 손현숙 · 이성은(2010). **아동영양학**. 경기 : 양서원.

전혜경(2010). 한국인의 건강과 식생활교육의 필요성.

정기혜(2009). 2009년도식품안전관리의 변화와 전망. 보건복지포럼.

정미라 · 배소연 · 이영미(2007). **건강 및 영양교육**. 경기 : 양서원.

정미숙 · 이미순(2000). **건강지도 및 영양관리**. 서울 : 교육아카데미.

정연강 · 조정순(2005). **유아영양과 건강**. 경기 : 양서원.

정희곤 외(2009). **식품위생학**. 광문각.

장남수 외(2009). **지역사회영양학**. 교문사.

한국영양학회(2005). **한국인 영양 섭취 기준**. 서울 : 한국 영양학회.

한국영양학회(2005, 2010). 영양섭취기준.

Marotz L. R., Cross M. Z., Rush J. M.(2005). *Health, safety and nutrition for the young child*. Albany, NY : Delmar.

Spodek B., Saracho O. N., & Davis M. D.(1991). *Foundations of early childhood education*. Englewood Cliffs, NJ : Prentice- Hall.

찾/아/보/기

저자약력

■ **하애화**

미국 Brigham Young University 식품영양학 전공(석사)
미국 Florida State University 임상영양학 전공(박사)
현 단국대학교 식품영양학과 교수

■ **최경희**

경희대학교 대학원 영양학 전공(이학석사)
장안대학 식품영양학과, 사회복지학과 강사
수원과학대학 사회복지학과 강사
오산대학 아동보육학과 강사
서울여자대학교 평생교육원, 보육교사교육원 강사
경기보육교사 교육원 강사
성심보육교사 교육원 강사

아동영양학

|공저자| 하애화 · 최경희

|1판 1쇄| 발행 2011년 8월 30일
|1판 2쇄| 발행 2012년 8월 20일
|1판 3쇄| 발행 2015년 1월 20일

|발행인| 김동훈
|발행처| **공동체**

|주소| 410-704 경기도 고양시 일산동구 호수로 358-39, 동문타워 I 905호(백석동)
|전화| 031)920-8305(대표)
|팩스| 031)920-8308
|e-mail| compub@naver.com
|출판등록| 2005년 10월 6일
|등록번호| 제396-2005-36호

|ISBN| 978-89-6352-203-6
정가 16,000원